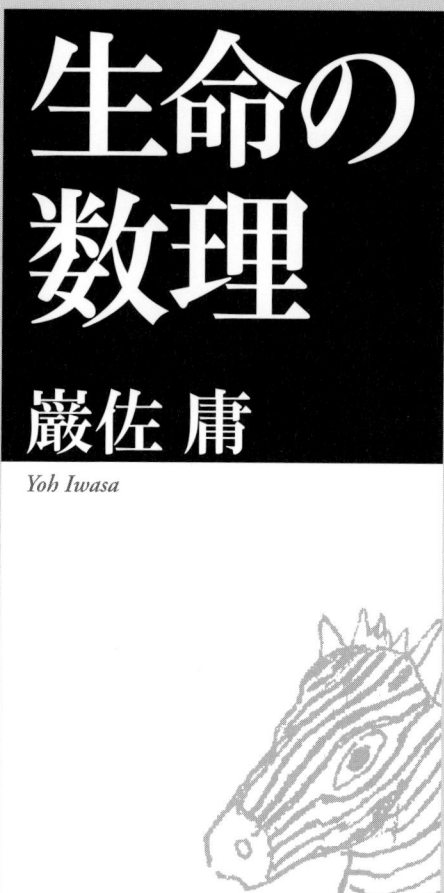

生命の数理

巖佐 庸
Yoh Iwasa

共立出版

はじめに

数理生物学とは

　20世紀前半が量子力学や相対性理論による物理学の革命的展開の時代だったとすれば，20世紀後半から21世紀にかけては生物学が急激に進展した時代だといえる．とくに遺伝子の実体が明らかになり，その情報の読み取りや操作ができるようになってからは，分子生物学的手法によりさまざまな生命現象の基本が解明された．その一方で，人間活動による生態系の破壊や生物種の絶滅が問題になり，それらの現象を理解するための基礎分野として生態学が注目を集めるようになった．

　このような生命科学・生物学の幅広い分野において，基本概念を数理モデルとして定式化し，その解析やコンピュータシミュレーションによって生命現象を把握するという数理的アプローチが展開されている．これらは数理生物学もしくは理論生物学とよばれる．

　ポストゲノム時代の名のもとに，DNA配列情報や，遺伝子発現とタンパク質の立体構造などのデータベースを組み合わせ，そこからはたらきを読み取っていく研究が情報科学の一分野として発展してきた．その一方で，システム生物学など，細胞内や生体内で起こる現象の数理モデリングと，その解析も発達してきた．そのため生物学や生命科学とそれら応用分野の学生には，数学の素養が必要になってきた．生物学のなかでも，生態学，進化学，動物行動学といったマクロ生物学の分野では，すでに数理モデルの扱い方についてのトレーニングが必須のものになっている．これらの分野では，統計学やシミュレーションなどが研究で始終用いられているだけでなく，非線形力学系の挙動やゲーム理論の基本知識なしには，分野で何が主要な研究テーマであるのかを理解することすらできなくなっている．これからは，分子生物学を中心としたミクロの生命科学においても数理モデルを取り扱う素養が研究者に求められるようになる

だろう．

他方では，数学および数理科学において，生物学・生命科学で現れるモデルの数理的研究が盛んに行われるようになってきた．応用数学もしくは「現象の数学」も重要視されるようになりつつあるが，そのなかでも数理生物学は，今後急速に伸びると予想される．

本書のねらい

本書は，おもに生体内の諸現象に対して数理的な解析がどのようになされるのかを解説し，また生命科学やその応用分野の学生や研究者が数理的な手法に親しむことを目指すものである．読者層として，生物学および生命科学の大学学部生（専門課程）および大学院生，研究者を念頭においた．他方で応用数学や数理工学などの分野の学生や研究者が，具体的な生命現象に数理モデルがどのように役立つのかを知るためにも使える．

コンピュータシミュレーションによる生体内・細胞内プロセスの解析をトピックスとして紹介した書物は多数出版されているが，数理的な道具立てに対する教育を考えると，体系だった説明を伴う教科書が必要である．また，非線形物理の書物や複雑系科学においてトピックスとして生命系のモデルが取り上げられることがある．これらに対して，本書では，生物学・生命科学の基本概念を選び，それらを扱ううえでの数理的基礎を学べるようにした．

私の前著の『数理生物学入門：生物社会のダイナミックスを探る』（共立出版）は，生態学・動物行動学から題材を選んで生物学の学生に対して行っている数学の講義をもとにしたものなので，数学の基本を説明することに重点があった．本書は，それを読み終えた読者を想定しているが，これだけでも独立して学べるように，付録や演習問題をつけた．また取り上げるトピックスは基本的に体内で生じている生命現象を中心としたものだが，性の進化（第8章）や最適成長（第7章）など生化学や分子生物学が専門の学生・研究者にもぜひ知っておいてほしいことがらも含めた．また格子モデル（第5章）やカオス結合系（第6章）などを教えるうえに森林の動態などの例を取り上げるのは，それらが具体的対象としてもっともわかりやすいと考えたからである．しかしそれらの数理的モデルは，免疫系や神経系など体内や細胞内の現象を理解するうえで繰り返し現れるものである．

本書では，基本的なアイデアが理解しやすいようにと考えて題材を選んだが，実際に研究の場で出会うモデルもしくはシミュレータは，もっとずっと複雑だと感じられるかもしれない．しかし本書で取り扱うモデリングの基本が理解できていれば，それらの組合せによって，より複雑な系の挙動を理解することも自分でモデルを作成することもできるはずである．

さまざまな分野での数理的取り扱いの進展について

本書の構成に入る前に，生物学の諸分野において数理的な研究が果たしてきた歴史について，ごく簡単に紹介しておきたい．

生態学：ロトカ・ヴォルテラ式に代表されるように，生態学ではその初期段階から簡単な数理モデルによる理論が定式化され，フィールド研究推進の指針を与えてきた（寺本，1998）．近年は，集団の空間的パターンや空間構造がもたらす進化や共存への影響に関心がもたれるようになった．

1970年代には行動生態学において最適化やゲーム理論にもとづいたモデルが盛んに研究されるようになった（巌佐，1998）．それは生物の生活史や行動，性表現などが進化の結果として選ばれてきたものだとの考えにもとづいている．

人間活動が生態系に与える破壊的影響に対処するために，生態系管理方策や絶滅危惧種の保全の研究などが進み，数理モデルが盛んに用いられるようになった．

現在のところ，生態学は生命科学全体のなかで数理的研究の意義がもっとも確立している分野である．

社会学：ゲーム理論はもともと社会科学や経済学の基本を理解するために作られた数学であった (von Neumann & Morgenstern, 1944)．進化における遺伝子頻度の動態によって基礎づけられることにより，ゲーム理論は生物学，ことに動物行動学においてなくてはならない数理モデルになった (Maynard Smith, 1982)．近年，脳科学の進歩や実験経済学の発展により，人間の意思決定の基本を理解するためには生物学的基盤を抜きにできないことが明らかになってきた．生物学で展開される進化ゲームの研究は，人間社会の研究にも影響を与えている．

進化学：進化は突然変異の出現と，広がり，置換によって生じる．この過程は集団遺伝学において微分方程式モデルによって調べられていたが，木村資生が

拡散モデルを導入したことにより確率性を取り扱えるようになった（Kimura, 1983）．DNA の塩基配列を読み取ることができるようになると，遺伝子系図のデータを解析する手法などが展開された（根井・クマー，2006）．これらはポストゲノム時代にあたりますます重要性を増しつつある．

　進化研究の基本は，現存する生物を比較し，それらの系統関係を推測するところにある．しかし近年は微生物などを用いて進化の実験的研究が進められるようになり，理論モデルの検証が重要性を増している．

発生学と形態形成：多細胞生物は，受精卵というとても単純な 1 細胞から発生をはじめる．その後，形を作りながら細胞がさまざまな組織に分化していく．一様な場でも，化学反応とランダムな拡散だけで，不均一なパターンが自律的に出現すること示すモデルが A. チューリングによって提案された（Turing, 1952）．それは哺乳類や熱帯魚の縞模様など，自己組織的に空間パターンが作り出される場面で盛んに用いられてきた（Kondo & Asai, 1995; Murray, 2003）．

　20 世紀末の分子生物学の進歩によって，発生には非常に多数の遺伝子とその産物が関与していることが明らかになった．これからは 3 次元の場で行われる形態形成を理解するための数理的研究が急速に進むであろう．

神経科学：神経細胞には細胞膜にチャネルタンパク質があり，電位に依存して開閉することが神経の一時的興奮を引き起こす．ホジキンとハックスレーは実験によってこれを明らかにするとともに，数学モデルとして定式化した（Hodgkin & Huxley, 1952）．それをもとに，神経信号が作られ活動電位として伝わることの研究が進められた．また単純な情報処理を行うニューロン素子が多数結合する系，神経回路網の理論も発展した（甘利，1978）．ニューロン間の伝達効率が変化することにより，さまざまな形の学習が可能であることが明らかになった．最近は，よりマクロなレベルの運動制御，視覚情報処理，学習行動などが調べられ，小脳や海馬，大脳基底核といった脳の特定部位の機能解明とモデリングが進んでいる（川人，1996）．

医学：感染症の動態についてはカーマックとマッケンドリックによる古典的論文以来，さまざまなモデルが研究されてきた（Kermack & McKendrick, 1927）．多量の詳細なデータが得られるために，政策決定に用いられるモデルは精緻な

ものになっている。

　病原体の毒性や宿主の耐病性の進化は，短い時間で生じる進化の代表例であるが，ウイルスなどでは，宿主の体内で免疫系によって抑え込まれると，自発的な突然変異により宿主体内で速い進化を起こし免疫系による捕捉を逃れようとする。その理解のために免疫系の反応ダイナミックスを取り込んだモデルが構築された (Nowak & May, 2000)。他方で，免疫反応に至る細胞内プロセスの詳細なモデルも研究されている。

　上皮組織や腸管，血液組織などには，生涯を通じて分裂し続ける幹細胞がある。これら細胞の増殖率が突然変異によって速くなることが発癌である。その後，血管新生や転移などの能力を獲得して癌が悪性化する過程は，確率過程モデルによって解析される (Nowak, 2006)。

生物情報学：遺伝子情報をすべて解読するゲノムプロジェクトの成功とともに，多量のデータを解析する手法の研究が急激に進展しており，情報科学の一分野として確立しつつある。他方で細胞内の反応などを微分方程式などでモデル化する研究も重要になっている。さらには多種類の遺伝子やタンパク質の関連を整理し，その規則性を探る研究も進められている。

各章の内容について

　第1章では，生物学のなかでもっとも簡単な数理モデルとして，細胞の増殖についての式と，遺伝子の発現やタンパク質の反応の微分方程式について紹介する。

　第2章では，生物の概日リズムを作り出す反応系を取り上げて，複数の要素が互いに促進したり抑制したりするとき，系が振動する可能性があることを示す。そこでは，周期的振動を安定に作り出すモデルのもつ性質，また温度によって周期がどのように影響するかを議論する手法を説明する。

　第3章から第6章までは，空間的なパターンの形成に関係したモデルを紹介する。まず第3章では熱帯魚の縞模様を例にして，一様な場に縞模様や水玉模様が作り出されるチューリングモデルを紹介する。第4章は，格子場に並んだ細胞が場所を入れ替えたり分化状態を変化させたりすることで自動的にパターンを作り出すモデル，すなわちセルオートマトンモデルについて説明する。維

管束植物の葉に葉脈が形成されるモデルや，ニワトリやマウスで手足の原基ができはじめるプロセスのシミュレータも紹介する．これらは近距離の相互作用によって全体としての秩序が形成されるとする「自己組織化」という考えの例である．第5章は同じく格子モデルだが，生態学とくに森林の空間パターンを理解するために用いられるモデルと，隣り合う状態の相関関数を追跡するペア近似とよばれる解析手法を紹介する．第6章では，カオスを示す力学系と，それが多数結合した系の挙動の例として，樹木が広い範囲で同調して繁殖する一斉開花・結実現象を説明する．

　第7章から第10章までは，「進化」のプロセスにもとづいた数理モデルを紹介する．進化の結果として現在見られる生物は，適応的な成長，形態，行動をとっていると考えられる．そのため工学で発達した最適制御の考えが役立つ．これが第7章のテーマである．植物を例にとり，成長や繁殖に見られるさまざまなスケジュールが動的最適化モデルによって統一的に理解できることを説明する．さらには，植物がアルカロイドのような化学物質を作って昆虫などの植食者から逃れようとする化学防御，免疫系の生体防御，また軟体類の貝殻の作り方などにも，同様な議論を使って説明できる．

　多数の個体が相互作用する場面では，個体によって利害が異なることが多い．そのときには，単なる最適化ではなく，ゲーム理論とよばれる数学が必要になる．第8章では，性システムについて，魚の性転換や寄生蜂の性比をもとにして，ゲーム理論の適用例を紹介している．その後，雌雄の違いはどのように進化したのか，繁殖において子どもを作るときに複数の個体の遺伝子を混ぜる「有性生殖」がどうして進化したのか，などの議論を紹介する．

　第9章は，個体ではなく遺伝子がプレイヤーであるゲームの話である．ゲノムの中にある別々の遺伝子の間には利害の対立があるとするゲノム内闘争の話題から，その例として哺乳類のゲノム刷り込みを説明する．その準備のために，遺伝子発現レベルなど量的な形質が進化において変化することを表現するための数学，量的遺伝学にもとづく進化モデルについても紹介する．

　進化は，繁殖が繰り返されるなかで，突然変異が現れて広がり，またその次に別の突然変異が現れて広がる，ということが多数回行われて生じる．発癌のプロセスは，幹細胞が突然変異を蓄積する進化と見なすことができる．第10章では，この観点から染色体不安定や組織構造の影響について取り上げる．また

白血病の解析から，薬剤耐性のある癌細胞が突然変異で出現することによって薬が効かなくなるという典型的な進化シナリオを紹介する．これらは，集団遺伝学の確率モデルが活躍する分野なのだ．

これらの章を通じて伝えたいメッセージは2つある．まず第1に非線形力学系の挙動の基本を理解してもらうこと，そして第2に，生物と生命システムは進化によって作られ選び抜かれてきたもので，そのことをもとにするのがこれらシステムを一番よく理解できる方法であるということだ．

10の章ではそれぞれ違った現象を取り上げている．そのためどの章でも好きなところから読みはじめてもらってよい．しかし生物学・生命科学で役立つ数理的手法や概念を幅広く理解してもらうべく題材を選んだため，一通り読み通してほしい．講義の教科書に用いるならば，簡単にでも全体にわたって説明するほうが望ましい．読者のなかには，どのようなモデリングと解析ができるのかを，トピックスとして知っておきたいという人がいるだろう．その便利のために技術的な話は付録や演習問題にまわした．

しかし単に話として学ぶだけでなく，モデリング技術を習得し，自らもモデルを作る力をつけようとするならば，付録や演習問題も飛ばさず読んでもらいたい．またできることならば，まず『数理生物学入門：生物社会のダイナミクスを探る』（共立出版）を読んで理解してほしいと思う．そこで取り上げたテーマは生態学に集中しているが，生命科学で役立つ数学のほとんどは生態学での例を用いることによって一番よく理解することができる．だから細胞内の現象に興味がありシステム生物学を専攻しようとする学生や研究者でも，一見遠回りに見えても，まずは数理生態学に触れることをすすめたい．

2008年1月

巌佐 庸

目次

はじめに　　　　　　　　　　　　　　　　　　　　　　　　　　　　　　　i

第1章　細胞の増殖とタンパク質のダイナミックス　　　　　　　　　1
1.1　細胞の増殖 …………………………………………………………… 1
1.2　細胞内の生命機能 …………………………………………………… 4
1.3　分子の合成反応や酵素反応を微分方程式で書く ……………………… 6
第1章：演習問題 ………………………………………………………… 10

第2章　概日リズム　　　　　　　　　　　　　　　　　　　　　　13
2.1　周期的振動を作り出すモデル ……………………………………… 14
2.2　モデルの修正の影響 ………………………………………………… 20
2.3　酵素反応の飽和の効果：反応の場所による違い ………………… 22
2.4　周期の温度補償性 …………………………………………………… 24
2.5　外界の周期への同調：位相反応曲線 ……………………………… 27
第2章：演習問題 ………………………………………………………… 29
参考文献の追加 …………………………………………………………… 30
第2章：付録A　平衡状態の安定性 …………………………………… 31
第2章：付録B　リアプノフ関数 ……………………………………… 32

第3章　生物のパターン形成　　　　　　　　　　　　　　　　　　35
3.1　熱帯魚の縞模様 ……………………………………………………… 35
3.2　チューリングモデル ………………………………………………… 36
3.3　縞の方向性 …………………………………………………………… 40
3.4　縞か水玉か？ ………………………………………………………… 43

  3.5 皮膚癌のコロニー形成 …………………………………… 44
  3.6 バクテリアのコロニー形成：ミムラモデル ……………… 47
  3.7 スパイラルパターンについて ……………………………… 50
 第 3 章：演習問題 …………………………………………………… 50
 参考文献の追加 ……………………………………………………… 51
 第 3 章：付録　拡散方程式 ………………………………………… 52

第 4 章　形態形成のダイナミックモデル　　57
  4.1 接着力による細胞の自動的選別 …………………………… 57
  4.2 魚の網膜の錐体モザイク形成 ……………………………… 63
  4.3 葉脈形成：カナリゼーションモデル ……………………… 66
  4.4 細胞の中のオーキシンのやりとりについて ……………… 68
  4.5 四肢のできはじめ …………………………………………… 70
  4.6 形態の時空間発展 …………………………………………… 72
 参考文献の追加 ……………………………………………………… 74

第 5 章　生態学での格子モデル　　77
  5.1 亜高山森林の縞枯れ現象 …………………………………… 78
  5.2 熱帯季節林のギャップ動態 ………………………………… 83
  5.3 平均場近似とペア近似 ……………………………………… 86
  5.4 病気による宿主植物の絶滅 ………………………………… 88
  5.5 化学戦争をするバクテリア ………………………………… 91
 第 5 章：演習問題 …………………………………………………… 93
 参考文献の追加 ……………………………………………………… 93
 第 5 章：付録　ペア近似の計算 …………………………………… 95

第 6 章　樹木の一斉開花・結実とカオス結合系　　99
  6.1 離散時間の力学 ……………………………………………… 99
  6.2 カオスとリアプノフ指数 …………………………………… 102
  6.3 ブナの一斉開花・結実現象と結合マップ系 ……………… 104
  6.4 花粉結合 ……………………………………………………… 107
  6.5 結合写像格子 ………………………………………………… 111

6.6　共通の環境変動が同調をもたらす：モラン効果 ……………… 114
　第6章：演習問題 ………………………………………………………… 117
　参考文献の追加 …………………………………………………………… 120
　第6章：付録　離散時間モデルの安定性について …………………… 121

第7章　生活史の戦略　　　　　　　　　　　　　　　　　　　123

　7.1　一年生植物の開花のタイミング …………………………………… 123
　7.2　なぜ生物は最適スケジュールをとると考えるのか？ …………… 126
　7.3　多年生がよいか一年生がよいか …………………………………… 127
　7.4　隔年結果とモノカルピー …………………………………………… 130
　7.5　不確定な環境のもとでの保険としての貯蔵 ……………………… 132
　7.6　葉の化学防御（アルカロイド） …………………………………… 135
　7.7　免疫系と防御戦略 …………………………………………………… 138
　第7章：演習問題 ………………………………………………………… 139
　参考文献の追加 …………………………………………………………… 140
　第7章：付録A　ポントリャーギンの最大原理について …………… 141
　第7章：付録B　確率的ダイナミックプログラミング：不確定な環境
　　　　　　　　のもとでの保険としての貯蔵器官 ………………… 142

第8章　性の進化　　　　　　　　　　　　　　　　　　　　　145

　8.1　魚の性転換 …………………………………………………………… 146
　8.2　性比のゲーム：寄生蜂 ……………………………………………… 148
　8.3　なぜ雄と雌があるのか？ …………………………………………… 153
　8.4　個体ごとに雄と雌に分かれるのか兼業するのか ………………… 155
　8.5　雌雄の違い …………………………………………………………… 157
　8.6　性：なぜ遺伝子を混ぜ合わせるのか ……………………………… 159
　第8章：演習問題 ………………………………………………………… 161
　参考文献の追加 …………………………………………………………… 162
　第8章：付録　有性生殖の2倍のコストについて …………………… 163

第9章　哺乳類のゲノム刷り込みの進化　　　　　　　　　　　165

　9.1　適応進化のダイナミックス ………………………………………… 165

- 9.2 量的遺伝学について ……………………………………………… 168
- 9.3 血縁個体への利他的行動の進化 ………………………………… 169
- 9.4 ゲノム刷り込み ……………………………………………………… 172
- 9.5 遺伝子発現量の進化 ……………………………………………… 174
- 9.6 ゲノム刷り込みの進化をとどめる力 …………………………… 179
- 9.7 組織の配分比率に影響する遺伝子のインプリンテイング……… 180
- 9.8 X 染色体上の遺伝子の刷り込みと子の性による違い ………… 181
- 第 9 章：演習問題 ……………………………………………………… 184
- 参考文献の追加 ………………………………………………………… 185
- 第 9 章：付録　複数の形質の進化について ……………………… 186

第 10 章　発癌プロセス　189

- 10.1 癌発症年齢の分布 ………………………………………………… 189
- 10.2 癌抑制遺伝子 ……………………………………………………… 190
- 10.3 進化としての発癌過程 …………………………………………… 192
- 10.4 突然変異の固定確率 ……………………………………………… 193
- 10.5 染色体不安定 ……………………………………………………… 197
- 10.6 発癌のリスクを下げる組織デザイン …………………………… 200
- 10.7 慢性骨髄性白血病 (CML) ……………………………………… 203
- 第 10 章：演習問題 …………………………………………………… 207
- 参考文献の追加 ………………………………………………………… 208
- 第 10 章：付録 A　モランプロセスの固定確率 ……………………… 209
- 第 10 章：付録 B　分枝過程における絶滅確率の計算 ……………… 210

あとがき　212

本書を読み終えた読者に　214

謝辞　216

引用文献　218

索引　226

第 1 章
細胞の増殖とタンパク質のダイナミックス

　具体的な生命現象についてのモデルに入る前に，基本的なモデルを 2 つ紹介しておこう．1 つはバクテリアや細胞などが分裂などによる増殖を表現するロジスティックモデルで，もう 1 つは，酵素反応の基本にあるミカエリス・メンテン式である．

1.1　細胞の増殖

指数増殖

　バクテリアなどの微生物を十分な栄養が含まれた培地において適温で培養すると，どんどんと分裂を重ね，その数は時間とともに指数関数を描いて増殖する．個体数（つまりヒトでいうところの人口）を x と表し，時間 t の関数と考えると，個体数が増加する速度は dx/dt である．個体ごとの状況が同じだとすると，その増加速度は現在の個体数に比例するので，そのことは比例係数を m として

$$\frac{dx}{dt} = mx \tag{1.1}$$

と書くことができる．この (1.1) 式は，$x(t)$ という時間の関数の時間変化率を与えるものであり，微分方程式の例である．$t = 0$ での個体数を $x(0) = x_0$ とすると，$x(t) = x_0 e^{mt}$ が解となる．このことは，この解を微分方程式 (1.1) に代入して成立することから確かめられる．

このような指数増殖をする生物は，短い間に非常に大きな数に増える。一定の環境におかれると，生物の個体数が指数関数を描いて増大することを明確に指摘したのは T. R. マルサスであり，そのことから 1 個体あたりの増加率 m のことをマルサス係数とよぶ。

ロジスティックモデル

実際にはこのような指数増殖がいつまでも続くことはない。というのも個体数が大きくなると培地の栄養が不足し，他方で老廃物が蓄積するからである。個体数が増えて混み合ってくると，しだいにそれぞれ個体の環境が悪くなっていく。このような状況は，指数増殖の (1.1) 式において，個体数あたりの増殖速度 m を定数ではなく，密度 x とともに減少する関数 $m = r\left(1 - \frac{x}{K}\right)$ に置き換えることによって表すことができる。(1.1) 式は次のようになる。

$$\frac{dx}{dt} = rx\left(1 - \frac{x}{K}\right) \tag{1.2}$$

これをロジスティック式 (logistic equation) という。増殖速度は密度が小さいときには r に近いが，密度が大きくなり，K に近づくとゼロになる。つまり増加が止まる。

この式 (1.2) は次の解をもつ（演習問題 1.1）。

$$x = \frac{K}{1 + \left(\frac{K}{x_0} - 1\right)e^{-rt}} \tag{1.3}$$

図 **1.1** にあるように，個体数は密度が小さいときには指数的に増殖するが，大きくなってくると増殖速度がしだいににぶり，最終的には個体数は K というレベルにしだいに近づいていく。だから時間が十分にたてば，$x = K$ になる。K は，その環境で最大限維持できる生物の個体数を表すので，環境収容力 (carrying capacity) という。

平衡状態

ロジスティック式 (1.2) についてもう少し考えてみよう。K は (1.2) 式に従って増殖する生物の個体数がしだいに近づく値である。最初から $x = K$ であれば，もはや個体数は変化せずそのままの値にとどまる。この状態のことを平衡状態 (equilibrium) という。

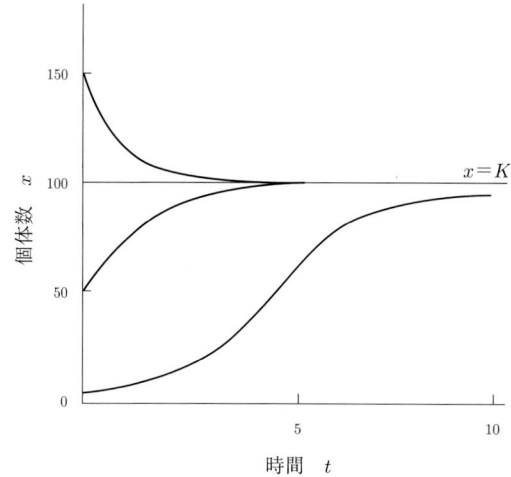

図 1.1 ロジスティック式。横軸は時間 t，縦軸は個体数 x を表す。初期の個体数が小さいときには増殖率 r で指数関数を描いて増加するが，しだいに大きくなると増殖率は小さくなる。最終的には個体数が環境収容力 K に等しくなって個体数の増加が止まる。

ロジスティック式では，$x=K$ のほかにもう 1 つ $x=0$ も平衡状態である。これは最初に生物がいないと，いくら待っても生物が自然にわいてくることはないということを表している。平衡状態は系が変化しない状態のことなので，$dx/dt=0$ という式から計算できる。これを用いると (1.2) 式は 0 となるので，それから $x=0$ と $x=K$ という 2 つの平衡状態が計算できる。

しかし $x=0$ と $x=K$ との間では大きな違いがある。きっちりそこからスタートするとずっとそのままである，という意味ではともに平衡状態であるが，$x=K$ は，そこからずれて，わずかに多すぎても少なすぎても，時間の経過とともに $x=K$ へと戻っていく。これに対して $x=0$ からわずかにずれたとき，時間とともに個体数 x はしだいに増えてしまう。つまり系の状態は時間とともに $x=0$ から離れて行ってしまうのだ。このことから，$x=K$ は安定 (stable) な平衡状態，$x=0$ は不安定 (unstable) な平衡状態という。

1.2 細胞内の生命機能

このように細胞や個体は，自らコピーを作って数を増やすという繁殖活動を行う。これに対して細胞内のタンパク質はそれ自体でコピーができるわけではない。複雑な分子機構を使って別のものから作り出されるのである。ここではまず，この仕組みについて簡単にまとめておこう。

細胞内の生化学反応について

生命機能というのは，単純化していえば，非常に多数の化学反応が秩序正しく行われることである。その中心をになっているのがタンパク質である。タンパク質は酵素として生体における化学反応を触媒する。加えて，細胞などの構造体としてもはたらく。筋肉が力を出せるのもタンパク質のはたらきである。神経が興奮して電気信号を伝えるのも，細胞内外のイオン濃度の差を作り電気刺激でイオン透過度を変えるというタンパク質のはたらきにもとづいている。

タンパク質は 20 種類のアミノ酸という単位が鎖のように並んでつながり，その鎖が折れ畳まれてできている。タンパク質の違いはそのアミノ酸の配列によって決まり，そのアミノ酸配列を指定するのが遺伝子である。

遺伝の仕組み

DNA はヌクレオチドとよばれる単位が多数つながり，鎖のように長くなったものである。そのヌクレオチドは 4 種類あり，付加されている塩基が異なっている。つまりヌクレオチドには，アデニン (A)，チミン (T)，グアニン (G)，シトシン (C) という 4 種類のいずれかの塩基がついている。DNA は通常しまわれているが，必要なときがくるとほどかれて，その情報が読み取られる。読み取りは連続する 3 つのヌクレオチドが 1 つのアミノ酸に対応し，指定するというルールになっている。たとえば CTA はロイシン，CGA はアルギニンという具合である。このようなアミノ酸 1 つに対応するヌクレオチドの 3 つの並びのことを「コドン」という。アミノ酸は全部で 20 種類だが，ATGC の 3 つの並びは，60 種類以上あるので，複数のコドンが同じアミノ酸に対応することが

ある。

　DNAがほどかれると，先述の手順のようにそれに対応したメッセンジャーRNA (mRNA) が作られる。これを転写 (transcription) という。真核生物の場合，これは核の中で生じる。mRNAは不要な部分を取り除かれた後，核の外，すなわち細胞質にあるリボソームに運ばれる。このリボソームはタンパク質を合成する場所である。ここではmRNAの指示に従ってそれに指定された順番でアミノ酸をつなげてタンパク質が作られる。これを翻訳 (translation) という。こうしてできたタンパク質は特定の立体構造をとることによって，その機能を果たすことができる。

　このmRNAにある情報というのはもともとDNAにあったものをコピーしたものである。だからDNAにはタンパク質の作り方，いわば設計図が記されているといえる。そして，この設計図が遺伝子である。それは傷がつかないように通常は丁寧に束ねられて「染色体」という形で核の中にしまわれている。

　1953年に遺伝子であるDNAの構造が明らかになり，その後20世紀後半において遺伝子やタンパク質の研究技術が確立した。DNAの塩基配列を読み取り，遺伝情報を4種類の文字の並びとして把握できるようになった。ついにはヒトなどいくつかの生物種において，その生物がもっている遺伝情報がすべて文字として読み出された。それにより，動物でも植物でもバクテリアでも，基本となる遺伝子はかなり共通していることがわかった。

　先に，細胞の中はDNAの収まっている核という場所と，その外側，細胞質とに分かれているといった。このことは動物や植物，菌類などの真核生物にあてはまる。しかし核と細胞質とが分かれていない生物もいる。それは大腸菌などのバクテリア，ランソウなどである。これらは原核生物とよばれる。真核生物と原核生物とは，核をもつかどうかだけでなく，ゲノムの構造を含めてさまざまな点に違いがあり，真核生物は，原核生物がほかの生物に共生することによって生じたと考えられている。

　ここでは，細胞内で生じている化学反応を助ける触媒としてのタンパク質のはたらきを考える数理モデルの基本を説明しよう。

1.3 分子の合成反応や酵素反応を微分方程式で書く

まず，A という種類の分子 1 個と B という種類の分子 1 個が反応してくっついた AB という生成物ができる場合を考えてみる。これを，

$$A + B \underset{k_2}{\overset{k_1}{\rightleftharpoons}} AB$$

と表す。右向きの矢印は A と B とがぶつかって 2 つが結合した生成物 AB ができることを示し，左向きの矢印は AB が分解して A と B に分かれることを示している。生成物 AB の濃度変化は

$$\frac{d[\text{AB}]}{dt} = k_1 [\text{A}][\text{B}] - k_2 [\text{AB}] \tag{1.4}$$

である。右辺第 1 項は右向きの矢印の反応，第 2 項は左向き矢印の反応を表す。ここで A と B が衝突して生じる反応は A の濃度と B の濃度の積に比例する。これに対して AB という 1 つのものが分解される反応の速度も，その濃度に比例する。平衡状態において，(1.4) 式の右辺はゼロとなる。そこでは A の全体量 A_{total} に対する生成物 AB の比率は

$$\frac{[\text{AB}]}{A_{total}} = \frac{[\text{AB}]}{[\text{A}] + [\text{AB}]} = \frac{[\text{B}]}{k_2/k_1 + [\text{B}]} \tag{1.5}$$

というように B とともに増大することがわかる（演習問題 1.2）。

ヒル式とヒル係数

次に，A という種類の分子 1 個と B の分子 n 個の合成反応

$$A + nB \underset{k_2}{\overset{k_1}{\rightleftharpoons}} A(nB)$$

は A という分子と B という分子の n 個が一緒になって 1 つの生成物を作る反応を表している。実際には $n+1$ 個の分子が同時に衝突することはありえない。A がまず B に衝突して AB という分子ができ，それが次の B に衝突して A(2B) ができ，というように進み最後に A(nB) ができるということが考えられる。もしこれらの中間状態が不安定であり，直接には観測できないとすれば，上記と

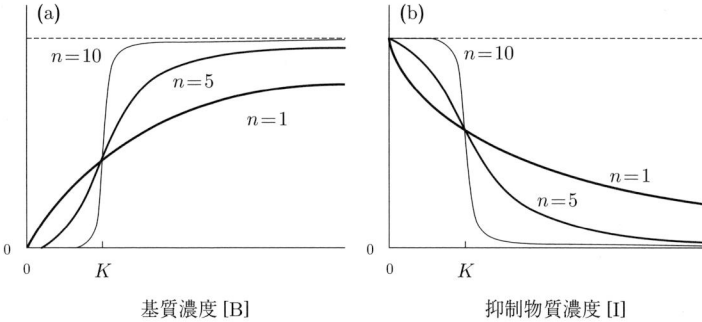

図 1.2 反応速度の非線形的な依存性。n は非線形性の強さを表す。(a) 横軸は基質濃度 [B]。[B] が K 以下だと小さく，K 以上だと大きな値になる。(b) 横軸は抑制因子濃度 [I]。[I] が K 以下だと大きく，K 以上だと小さな値になる。ともに，n が大きいときにははっきりとしたスイッチを表す。

同様な議論をすることで

$$\frac{[\mathrm{A}(n\mathrm{B})]}{A_{total}} \approx \frac{[\mathrm{B}]^n}{K^n + [\mathrm{B}]^n} \tag{1.6}$$

という形に書くことができる（演習問題 1.2）。つまり最終産物の相対濃度は B の濃度とともに非線形で増えることになる（図 **1.2a**）。(1.6) 式の n はヒル係数とよばれ，この式をヒル式という。n が 1 よりも大きいとき，B の濃度が増えると最初はほとんど上昇しないが，濃度が K 近くになると急激に増大し，それを超えると 1 に近づいていく。横軸を [B] にとると S 字曲線を描くグラフになる。n が非常に大きくなると B が K 以下ではほとんどゼロ，K を超えるとほぼ 1 というスイッチを表す関数となる。細胞内の生化学反応の速度が，ある物質の量に対して非線形に増えるときには，このような形の関数を仮定することが多い。

ミカエリス・メンテン式

酵素反応の速度を考えるうえで幅広く有効な式にミカエリス・メンテン式がある。ある反応を起こす材料になるものを基質といい，反応の後作られるものを生成物という。酵素は基質と結合することによって，反応速度を速めることができる。

ここで，結合していない基質を S とし，酵素を E とする。それらが結合した

ものを ES と表す。これらの状態の間では，くっついたり離れたりが始終行われているものとしよう。

さて，ここではくっついた状態からもとに戻らずに生産物 P を作り出すという反応も生じる。しかしこれは通常ゆっくりとしか生じないとする。酵素は生成物ができると離れて自由状態 E に戻る。基質は反応の後には消えて，生成物として形を変えてしまう（だからそれは材料なのだ）。これに対して，酵素はあくまでも反応を起こさせるように触媒するものであって，最終生産物の材料にはならない。

そこで，

$$\mathrm{E} + \mathrm{S} \underset{k_2}{\overset{k_1}{\rightleftharpoons}} \mathrm{ES} \xrightarrow{k_3} \mathrm{E} + \mathrm{P}$$

を考えてみる。普通に書くと

$$\frac{d\,[\mathrm{ES}]}{dt} = k_1\,[\mathrm{E}][\mathrm{S}] - k_2\,[\mathrm{ES}] - k_3\,[\mathrm{ES}] \tag{1.7a}$$

$$\frac{d\,[\mathrm{P}]}{dt} = k_3\,[\mathrm{ES}] \tag{1.7b}$$

となる。これを単純化するには，ES の状態の濃度が定常的であると考えるのが1つのやり方である。すると $d\,[\mathrm{ES}]/dt = 0$ から，酵素の総量を E_{total} とすると

$$\frac{d\,[\mathrm{P}]}{dt} = \frac{k_1 k_3 E_{total}\,[\mathrm{S}]}{k_2 + k_3 + k_1\,[\mathrm{S}]} \tag{1.8}$$

となる（演習問題 1.3）。つまり反応のスピードは，基質の量 [S] とともに増加するが，それは比例ではなくて飽和する曲線になる。酵素反応の速度を表す (1.8) 式をミカエリス・メンテン式という。

ミカエリス・メンテン式は，これと違った考えで導くこともできる。まず生成物ができる速度 k_3 はほかのパラメータよりも小さいとする。基質と酵素から複合体ができるスピードと複合体が分解して基質と酵素に分かれるスピードとが等しいことから，準平衡状態では以下の式が成立する。

$$k_1\,[\mathrm{S}][\mathrm{E}] = k_2\,[\mathrm{SE}]$$

この式から，酵素のうち複合体を作っているものの濃度 [SE] と単独のものの濃度 [E] との比率が，$k_1\,[\mathrm{S}] : k_2$ であることがわかる。加えて，酵素の総量が $E_{total} =$ [E] + [SE] であることから，複合体の濃度は $[\mathrm{SE}] = E_{total} k_1\,[\mathrm{S}]/(k_2 + k_1\,[\mathrm{S}])$ と

第 1 章 細胞の増殖とタンパク質のダイナミックス

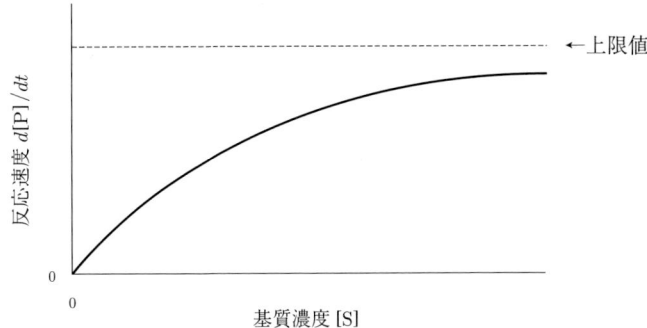

図 1.3 ミカエリス・メンテン式のグラフ．横軸は基質濃度 [S] で縦軸は生産速度 $d[\mathrm{P}]/dt$ を表す．[S] が小さいと生産速度はそれに比例して増大するが，[S] が大きいと一定値に飽和してしまう．

なる．よって全体として生産物のできる速度は

$$[生産速度] = \frac{E_{total} k_3 [\mathrm{S}]}{k_2/k_1 + [\mathrm{S}]} \tag{1.9}$$

と書ける（演習問題 1.3）．

(1.8) 式も (1.9) 式も反応の速度が基質，つまり材料の量 [S] の増加関数であり，双曲線関数を描き [S] が大きいときには飽和することを示している（**図 1.3**）．ミカエリス・メンテン式では基質量が小さいときには反応速度は基質量とほぼ比例して増加するが，基質量が大きくても上限 $E_{total} k_3$ は超えない．この「飽和」状態のときには，酵素のほとんどすべてが基質と結合してしまっていて，複合体から産物ができるステップが反応の律速段階になっている．そのため基質をそれ以上増やしても反応は速くならない．

ミカエリス・メンテン式では，基質濃度 [S] が低いときには反応速度は基質濃度にほぼ比例した．これに対して，濃度 [S] の 2 乗に比例して増大するならば，濃度の小さいときにはごく小さな値になり，ある程度大きくなると急激に増大するという S 字曲線を描くことになる．このような非線形的な反応速度の上昇を表すには，一般にヒル式 (1.6) を用いることが多い．すると化学反応は，基質濃度が小さいときにはほとんど生じないが，ある程度を超えると急に速く生じるようになる（**図 1.2a**）．

細胞がある物質の量に応じて反応する場合に，このような非線形性があると

しよう。入力のシグナルが揺らいでいるとする。シグナルが小さい場合には細胞はほとんど反応せず，ある程度を超える大きさ（閾値）の入力が来たときにだけはっきりした反応をする。こうして反応の非線形性は，細胞が小さなノイズには応答せず大きなノイズだけに応答するという意味で頑強性をもたらす効果がある。

抑制

抑制を表す反応の場合にも非線形性は重要である。たとえば，ある抑制因子の濃度を $[I]$ としておくと，反応速度が $a/(K+[I])$ となっている場合には抑制因子濃度とともに双曲関数を描いて減少することが表せる。そのかわりに反応速度が，$a/(K^n+[I]^n)$ というようになっていて，n が 1 より大きいとしよう。そうなると抑制因子濃度がある程度までは反応速度はあまり減少しないが，閾値 K を超えると急に小さくなるという非線形性を示す（図 **1.2b**）。n は非線形性の程度を表す。このような反応をする理由として，たとえば遺伝子の転写調節領域に n 個の結合サイトがあって，それらすべてに抑制因子が結合したときにだけ不活性化されるといった理由を考えることもできる。

第 1 章：演習問題

演習問題 1.1

(1.3) 式がロジスティック式 (1.2) の解であり，初期条件 $x(0)=x_0$ を満たすことを確かめよ。また，(1.2) 式を解くことによって (1.3) 式を求めよ。

演習問題 1.2

(1) (1.4) 式の平衡状態で (1.5) 式が成立することを示せ。

(2) (1.6) 式を導け。

演習問題 1.3

ミカエリス・メンテン式 (1.9) を導く。

(1) (1.7a) 式より，平衡状態において $0 = k_1[E][S] - (k_2+k_3)[ES]$ が成立する。このとき酵素の総量を $E_{total} = [E]+[ES]$ とおくと，これら 2 つ

から，
$$[\text{ES}] = E_{total}/[1 + (k_2 + k_3)/k_1\,[\text{S}]]$$
が得られることを示せ。
(2) (1) を用いて，(1.7b) 式より (1.9) 式を導け（$k_3 \ll k_2$ に注目せよ）。

第 2 章
概日リズム

　多くの生物は，外界の 24 時間の周期的変動に合わせて活動する。実験的にまったく一定の環境においても，活動量や代謝量はほぼ 24 時間の周期での変動し，その周期的変動は何日も続く。それは生物が体内時計をもっているからである。この，ほぼ 24 時間の周期をもつ体内リズムのことを概日リズム（サーカディアンリズム）という。概日リズムは，ヒトやマウスなどの哺乳類だけでなく，ショウジョウバエ，植物，アカパンカビ，そしてランソウなどでも見られる。

　生物時計の基本は「時計遺伝子」の周期的な遺伝子発現である。たとえばショウジョウバエでは，*period* とよばれる遺伝子がある。それが発現して作られる PERIOD タンパクは，何時間もかかって核に入り，自らを作るもとになった *period* 遺伝子の発現を抑制する。すると遺伝子の発現が止まり，その間に作られたタンパク質はしだいに分解される。その量が十分に低くなると，再び遺伝子が読み出され PERIOD タンパクの生産が始まる。このようにしてタンパク質が周期的に生産されることになる。負のフィードバック制御によって振動が作り出されるのである (Goldbeter, 1995)。

　生物の細胞で生じているものは，これよりもずっと複雑である。周期的変動を作り出す機構には多数の遺伝子とタンパク質が関与する。知られている要素をすべて取り込んだコンピュータシミュレーションによる研究も進められている。しかし本章では，もっと単純化したモデルを用いてその数理的性質から系を理解する試みを紹介しよう。

2.1 周期的振動を作り出すモデル

タンパク質が作られるのは，遺伝子がしまってある核ではなくその外にある細胞質である．そこで，M を遺伝子が転写されて作られた mRNA の量，R を細胞質でのタンパク質の量，そして P を核に入ったタンパク質の量とする．そして次のモデルを考えてみる（図 **2.1b**）．

$$\frac{dM}{dt} = \frac{k}{h^n + P^n} - \frac{aM}{a' + M} \tag{2.1a}$$

$$\frac{dR}{dt} = \frac{sM}{s' + M} - \frac{dR}{d' + R} - \frac{uR}{u' + R} + \frac{vP}{v' + P} \tag{2.1b}$$

$$\frac{dP}{dt} = \frac{uR}{u' + R} - \frac{vP}{v' + P} \tag{2.1c}$$

ここで，(2.1a) 式は mRNA の量 M の時間変化速度を表す．(2.1a) の右辺第 1 項は遺伝子の転写によって mRNA が生産される速度を，第 2 項は mRNA の分解速度を表す．mRNA の生産は核内のタンパク質 P によって抑制される．(2.1b) 式は細胞質でのタンパク質の量の変化を表す．右辺第 1 項はタンパク質の生産，第 2 項はタンパク質の分解を表す．これらはともにミカエリス・メンテン型であるとした．細胞質で作られたタンパク質は核膜を抜けて核に入り，また逆に核から細胞質に出てくる．これらは (2.1b) 式の右辺第 3 項および第 4 項で表される．(2.1c) 式は核内のタンパク質の量 P の変化を表す．

(2.1) 式の 3 つの微分方程式をコンピュータで数値計算すると，パラメータをうまく選べば，安定な周期的振動（リミットサイクル）を作ることができる（図 **2.2**）．遺伝子が読み取られて mRNA が作られ，細胞質で翻訳される．作られたタンパク質が核に入ると遺伝子の発現を抑えるので，しばらくすると mRNA が作られなくなる．するとタンパク質は分解されてしだいに減少する．ついには核内のタンパク質がなくなり，抑制がはずれて遺伝子が再び読み取られ出す．このようにして振動が生じるのである．

2 変数モデルは振動しない

このモデルをもっと簡単にはできないだろうか？　たとえば，2 変数ではどう

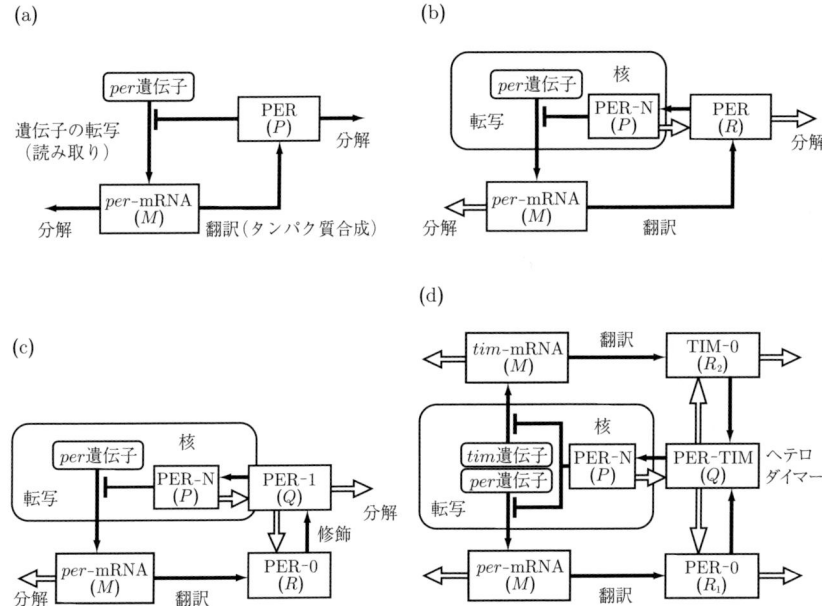

図 2.1 遺伝子がその産物であるタンパク質によって抑制されるモデル。(a) mRNA とタンパク質の 2 変数モデル。(b) mRNA と細胞質にあるタンパク質, 核内のタンパク質の 3 変数モデル。(c) 細胞質のタンパク質をさらに未修飾のものと修飾されたものに分けて, 後者だけが核内に入れるとした 4 変数モデル。(d) 二重振動子モデル。時計遺伝子が 2 種類あり, それらの産物が複合体を作って核に入る。核内で複合体は両方の遺伝子発現を抑制する。(c) 3 変数モデルと (d) 4 変数モデルにおいて, 黒矢印がインループ反応, 白矢印がブランチ反応である。インループ反応が 1 つでも強く飽和すると振動が止まる。ブランチ反応が飽和するほど系は振動しやすくなる。(Kurosawa et al., 2002 JTB; Fig. 1)

だろう。細胞質と核の区別をやめて, そこにあるタンパク質をまとめて 1 つの変数 P で表し, 生産や分解の速度の関数形を特定しないで次のようなモデルを考えてみよう (図 **2.1a**)。

$$\frac{dM}{dt} = f(P) - h(M)$$
$$\frac{dP}{dt} = g(M) - k(P)$$
(2.2)

mRNA の転写速度はタンパク質の量によって減少するので $f'(P) < 0$ である。mRNA の分解, タンパク質生産および分解の速度はそれぞれの基質の増加関数

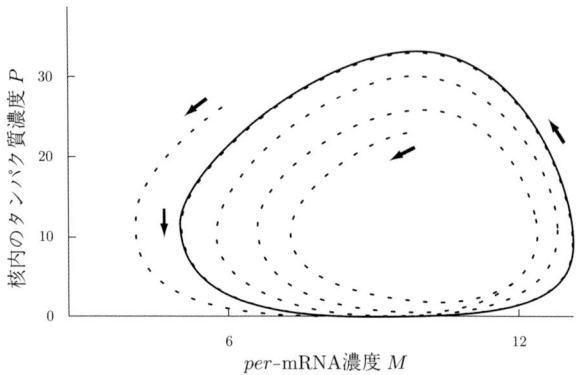

図 2.2 振動の例。(2.1) 式の 3 変数モデル（図 2.1b）。(Kurosawa & Iwasa, 2002 *JBR*; Fig. 1)

なので $h'(M) > 0$, $g'(M) > 0$ と $k'(P) > 0$ が成立する。これらの関数をうまく選ぶと振動は生じるだろうか。

実はこのモデルは絶対に振動しないことが示せる (Kurosawa *et al.*, 2002)。これを示すには，まず平衡状態を求める。平衡状態とは，そこにいる限り系がそこからほかの値には変化しない状態のことなので，時間変化が生じないことから (2.2) 式が 2 つともゼロになる値である。このモデルについては，M と P とがどのような値から出発しても，最終的には平衡状態に収束してしまうことを示すことができる。

3 変数モデル (2.1) 式でも 2 変数モデル (2.2) 式でも，変数がすべて正であるような平衡状態が 1 つある。しかし図 **2.2** にある例のようにうまくパラメータを選ぶと (2.1) 式は平衡状態には収束せずその周りで周期的な変動を繰り返す。それに対して (2.2) 式についてはどのようにパラメータを選んでも，系は平衡状態に収束してしまう。つまり平衡状態は前者は不安定で後者は安定である。このように平衡状態の安定性を調べることによって振動を作り出すことができるかどうか，どのモデルが振動しやすいかなどを知ることができる。

現在調べているモデルは体内時計のもとになる恒常的なリズムを作る出すための系なのだから，平衡状態に収束してしまっては困る。2 変数モデル (2.2) 式は振動しないのに，3 変数モデル (2.1) 式では振動する。2 つのモデルの違いが結果の差をもたらしたことから，タンパク質が細胞質から核に移行するステッ

プによる時間遅れには振動を引き起こしやすくする効果がある，と結論できる．

平衡状態の安定性

ここで，微分方程式の安定性について説明してみよう．複数の変数が連立微分方程式に従うときに，それらの相互作用の結果として平衡状態が作られる．たとえば 2 変数として mRNA の量 $M(t)$ とタンパク質の量 $P(t)$ を考えてみよう．(2.2) 式のように，遺伝子からの mRNA の生産（転写）と mRNA の分解のバランスで mRNA の増加率が決まり，mRNA によるタンパク質の生産（翻訳）とタンパク質の分解でタンパク質の増加率が決まるということは，一般に M と P との時間変化が M と P との関数で表されるという式の 1 例である．

$$\frac{dM}{dt} = F(M, P) \tag{2.3a}$$

$$\frac{dP}{dt} = G(M, P) \tag{2.3b}$$

平衡状態は，M および P がそれらの値をとると，そのまま両者とも変化せずにそこにとどまるような状態のことだから，(M_0, P_0) が平衡状態であるならば，

$$0 = F(M_0, P_0), \quad 0 = G(M_0, P_0) \tag{2.4}$$

という式が成立するはずである．

この平衡状態には安定なものと不安定なものがある．前章で 1 変数のモデルについて説明したように，安定な平衡状態はそこから少しずれてももとに戻る性質をもっている．逆に不安定な平衡状態は，少し離れるとそのずれがどんどんと拡大して遠くに離れていってしまう．

このような平衡状態の近くでの系の振る舞いは，(M, P) を 2 次元の平面上に描いたときに，図 **2.3** にあるようないくつかのタイプに分けられる．ここで安定平衡状態は，図 **2.3a** にある安定ノード，図 **2.3d** にある安定フォーカスである．これに対して，図 **2.3b** にある不安定ノード，図 **2.3c** にあるサドル，図 **2.3e** にある不安定フォーカスは，不安定平衡状態である．

この 5 つのタイプは，平衡状態の近くで線形化することによって判別することができる．平衡状態 (M_0, P_0) の近くを考えているのだから，(M, P) のそれからのずれを x と y とおいて，$M = M_0 + x$ および $P = P_0 + y$ と書こう．そ

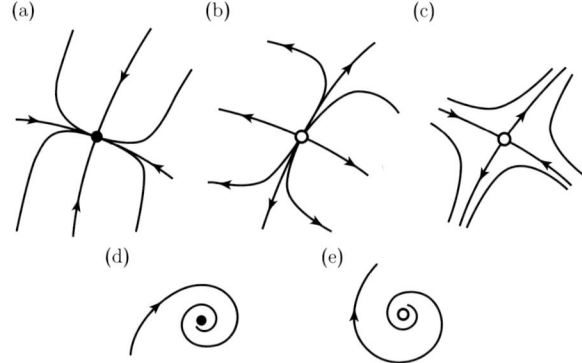

図 2.3 平衡状態のいくつかのタイプ。(a) 安定ノード, (b) 不安定ノード, (c) サドル, (d) 安定フォーカス, (e) 不安定フォーカス。これらは, 平衡状態の周りで計算したヤコビ行列の固有値の符号によって区別できる。

してテイラー展開をすると,

$$\frac{dx}{dt} = \frac{dM}{dt} = F(M_0 + x,\ P_0 + y)$$
$$= F(M_0, P_0) + \frac{\partial F}{\partial M}x + \frac{\partial F}{\partial P}y + \cdots$$

となる。ここで偏微分は平衡状態で計算する。右辺にある残りの項は小さなずれ x, y に関して2次以上のさらに小さな項である。また右辺第1項は平衡状態の条件 (2.4) からゼロになる。すると,

$$\frac{dx}{dt} = \frac{\partial F}{\partial M}x + \frac{\partial F}{\partial P}y$$

となる。同様の計算を y についても行うと

$$\frac{dy}{dt} = \frac{\partial G}{\partial M}x + \frac{\partial G}{\partial P}y$$

となる。これら2つをまとめたものは,行列の記号を使って

$$\mathbf{A} = \begin{pmatrix} \frac{\partial F}{\partial M} & \frac{\partial F}{\partial P} \\ \frac{\partial G}{\partial M} & \frac{\partial G}{\partial P} \end{pmatrix} \tag{2.5}$$

という係数行列により,

$$\frac{d\mathbf{x}}{dt} = \mathbf{A}\mathbf{x} \tag{2.6}$$

と書くことができる。これは x と y についての線形の微分方程式である。(2.5) 式の係数行列 $\mathbf{A}$ のことをヤコビ行列とよぶ。

非線形の微分方程式系 (2.3) が与えられたとき，次のようにしてその挙動を調べる。まずその平衡状態を求める。一般には平衡状態が 1 つもない場合もあるし，複数ある場合もある。それぞれの平衡状態の周りでヤコビ行列 (2.5) を計算すると，それが平衡状態のすぐ近傍でのモデルの挙動を表す。平衡状態が安定か不安定かは，ヤコビ行列の固有値を計算すればすぐにわかる。すべての固有値について，実部が負であれば，平衡状態は安定であるので，系が少しだけ平衡状態からずれても時間とともにもとに戻ろうとする。これに対して，固有値に正の実部をもつものが 1 つでもあると，平衡状態は不安定であり，系は平衡状態から少しでもずれると時間とともに遠くにいってしまう。詳しくは付録を参照されたい（第 2 章：付録 A 参照）。

2 変数モデルを例に

(2.2) 式で与えられる 2 変数モデルでは関数の符号が $f'(P) < 0, h'(M) > 0, g'(M) > 0, k'(P) > 0$ である。平衡状態の周りで線形化したときの行列は

$$\mathbf{A} = \begin{pmatrix} -h'(M) & f'(P) \\ g'(M) & -k'(P) \end{pmatrix}$$

であり，この固有値は，次の方程式

$$\lambda^2 + \bigl(h'(M) + k'(P)\bigr)\lambda + \bigl(h'(M)k'(P) - g'(M)f'(P)\bigr) = 0$$

の 2 根である。関数の符号に注目すると $h'(M) + k'(P)$ も $h'(M)k'(P) - g'(M)f'(P)$ も正になる。このときには Routh-Hurwitz 条件により上記の 2 次方程式の 2 根はともに実部が負であり，もとの平衡状態は安定である（第 2 章：付録 A 参照）。

つまり mRNA とタンパク質の動態を表す (2.2) 式のモデルは，平衡状態が必ず安定になってしまう。これでは振動を作り出すことができない。

簡単のために 2 次元の話を例にとって説明したが，以上の議論は変数の数が 3 つ以上の場合にも同じようにあてはめることができる。そのようなやり方で (2.1) 式についても調べることができる。そして (2.1) 式の場合には，うまくパ

ラメータを選ぶと平衡状態は不安定になる．そしてそのときに系は一定の周期をもって変動する周期的振動，リミットサイクルを示すのである（図 **2.2**）．

大域安定と局所安定

平衡状態が安定のときには，その平衡状態のごく近くからスタートをするとその系は平衡状態に近づいていく．しかしある程度離れたところからスタートしたときに，同じように平衡状態に近づくのかどうかはわからない．平衡状態から少しだけずれたときには元に戻るとしても，大きくずれたときにはまったく別の場所に離れていってしまうかもしれない．このような状況を「局所安定だが大域安定ではない」という．これに対して，大域安定 (globally stable) とは，どれだけ大きく外れてももとの平衡状態に戻ることをいう．

局所安定かどうかは，前節で調べたように線形化をしてヤコビ行列の固有値を調べればわかる．ところが，大域安定であることの証明はなかなか難しい．(2.2) 式の 2 変数モデルの場合には，たまたまリアプノフ関数をうまく見つけることができるので，大域安定であることが証明できる（第 2 章：付録 B 参照）．

2.2 モデルの修正の影響

細胞内の反応には (2.1) 式などよりもずっと多数のタンパク質が関与し，多くの反応ステップが加わっている．(2.1) 式が振動を作り出すことができるといっても，それはあくまでも最小限に単純化したモデルである．これらのステップを加えることは，振動の生じやすさにどのような影響を与えるのだろうか (Kurosawa et al., 2002)．

タンパク質の修飾

細胞質から核に移行するときに，タンパク質がリン酸化などの修飾を受けてからはじめて移行ができるとする．細胞質にあるタンパク質を，リン酸化したものとしていないものとの 2 つに分けて，それぞれの量を追跡することになるので，mRNA 量および核内のタンパク質とで全部で 4 変数のモデルになる（図 **2.1c**）．

平衡状態の固有値を調べることにより，先の 3 変数モデル（図 **2.1b**）に比べて 4 変数モデルのほうが振動が生じやすいことが証明できる．つまりタンパク質が核に入る前に修飾を受ける必要があるというモデルは，そうでないものよりも，より振動しやすいのだ．

二重振動子

ショウジョウバエのもつ時計遺伝子は *period* だけではなく，*timeless* という遺伝子もある．この場合は *period* のタンパク質 PER と *timeless* のタンパク質 TIM が重合して安定した PER-TIM 複合体が作られ，それが核に入って両方の遺伝子を抑制する（図 **2.1d**）(Leloup & Goldbeter, 1998)．複合体を作らないタンパク質は不安定で分解されるとしよう．原理的には 1 つの遺伝子とその産物だけでも振動が作り出せるのだが，そのような振動子が 2 つカップリングしていることにはどのような意味があるのだろう．これを調べるために，*period* と *timeless* に相当する 2 つの遺伝子が関与するモデル（二重振動子モデル）と，そうではなく 1 つの遺伝子が振動を起こすモデルとを比較してみた．それぞれの平衡状態が不安定になって系が振動するための条件を数学的に比べると，二重振動子モデルのほうが振動しやすいことを示すことができた．このことは，時計遺伝子が 2 つあって，それらの産物のヘテロダイマーが核内に入るという構造が，振動を生じやすくする効果を与えていると考えられる．

非線形の核移行

細胞質でできたタンパク質は量が少ない間は核にはほとんど入らず，あるレベルを超えると急に核に入ることが実験で知られている．(2.1) 式では核への移行のスピードを $uR/(u'+R)$ と仮定していたが，これを $uR^m/(u'+R^m)$ $(m>1)$ と変更してみると，そのような非線形の核移行を表すことができる（図 **1.2a**）．再び，平衡状態の周りの固有値を調べてみると，(2.1) 式における $m=1$ の場合に比べて，核移行を非線形にした $m>1$ の場合のほうが振動が生じやすくなることが証明できる．

そもそもこの遺伝子・タンパク質動態は，安定な自律的振動を作り出すために作られたシステムである．リズムを作ることに適応的意義があるとすれば，化学反応のネットワークの構造もまた，安定なリズムを維持しやすいように選

ばれているのではないだろうか。このことから，タンパク質が核に入る前に修飾を受ける必要があることや，2種類の時計遺伝子の産物がヘテロダイマーを作って核に入りそれぞれの遺伝子を抑制すること，タンパク質が核に移行するときに非線形性があることなどは，すべて振動を生じやすいシステムを作り出す効果があると結論できる。実際の細胞の生化学反応系では，もっと複雑ではあるが，それらさまざまな構造があることの効果も安定な周期を作り出すための機構である可能性があり，それは振動が出現する可能性を数理的に調べることによって理解できる。

2.3 酵素反応の飽和の効果：反応の場所による違い

　今までは，構造の異なるモデルにおける振動のしやすさを比較してきた。次に構造は決まっているとして，そこに含まれるパラメータの値についても，系が振動しやすいように選ばれているのではないかということを考えてみよう (Kurosawa & Iwasa, 2002)。

　(2.1) 式では，それぞれの酵素反応速度はミカエリス・メンテン式に従っている（第1章参照）。速度は基質の濃度とともに双曲線を描いて増大する。たとえば (2.1b) 式の右辺第2項はタンパク質の分解を表し $dR/(d' + R)$ となっている。これは，反応の材料となる基質がタンパク質の量 R であって，それが多いほど分解速度が増すことを示す。d' に比べて濃度 R が低いと基質濃度に比例して分解が進むが，濃度が高いと最高速度 d に飽和してしまう（図 **1.3**）。これらの係数は分解反応を触媒する酵素の立体構造によって決まる。

　ある反応が飽和して濃度にあまりよらずに反応が進むようになっている場合と，飽和せずに濃度にほぼ比例して分解反応が進む場合とでは，系全体として振動のしやすさにどのような影響があるだろうか。

　この振動のしやすさを平衡状態の安定性を計算することで調べてみた。その結果，飽和することの影響は，反応ごとに大きく異なっていることがわかった (Kurosawa & Iwasa, 2002)。タンパク質の分解速度は飽和していたほうが系は振動しやすい。また mRNA の分解速度，核に入ったタンパク質が細胞質に出

るステップなども，飽和しているほど平衡状態は不安定で，振動しやすい．より正確にいうと，平衡状態の固有値を調べると，mRNAの分解速度と，核内タンパク質の分解速度とがともに強く飽和していると，平衡状態は必ず不安定で系は振動することが証明できる．

これに対して，タンパク質合成や合成されたタンパク質の細胞質から核への移行のステップについては，効果がまったく逆である．それらは飽和しないほうが系が振動しやすい．実は1つでも強く飽和していると系は振動しないのである．

4変数モデルでも同様のことを示すことができる．ここで反応速度の飽和度が高いほど振動の生成に寄与する酵素反応と，逆に飽和度が低いほど振動の生成に寄与する酵素反応を，反応系の中での位置によって区別することができる．たとえば図 **2.1b** の3変数モデルや図 **2.1c** の4変数モデルでいえば，多数の矢印のなかで負のフィードバックループを構成しているもの（黒矢印）をインループ反応とよぶ．これらが1つでも極端に飽和していると振動が止まる．このようなフィードバックループから枝分かれしたように描かれる分解反応や逆向き反応は，ブランチ反応とよぶ．白矢印が何ヵ所か描かれているが，これらは逆に，飽和するほど振動が生じやすい．たとえば図 **2.1b** にある反応のうち，2ヵ所が強く飽和すると必ず系が振動することが示せる．

細胞内で生じている現象は，先に述べたようにモデルよりもはるかに複雑で，時計遺伝子が複数含まれたり，さまざまなタンパク質の修飾が行われたりする．よって上記にあるような簡単な系と同じようには，安定性への影響を証明することができない．しかし，フィードバックループに含まれる反応が飽和しないほうが振動しやすく，またそれから枝分かれした反応は飽和したほうが振動しやすいという傾向は成立しそうに思われる．これまでに提唱されている現実的なシミュレータで使用されている数値をプロットしてみると，インループ反応は飽和の程度が小さく，ブランチ反応は飽和の程度が高くなっていることがわかった（図 **2.4**）．これはまさに予想どおりである．現実の細胞においてそれぞれのステップの反応速度や関数が測定できるようになれば，上記のルールが成り立っているかどうか確かめられるだろう．

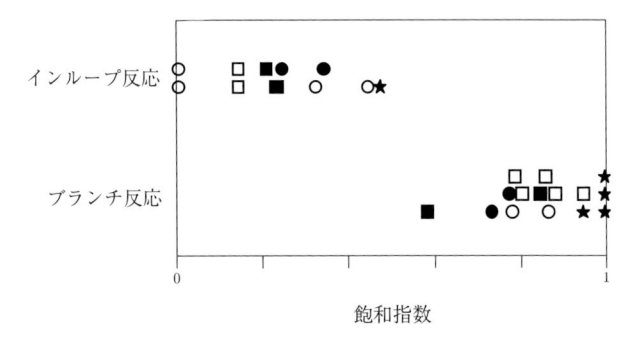

図 2.4　さまざまなシミュレータにおけるインループ反応とブランチ反応の飽和度。飽和度は，平衡状態での反応速度の最大速度に対する相対値を表し，飽和すると 1 に近く，飽和しないと 1 より小さくなる。インループ反応は飽和度が小さく，ブランチ反応は飽和度が大きく選ばれていた。(Kurosawa & Iwasa, 2002 *JBR*; Fig. 5)

2.4　周期の温度補償性

　一般に酵素反応は，温度が高くなると速くなる。概日リズムは多数の酵素反応の組合せで成り立っているのだから，温度が上がるとそれらがすべて速くなり，その結果周期がそれに合わせて短くなるのではないかと思われる。たとえば外気温が 10 度上がって，どの酵素反応も 2 倍の速さで進むとすると，振動の周期は半分になるだろう。ところがショウジョウバエを 10 度から 30 度までさまざまな温度で飼育しても，体内時計の周期はほとんど違わない。この性質を温度補償性という。

　概日リズムが時計として機能するためには，環境によらず同じ周期で振動することが必要であるだろうから，温度補償性は確かに重要な性質である。しかし今のところ温度補償性を実現するための特定の分子機構は見つかっていない。

　たとえば (2.1) 式のような振動するモデルを考えたとき，それらの反応速度定数が温度によって速くなるときに，振動の周期を一定に保つことはできるのだろうか (Kurosawa & Iwasa, 2005)。

感度解析

振動の周期を τ と書くことにする。外界の温度が上がると化学反応の速度は速くなる。モデルに含まれるどの反応についても速くなるだろう。$k_1, k_2, \ldots, k_n$ は系に含まれる反応速度のパラメータで，転写，翻訳，分解などの速さを表すとしよう。これらは外界の温度 T の関数である。周期が温度によって変化する量は次のように書ける（演習問題 2.3）。

$$\frac{d\log\tau}{dT} = \sum_{i=1}^{n} \frac{\partial \log \tau}{\partial \log k_i} \frac{d\log k_i}{dT} = 0 \tag{2.7}$$

酵素反応の速度が温度とともに上昇するため，温度感受性は正，つまり $d\log k_i/dT > 0$ である。(2.7) 式でそれらにかかる係数 $\partial \log \tau / \partial \log k_i$ は，振動周期の弾力性 (elasticity) といわれ，反応速度パラメータ k_i が速くなったときの周期の変化を表す。これは反応ごとに違っている。

一般に，すべての反応速度が共通の割合で速くなると周期はそれに反比例して短くなるはずである。このことから次の式が導かれる。

$$-1 = \sum_{i=1}^{n} \frac{\partial \log \tau}{\partial \log k_i} \tag{2.8}$$

（証明は演習問題 2.4 を参照）。(2.8) 式によると，もし温度感受性 $d\log k_i/dT > 0$ がすべての反応で共通であれば (2.7) 式の左辺はマイナスになるため，ゼロにはなれない。つまり温度とともに振動の周期を一定に保つことは不可能である。

しかしある反応が温度に敏感に反応してひどく速度が変わるのに，ほかの反応はそれほど敏感でないというように感受性の強さに違いがあると，(2.7) 式を満たすことが可能になる。それは弾力性 $\partial \log \tau / \partial \log k_i$ の値の平均値は負だが，なかには正のものもあるからだ。

(2.1) 式のモデルでは 6 つの速度定数がある。標準値の周りで反応速度パラメータ $k, a, b, c, \ldots$ を 1 つずつ 10％と 20％増加させたときに，周期がどのように変化するかを調べて表示したものが図 **2.5** である。対数で表示すると，パラメータに対する依存性はうまく直線にのることがわかる。この傾きが弾力性に対応する。多くのパラメータについて傾きはマイナスである。すべての速度パラメータの弾力性を平均するとマイナスになることは，(2.8) 式が示している。とくに mRNA の分解速度パラメータ a を大きくすると，周期は急激に短くなる

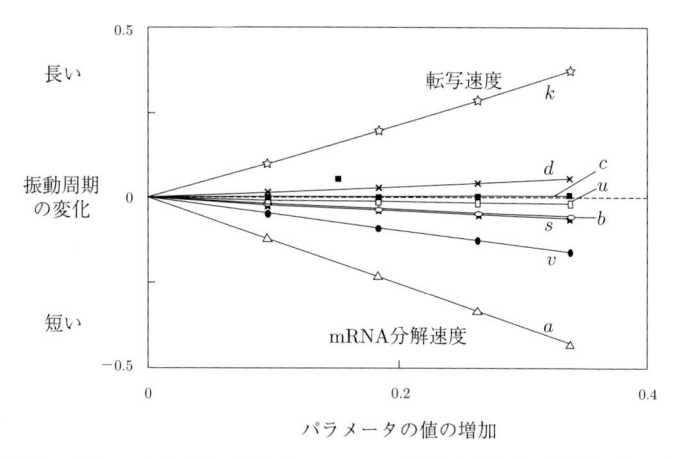

図 2.5 周期のパラメータ依存性。横軸はパラメータを増加させた量（対数表示），縦軸は振動の周期（対数表示）。転写速度だけ増加させたときに周期が長くなる。逆に mRNA 分解速度だけ増加させると周期が短くなる。この図で直線の傾きが弾力性であり，転写速度への弾力性はプラス，mRNA 分解速度への弾力性はマイナスである。すべての速度パラメータについて弾力性の合計はマイナス 1 である。というのも，すべての速度定数を同じ比率で速くすると，周期は逆比例して短くなるからである。(Kurosawa & Iwasa, 2005 *JTB*; Fig. 3)

ことがわかる。しかしなかには傾きがプラスのものもある。たとえば，図 **2.5** の例でいうと転写（遺伝子から mRNA を作る反応）速度 k が速くなると周期は長くなるのだ。

　反応が速くなると周期が短くなるような気がするのに，逆に周期が長くなるものがあるというのは意外に思える。これは直観的には次のように理解することができる。(2.1) 式の力学で周期的振動が生じている場面を考えてみよう。まず時計遺伝子が盛んに転写されて mRNA が作られ，それが翻訳されてタンパク質の量がどんどん増える時期がある。そのタンパク質が核内に入って遺伝子を抑制すると mRNA は作られなくなり，タンパク質の生産も止まる。後は，先に作られたタンパク質がしだいに分解していくのを待つだけである。先に述べたようにブランチ反応であるタンパク質の分解は飽和するようにパラメータが選ばれているので，タンパク質は濃度によらずほぼ一定のスピードで分解される。そしてタンパク質がすっかりなくなったときに，再び遺伝子が転写されはじめ，それまでの時間が周期を決める。このように考えると，このモデルは

砂時計のように時間を計っていることがわかる。

　転写効率が高いとすると何が生じるだろうか。この場合，遺伝子が盛んに転写される時期に作られたタンパク質の量が，もっと多くなるだろう。その結果，タンパク質が分解されてなくなるまでの時間，つまり周期は長くなるのだ。これが，転写効率が上がることで周期が長くなることの，直観的説明である。

　この説明から，mRNAの分解速度が速くなると，逆に周期が短くなることも納得がいくだろう。時計遺伝子の転写が行われている時間の間に作られるタンパク質の量が減ってしまうからである。

　図2.5のような依存性が，ほかのパラメータでも成立するかどうかを調べてみた (Kurosawa & Iwasa, 2005)。すると反応を速くしたときに周期が短くなる効果が一番強いのは，たいていの場合にはmRNAの分解であった。これに対して，反応が速くなると周期が長くなる効果が強いのは，遺伝子の転写速度である場合と，タンパク質の分解である場合であった。だから，転写やタンパク質分解の温度依存性を強く，ほかの反応（とくにmRNA分解）の温度依存性を小さくすることができれば，全体として周期が温度に依存しないようにできる。

2.5　外界の周期への同調：位相反応曲線

　生物を明るさや温度などが一定の環境においたときに，体内時計の自律的な振動は位相の進みによって表される。現実には環境が24時間で周期的に変動するので，体内時計の位相は外界の変動に合わせて振動している。このように内部の位相を外界の変動に合わせることをエントレインメント（引き込み）という。それは，遺伝子・タンパク質動態のどれかのステップの速度が外界の光を受けることによって変化することで生じる。アカパンカビでは時計遺伝子の発現量が光があたることにより高まるが，ショウジョウバエでは光があたることによってタンパク質の分解が速まる (Kurosawa & Goldbeter, 2006)。

　短い時間の強い光にあたるといった刺激を受けたとき，数回の振動ののちに，もとと同じ振幅と周期をもった振動におちつくが，位相はもとの場合からずれる。このときの位相がシフトする量は，どの時点で刺激を受けたかによって違っ

(a) 刺激が弱いとき　　　(b) 刺激が強いとき

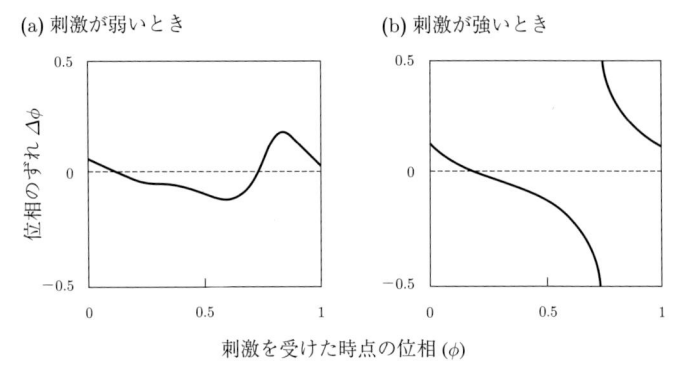

図 2.6　位相反応曲線．横軸は刺激を受けた時点の振動の位相，縦軸は系が最終的に正常な周期変動に戻ったときの位相のずれ．(a) 刺激が弱いとき．(b) 刺激がとても強いとき．後者では，刺激を受けた時点での位相の影響が小さくなり，位相反応曲線は非連続になる．

てくる．刺激を受けた時点を横軸にとり，位相のシフト量を縦軸にとるグラフを位相反応曲線 (phase response curve) といい（川人，1991; Winfree, 2000），図 2.6 にその例をあげる．

　明るい環境（昼）と暗い環境（夜）とを周期的に経験する場合に，光をあてる結果どのようにして位相がそろうのかを調べたとき，昼の 12 時間では位相のシフトが小さく，夜には大きい．それは外界の周期に合わせるために光を使っているとすれば納得がいくことだ．さらに，多くの例において夜の前半では位相が遅れ，夜の後半では位相が進むようにシフトする．このような位相反応曲線は，この章で紹介した遺伝子・タンパク質の動態モデルにおいても示すことができる．

　また生物がさまざまな実験下で示す活動ピークが 2 つに分離する現象などを説明するために，複数の振動子をもつことを仮定したモデルも研究されている．

第2章：演習問題

演習問題 2.1

(2.1) 式のモデルについて，すべての変数の値が正であるような平衡状態を求めよ。そのような平衡状態は何個あるか。

演習問題 2.2

以下の微分方程式系は，仮想の生物の概日リズムをもたらす「時計遺伝子」について提案されたモデルである。x は mRNA 量，y はそのタンパク質量，z は y によって活性化される抑制因子の量を表す。a, b, c, d, f, g は正の定数である。

$$\frac{dx}{dt} = \frac{a}{1+z} - b \tag{2.9a}$$

$$\frac{dy}{dt} = cx - d \tag{2.9b}$$

$$\frac{dz}{dt} = fy - g \tag{2.9c}$$

ここで，(2.9a) 式右辺の第 1 項は転写，第 2 項は mRNA の分解，(2.9b) 式右辺第 1 項は翻訳，第 2 項は分解，(2.9c) 式右辺第 1 項は抑制因子の活性化，第 2 項は抑制因子の分解を表す。分解は濃度に関わりなくほぼ一定の速度で生じるとしている。

(1) (2.9a) 式右辺第 1 項が z の減少関数になっていることは，何を表現しているのかを説明せよ。
(2) 平衡状態を求めよ。
(3) 平衡状態の周りで力学を線形化したときの行列（ヤコビ行列）を求めよ。
(4) 上記の行列の固有値が満たす方程式は次のものであることを説明せよ。

$$\lambda^3 + \frac{b^2 cf}{a} = 0$$

(5) 行列の固有値 3 つを求めよ。
(6) 平衡状態について，次の 4 つのうちで正しいものはどれか。
（ア）安定ノードであり，システムは一定状態に収束しホメオスタシスが保たれる。

(イ) 安定フォーカスであり，時間とともに振動しながら振幅が小さくなるが，時折大きく揺らぐことがある。

(ウ) 不安定であり，振動しながら振幅が大きくなる。

(エ) 中立であり，システムはカオス的挙動を示す。

演習問題 2.3

(2.7) 式を導け。

演習問題 2.4

(2.1) 式のモデルにおいて，(2.8) 式を導く。

(1) (2.1) 式の k, a, s, b, c, d, u, v が同時に α 倍になったとしよう。このとき周期は $1/\alpha$ 倍になる。これらより，次の式が成立することを示せ。
$$\tau(\alpha k_1, \alpha k_2, \ldots, \alpha k_n) = \frac{1}{\alpha}\tau(k_1, k_2, \ldots, k_n)$$

(2) この両辺を α で微分し，$\alpha \to 1$ とすると，(2.8) 式が得られることを示せ。

● 参考文献の追加

複数の振動する系が結合して全体としてどのような挙動を示すかということは，統計物理学においても（蔵本, 2005）また工学でも（川人, 1991; 鈴木, 1991）よく調べられてきた。その意味では概日リズムをはじめ，リズムを作りだすシステムは理論的研究がよくなされている。分子生物学の進歩によりリズムを作り出す多数の遺伝子が明らかになっているので，それらを取り込んだ詳細なモデリングも行われている（たとえば，Ueda et al., 2001; Leloup & Goldbeter, 2003）。このようなモデルは新しい分子的知見が加わるごとに更新され，より充実していく。

第2章：付録A　平衡状態の安定性

まず次の線形微分方程式について考えてみよう。

$$\frac{dx}{dt} = ax + by \tag{2.10a}$$

$$\frac{dy}{dt} = cx + dy \tag{2.10b}$$

2行2列の行列 $M = \begin{pmatrix} a & b \\ c & d \end{pmatrix}$ を考える。変数を縦に並べたベクトルを使うと，(2.10) 式は一緒にして

$$\begin{pmatrix} dx/dt \\ dy/dt \end{pmatrix} = \begin{pmatrix} a & b \\ c & d \end{pmatrix} \begin{pmatrix} x \\ y \end{pmatrix} \tag{2.11}$$

と表すことができる。この形になった微分方程式は，$x=0, y=0$ という原点が平衡状態である。つまり $x=0, y=0$ のときには $dx/dt=0, dy/dt=0$，つまり両方の変数とも時間とともに変化しない。

(2.11) 式の形の微分方程式は原点の周りでの挙動によっていくつかのタイプに分類されている。それは係数行列の固有値によって分けることができる。まず

$$0 = \det \left\| \begin{matrix} a - \lambda & b \\ c & d - \lambda \end{matrix} \right\| = (a - \lambda)(d - \lambda) - bc$$

つまり

$$\lambda^2 - (a+d)\lambda + (ad - bc) = 0$$

という2次方程式の2根である。これは実数のことも複素数のこともある。実数とすると，正の2根をもつときには平衡状態は不安定ノード（図 **2.3b**），正負の2根をもつときにはサドル（図 **2.3c**），負の2根のときには安定ノード（図 **2.3a**）となる。実数ではないとすると，互いに共役な複素数となり，$\lambda = \alpha \pm \beta\sqrt{-1}$ という形に表される。実部が負 $\text{Re}(\lambda) = \alpha < 0$ のときは安定フォーカス（図 **2.3d**），実部が正 $\text{Re}(\lambda) = \alpha > 0$ のときは不安定フォーカス（図 **2.3e**）である。

これはとても役立つ考え方である。今は2変数の常微分方程式について述べ

たが，n 変数になっても同じである．さらに偏微分方程式になっても基本的には変わらない．重要なので線形代数の教科書で学び直してほしい．

安定性は一般に n 次の代数方程式の解のすべてが，負の実部をもつことに対応する．1 つの解でも正の実部をもつと平衡状態は不安定になる．このとき複素数かどうかといったことにはよらずに，実部が負のものばかりかどうかを知るための条件が Routh-Hurwitz 条件である．たとえば 2 次方程式 ($n = 2$) では，

$$\lambda^2 + A_1\lambda + A_2 = 0$$

の 2 つの解がともに負の実部をもつのは

$$A_1 > 0 \text{ かつ } A_2 > 0$$

である．また 3 次方程式 ($n = 3$) の場合には

$$\lambda^3 + A_1\lambda^2 + A_2\lambda + A_3 = 0$$

の 3 つの解がすべて負の実部をもつのは

$$A_1 > 0, \quad A_3 > 0 \text{ かつ } A_1A_2 - A_3 > 0$$

である．一般の n の場合にもこのような不等式が求まっている (Gantmacher, 2000)．

第 2 章：付録 B　リアプノフ関数

付録 A で説明したようなヤコビ行列の固有値で計算できる安定性は，平衡状態の近くでの挙動を示すものである．しかし考えている平衡状態から離れたときにどうなるかはわからない．そのためそれは局所安定 (locally stable) という．

ところが (2.2) 式で与えられるモデルについては，平衡状態の近くでの軌道だけでなく，どのような (M, P) からでも必ず平衡状態に収束することが示される．このとき平衡状態は，大域安定 (globally stable) という．大域安定を示す手法にリアプノフ関数を考えるものがある (La Salle & Lefschetz, 1961)．(2.2)

式のモデルについては次の関数を考える．

$$V(M, P) = -\int_{\hat{P}}^{P} \bigl(f(x) - f(\hat{P})\bigr)\, dx + \int_{\hat{M}}^{M} \bigl(g(x) - g(\hat{M})\bigr)\, dx \qquad (2.12)$$

この関数は (M, P) の 2 変数関数だが，それは平衡状態 $(\hat{M}, \hat{P})$ において最小値になっている．等高線は $(\hat{M}, \hat{P})$ の周りをとりまく曲線である．この関数の値が時間とともに変化する符号を計算すると，

$$\frac{dV}{dt} = \frac{\partial V}{\partial M}\frac{dM}{dt} + \frac{\partial V}{\partial P}\frac{dP}{dt} \leq 0 \qquad (2.13)$$

となる．これから時間とともに必ず小さくなることがわかる．

このことから，どこからスタートしても，軌道は，(2.12) 式の等高線を内へと切りながらしだいに平衡状態に近づき，最終的には $V(M, P)$ が最小値をとる場所，$(\hat{M}, \hat{P})$ へと近づいていくと結論できる．

第3章
生物のパターン形成

　動物も植物も，最初は受精卵という1つの細胞から一生をスタートさせる。卵は盛んに細胞分裂をして数を増やすとともに，形や性質の異なる細胞へと分化する。他方，それらはシート状の組織を作り，シートは伸びたり折れ畳まれたりする。そして最後には手や脚，羽根，目，葉，花といったさまざまな形をもった器官が作られる。このプロセスは発生とよばれる。もっとも生き物らしい現象の1つといえよう。

　形を作るための設計図は遺伝子に書かれていて，基本的にはどの細胞もすべての遺伝子を1セットもっている。分子生物学によって発生や形の形成にかかわりのある遺伝子やそれらの発現パターンが次々と明らかにされてきた。しかし遺伝子の発現がどの部分で生じるかはわかったとしても，それから3次元の形ができることを理解するには数理モデルやコンピュータシミュレーションによる理論的な研究がどうしても必要になる。

　本章と次章では，一様な場にパターンが自律的に作られる過程のモデルを取り上げよう。

3.1 熱帯魚の縞模様

　動物には体表に縞模様をもつものがいる。一番有名なものはシマウマであろう。これらの縞は，発生初期の胚の時期に色素細胞の多い場所が縞状に決まる

(a) ヤイトヤッコの雄   (b) ヒレナガヤッコの雄

図 3.1 タテジマヤッコ *Genicanthus* 属の熱帯魚 2 種。(a) ヤイトヤット *G. melanospilos*, (b) ヒレナガヤッコ *G. watanabei*。両種とも，性転換をする。雌のときに縞模様ははっきりしないが，性転換をして雄になるとこのような方向性のある縞を作る。(Shoji et al., 2003a *Dev. Dyn*; Fig. 1)

ことにより作られる。シマウマが生まれて以降は縞のパターンの基本は変化せずに，体が成長するにつれそのまま大きくなると考えられている。

熱帯魚にも縞模様をもつものがいる。図 3.1 にあるのは *Genicanthus* 属のエンジェルフィッシュ 2 種である。両者は近縁の種だが，片方は縦方向に縞ができ，他方は横方向に縞ができている。熱帯魚の縞模様は，魚が成長するにつれて本数が増えてくる。そのとき隣り合う 2 本の縞の間にもう 1 本の縞が入り込んでくる。また実験的に鱗を取り除いたりすると縞のパターンが変化する。

このようにシマウマやトラなどの哺乳類の体表模様とは違って，魚の体表パターンは，縞を作り出すさまざまなプロセスが胚のときだけでなく成体でもはたらき続けている。だから魚の体表パターンは「生きた縞」だといってもよい (Kondo & Asai, 1995)。

3.2 チューリングモデル

生物は発生において受精卵という 1 細胞からスタートをして，最終的には手や脚，目，耳などの感覚器官をもつ。体内にも特有の形をもつさまざまな臓器ができる。このとき卵は単に大きくなっただけではない。このように特有の形ができるには，もともと物質の分布が一様であった場で不均一になる，という機構があるはずだ。このような生物の発生においてなぜ単純な場からさまざまなパターンが自動的にできてくるのかという問題を最初に考えたのは，アラン・

チューリングという数学者である (Turing, 1952)。コンピュータの基本を考えてチューリングマシンという概念を残した人物である。生物学にも興味をもったチューリングは発生の基本問題を次のように考えた。空間的な場があり完全に均一であるとする。それぞれの場所で複数の化学物質が反応し合い，それらが近くへ拡散するだけで，自動的に不均一な構造が出来上がるだろうか。

この問いに答えるために，2つの化学物質を想定した。1つは活性化因子 (activator) といい，体表模様の例では色素細胞の活性の高さを示す。活性化因子の量がある程度増えると，それは第2の抑制因子 (inhibitor) の増大を招く。この抑制因子がもとの活性化因子を抑えるので，ある場所での両者の相互作用の結果は，時間的に変化しない一定の平衡状態に落ち着く（図 **3.2a**）。

ところが空間的な構造があり，また抑制因子が活性化因子に比べて拡散係数がずっと大きい場合には，空間的に均一な解が不安定になる。ある場所で活性化因子が増大しはじめるとそれは抑制化因子を作り出す。しかし作られた抑制因子はそこにとどまらず周りの部分へと拡散してしまう。その結果，もとの場所では抑制因子の不足から活性化因子が抑えきれずに増え続け，周りの領域では抑制因子が流れ込むために活性化因子のレベルが押し下げられることになる。しかしある程度離れた場所では再び活性化因子のピークができる。その結果，活性化因子のピークがある距離をおいて周期的に繰り返されることになる（図 **3.2b**）。シマウマも熱帯魚も体表の縞のパターンは，基本的にはこのようなチューリングモデルによって理解できると考えられている (Murray, 2003)。

このアイデアを表現する一番簡単な数理モデルを考えてみよう。まず，活性化因子のレベル $u(t)$ と抑制因子のレベル $v(t)$ とが次の線形常微分方程式に従っているとする。

$$\frac{du}{dt} = \lambda + au - bv \tag{3.1a}$$

$$\frac{dv}{dt} = \mu + cu - dv \tag{3.1b}$$

ここで (3.1a) 式は活性化因子の時間変化を表す。λ はそれが生産される速度の基準レベルである。au は活性化因子が自分自身が多いほどますます多く生産させるという傾向をもつことを示す。$-bv$ は抑制因子の濃度が高いほど活性化因子の生産が抑制されることを意味している。(3.1b) 式は抑制因子の時間変化を表している。μ は抑制因子の基準生産量で，cu は活性化因子によって抑制因

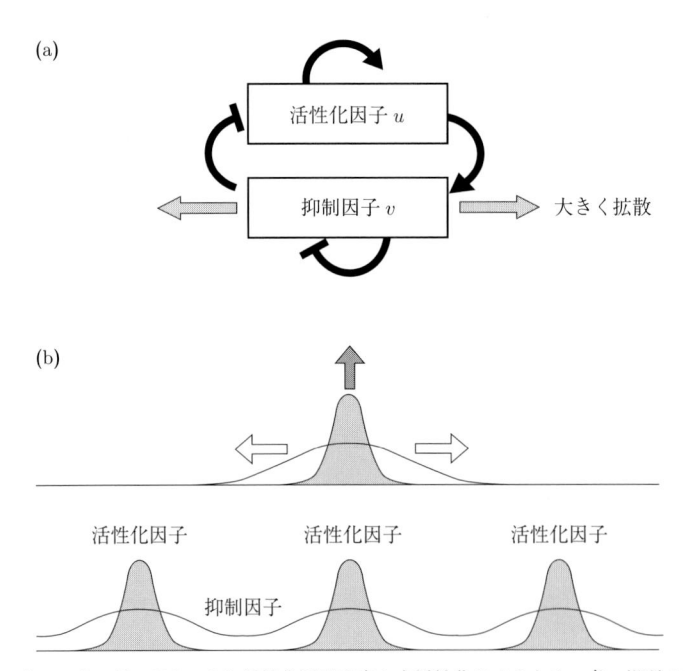

図 3.2 チューリングモデル。(a) 活性化因子は自らを活性化させるため，多い場所でますます増大する傾向がある。それは抑制因子を作り出す。抑制因子は活性化因子よりも拡散係数が大きいために，作られた場所から周りにしみ出していく。(b) そのため活性化因子を抑え込むことができず活性化因子がピークを作り，また周りに拡散した抑制因子は活性化因子のピークを作らせない。ある程度離れた場所に次の活性化因子のピークができる。

子の生産が増すこと，$-dv$ は自分自身の分解を表している。これらの式は平衡状態 (u_0, v_0) を1つもつが，それが安定であるとしよう。

このような両因子が，空間構造のある場で相互作用をするモデルを考えてみる。空間の位置を示すパラメータを x とし，活性化因子のレベル $u(x,t)$ と抑制因子のレベル $v(x,t)$ とは，ともに場所の変数 x と時刻 t の関数とする。これらの量の時間変化を表すのが，次の偏微分方程式である。

$$\frac{\partial u}{\partial t} = D_u \frac{\partial^2 u}{\partial x^2} + \lambda + au - bv \tag{3.2a}$$

$$\frac{\partial v}{\partial t} = D_v \frac{\partial^2 v}{\partial x^2} + \mu + cu - dv \tag{3.2b}$$

両方の式において右辺の最初にあるのが，空間的な拡散を表す項である。ラン

ダムな物質の移動は空間変数 x についての 2 階の偏微分をもつ方程式で表せる。これは拡散 (diffusion) という。拡散方程式の導き方については第 3 章の付録に説明した。その後にある項は，(3.1) 式と同じような 2 つの因子の反応を表すものである。つまりそれぞれの場所では 2 因子が反応を行い，それが近くへと拡散することを表している。このようなモデルを反応拡散方程式という。

どの場所の x でも (3.1) 式での平衡状態と等しいという解，すなわち $u(x,t) = u_0, v(x,t) = v_0$ は，(3.2) 式の平衡状態になっている。その均一平衡状態から少しずれたときに，2 つの因子の分布のずれは時間がたってもおさまらず，逆にますます大きくなって，均一分布の平衡状態から大きくずれてしまう場合がある。調べてみると 2 つの因子の拡散係数の間に大きな違いがあって，抑制因子のほうが活性化因子よりもずっと大きいときには $(D_v > D_u)$，均一に分布する平衡状態が不安定になり，パターンが自動的に出現することがわかる（演習問題 3.1）。

しかし (3.2) 式のような線形方程式では，均一分布が不安定なとき，$u(x,t)$ や $v(x,t)$ は平衡状態からずれていくが，ずれは時間とともに限りなく大きくなる。それらが不均一な分布を作り空間パターンとして停止するためには，ずれがある程度大きくなったときにそれ以上にはならないよう抑え込む項が必要になる。このためには反応の項を非線形にするとよい。ギーラー・マインハルトモデルやシュナッケンバーグモデルなどさまざまな非線形反応項をもつモデルが研究されている (Meinhardt, 1982)。これらは基本的には 2 つの因子の値がひどく離れたものにならないようにとどめるはたらきをするもので，その効果をもつように反応項を選ぶやり方にはさまざまなものがある。非線形のモデルでも平衡状態の周りでのヤコビ行列が (3.2) 式にある線形モデルと同じであって，常微分方程式では安定なのに拡散が加わった偏微分方程式ではパターンが出現するというタイプのものは，すべて「チューリングモデル」とよぶ (Murray, 2003)。

ここでは単純に方程式は線形に仮定しておいて，変数の値をある幅に制約することにしよう。たとえば，活性化因子が最大値と最小値の間にとどまり，その外には飛び出さないよう $u_1 \leq u(x,t) \leq u_2$ と制約する。具体的にはこの区間に入っている間は線形の反応式 (3.2) が成立するが，最大値や最小値に達すると (3.2) 式には書いていない別の力がはたらいて，区間に押しとどめようとすると仮定する。このモデルを数値計算すると魚の体表とよく似た縞模様が現れ

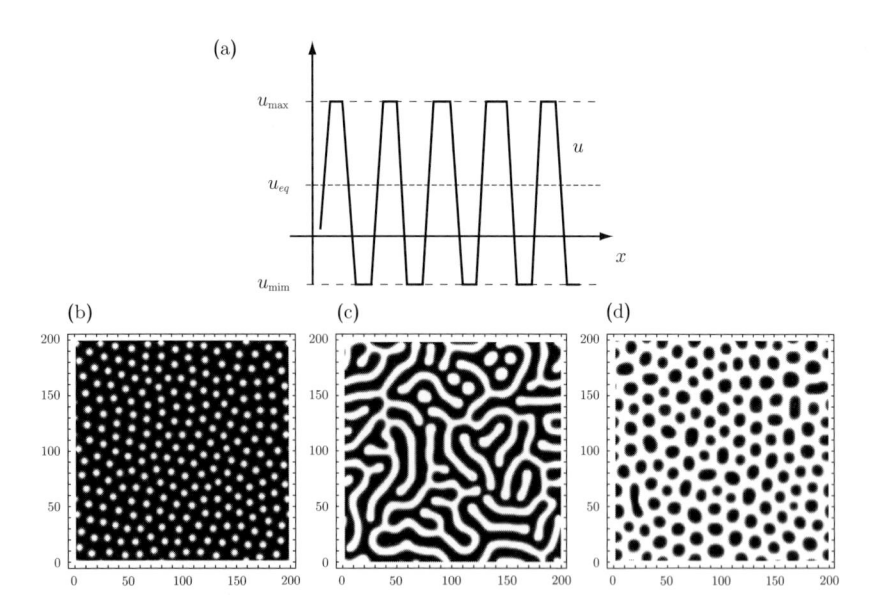

図 3.3 チューリングモデルの作り出すパターン。反応拡散方程式 (3.2) に，活性化因子の濃度をある区間の中に押しとどめる制約を加えた。(a) 1 次元のモデル。周期的なパターンができる。(b)，(c)，(d) 2 次元のモデル。濃度が変数の強さを表す密度プロット。(b) は平衡状態が制約区間の下限の近くにある場合。水玉模様ができる。(c) は平衡状態が制約区間の中央にある場合。縞模様ができる。(d) 平衡状態が制約区間の上限に近いと，逆水玉模様となる。

る（図 3.3a）。また魚の成長とともに縞が新たに加わる様子ともよく似ている。

3.3 縞の方向性

以上では，空間が 1 次元の場合を説明した。空間が 2 次元の場合にも同様の計算を行うことができる。空間の次元が平面の座標を考えるので変数が 1 つ増える。活性化因子が $u(x,y,t)$ であり，抑制因子が $v(x,y,t)$ となる。それらが従う式は (3.2a) 式と似ているが，拡散の項が $D_u\left(\frac{\partial^2 u}{\partial x^2} + \frac{\partial^2 u}{\partial y^2}\right)$ と変わる。これは略して $D_u \nabla^2 u$ と書くことになっている（第 3 章：付録参照）。また (3.2b) 式の拡散の項も $D_v \nabla^2 v$ となる。この偏微分方程式を数値計算すると，縞模様や

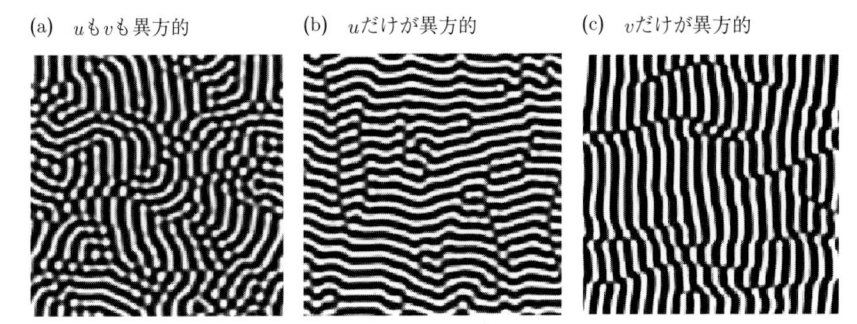

図 3.4 拡散の異方性と形成される縞の方向。異方性があるときは図の左右の方向の拡散が上下方向よりも速いとした。(a) u および v の拡散がともに同程度に異方的。(b) u は異方的だが v の拡散は等方的。(c) u は等方的だが v の拡散は等方的。反応項は線形ではなく縞が作られやすいシュナッケンバーグモデルを用いた。

水玉模様が現れる（図 **3.3b, 3.3c, 3.3d**）。これが魚の体表の模様と対応すると考えられるだろう。

熱帯魚の縞模様は種によってそれぞれ固有の方向性をもっている (Shoji *et al.*, 2003a)。*Genicanthus* 属のエンジェルフィッシュでは，前後軸に対して平行であるか，もしくは背腹軸に平行である。この方向性は近縁種間でも異なるが，それらの中間，たとえばななめであるとかランダムというものは見あたらない。しかし，単純なチューリングモデルを用いると，初期分布が変化するたびに得られる模様が変わる。種ごとに決まった方向に縞ができることや，近縁種の間で縞方向（前後軸もしくは背腹軸に平行）が 90 度異なる現象を説明するためにはモデルを拡張する必要がある。

魚の表皮構造には，鱗が前後軸方向にそろって生えている。そのため前後方向と背腹方向とでは体表の構造が違っている。このことから体表の前後軸方向と背腹軸方向とで物質の拡散速度が異なることが考えられる。通常の拡散は，すべての方向に同じ速さで拡散すると考えるが，ここでは，異方性の強さの指標 δ が大きいほど，特定の方向により速く流れるようになり，それとは垂直な方向には流れにくくなるとしてみよう。

まず，活性化因子，抑制因子の両方の拡散に同じ大きさの異方性があるとした場合，図 **3.4a** のように方向性の定まらない分布が得られる。異方性の強さを大きくしても，この傾向は変わらない。次に活性化因子だけに異方性がある

とし，抑制因子の拡散は等方的とした場合，図 **3.4b** のように拡散しやすい方向（水平方向）と平行に縞が作られる．また，異方性を強くするほどよりまっすぐにそろった縞模様が得られる．逆に，抑制因子だけに異方性を導入した場合，図 **3.4c** のように拡散しやすい方向と垂直な方向に平行な縞が作られる．この場合も，異方性が強くなるほど，方向がよりそろってくる．

両方の因子に異方性があり，それらの方向は同じだが強さがさまざまであるときにどのような分布が得られるかを調べてみた．すると活性化因子の拡散異方性が抑制因子の異方性より大きいときは図 **3.4b** のような拡散しやすい方向と平行に縞が形成される．逆に，抑制化因子の拡散異方性のほうが大きいときには図 **3.4c** のような拡散しやすい方向と垂直に縞が形成される．しかし，両者の拡散異方性がほぼ同じであると，図 **3.4a** のような方向性の定まらない縞になる．また，わずかな異方性の違いだけで，方向性のまったく違うパターンが形成できる．

近縁種ということはもっている因子がそれほど違わないだろう．同じ因子によって縞の違いをだせるか．上記のモデルの結果によると，どちらかの因子の異方性を少し変化させるだけで，近縁種で，まったく違った方向性の縞模様をもつことが説明できる．

空間的に均一な一様平衡状態を考えて，そこから縞状にずれるとするときに，そのずれが成長するスピード（つまり固有値）が最大になる一番不安定なモードを計算してみる．これが縞が作られやすい方向だとすると，シミュレーションで作られる縞の方向をかなりうまく予測できる (Shoji *et al.*, 2002)．

抑制因子が，具体的に何に対応しているのかは，残念ながら今のところ明らかではない．たとえば実験的に鱗をはがすと縞のパターンがそろわなくなることが知られている (Shoji *et al.*, 2003a)．またナポレオンフィッシュなどでは鱗が被っている部分では縞の方向がきれいにそろっているのに，エラ近くの鱗が被っていない部分では縞の方向がそろっていない．このことから魚の体表に一方向にそろって生えている鱗の存在が，縞の方向性を決めるうえで重要な役割を果たしているのではないかと考えられる．

3.4 縞か水玉か？

魚のなかには縞模様ではなく水玉のように斑点が散らばるような模様のものもある。チューリングモデルとして知られている非線形のモデルとして，いくつかのものが提案され研究されてきたが，それらのモデルのなかには，2次元の領域で計算したときに縞模様ができるものと水玉模様ができやすいものとがある。たとえば，ギーラー・マインハルトモデルは縞模様ができにくく水玉模様ができやすい。シュナッケンバーグモデルはパラメータによって縞模様ができるときと水玉模様ができる場合とがある。

ではどのような場合に縞模様が，もしくは水玉模様ができやすいのだろうか。これについて，(3.2)式の線形反応項のモデルに，2つの変数について最大値と最小値との間にとどまるよう制約をつけた場合を考えた (Shoji et al., 2003b)。調べてみると，1次元で周期的なパターンを作るには，活性化因子を区間内へと制約することは必要だが，抑制因子を制約する条件は必要ないことがわかった。そこでここでは活性化因子の値だけが最大値 u_2 と最小値 u_1 との間に制約されている場合を考える。線形モデルは縮尺を変えても変化しないという性質から，平衡状態が上限と下限の間のどのあたりにあるかという相対的な位置だけが重要となる。

結果は，とてもすっきりしたものになった。平衡状態における活性化因子の値は上限と下限の間にあるが，これが両者のほぼ中央にあると，縞模様ができる（図 **3.3c**）。それに対して，平衡状態が片方に偏った場所にあると，水玉模様ができるのだ。また平衡状態が活性化因子の下限に近い場合には，活性化因子の低いところが広がり，そのなかに活性化因子の高い場所が斑点状に散らばった水玉模様になる（図 **3.3b**）。これに対して，逆に平衡状態が活性化因子の上限に近いときには，活性化因子の高いところが広がり，そのなかに活性化因子の低い場所が斑点のように散らばることになる。後者を逆水玉模様とよぶ（図 **3.3d**）。

図 **3.5** にあるパターンはともに水玉ではなく縞といってよい。しかし違いがある。図 **3.5a** のパターンは多数の縞が長く平行に走った部分が大きいが，図 **3.5b** では縞が長く平行に走るところは少なく，すぐに曲がってしまう。そ

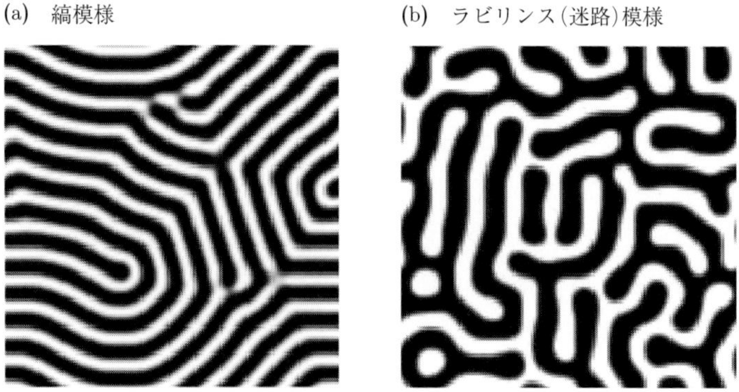

(a) 縞模様　　　　　　　(b) ラビリンス(迷路)模様

図 3.5 チューリングモデルが作り出す縞状の 2 次元パターン。(a) は縞。(b) はラビリンス（迷路）。

こで前者はきれいな縞模様であるのに対して，後者をラビリンス（迷路）模様とよんで区別をすることがある。どのような状況でラビリンスになるかを調べることもできる (Shoji & Iwasa, 2005)。

このようなパターンが作り出されるのは，まず黒と白が混ざって灰色になることはなく，2 相が分離すること，加えて両者がある程度以上距離が離れると増えられなくなり，そのため黒だけや白だけの広い領域が形成できないことの 2 つが成り立っている。このとき 2 次元では，先述のような縞や水玉ができる。似た現象は幅広い分野で見られる。たとえば大脳の視覚領で左右どちらの目からの情報に，より強く応答するかを識別すると，縞もしくは水玉模様ができる (Tanaka, 1991)。2 相の分離をもたらすような高分子の物理学では，同様なパターンの 3 次元での現れとそれらが出現する条件が詳しく議論されている（太田，2000）。

3.5　皮膚癌のコロニー形成

前節のモデルでは，細胞が均一に並ぶ場においてそれらの相互作用によってパターンが出現することを示した。本節では，細胞が分裂をしてコロニーが不均一な形を作り出していくモデルを取り上げてみよう (Tohya *et al.*, 1998)。

図 **3.6** にあるのは，皮膚にできる基底細胞上皮腫とよばれる癌の断面である。この腫瘍のコロニーは球形ではなく，とてもでこぼこした皺のある複雑な形をしている。断面をみると，癌の組織と癌でない組織とが入り組んでいる。

この上皮癌が複雑な形を作る理由を次のように考えた（図 **3.7**）。癌組織は皮膚にできるが，それは体内側の組織（真皮）にある血管から栄養を供給されて成長していく。栄養供給がよいほど癌組織の成長が速い。加えて血管から供給される栄養を巡って癌組織の各部分が互いに奪い合いをしている。すると癌組織で少しでも前に出た部分は，より高い栄養濃度を経験するためますますよく成長するのに対して，近くの癌組織よりも出遅れた部分は，栄養が競争者に奪われてしまい，遅れを取り戻すことができない。

本来は3次元であるが，計算のスピードを考えて2次元のモデルで考えてみる。図 **3.7** のように下部が癌細胞で上部に栄養供給をする血管があるとし，その方向での断面を示したものとする。皮膚には表皮と真皮とよばれる2層があるが，癌のコロニーは表皮から内側の真皮に向かって成長していく。真皮には血管が流れていてそこから栄養分が供給される。

栄養分の濃度を $n(x,y,t)$，癌細胞の密度を $c(x,y,t)$ とおく。ともに場所の変数2つ（x と y）と時間変数 t との関数である。栄養の供給は単純な拡散で生じるとすると，

$$\frac{\partial n}{\partial t} = D_n \nabla^2 n - f(n,c) \tag{3.3a}$$

ここで右辺第1項は2次元の拡散を表す。D_n は栄養分の拡散係数である。右辺第2項は，癌細胞が栄養を吸収する速度を表す。それは癌細胞密度に比例し，また栄養濃度にも比例するとすると，以下のようになる。

$$f(n,c) = knc \tag{3.3b}$$

そこで癌細胞の密度の分布は，次の式に従うとする。

$$\frac{\partial c}{\partial t} = \nabla \left(D_c \nabla c \right) + \theta f(n,c) \tag{3.3c}$$

(3.3c) 式の右辺第1項は癌細胞のランダムな動きを拡散方程式で表している。もし拡散係数が定数であれば通常の拡散だが，ここでは

$$D_c = \sigma nc \tag{3.3d}$$

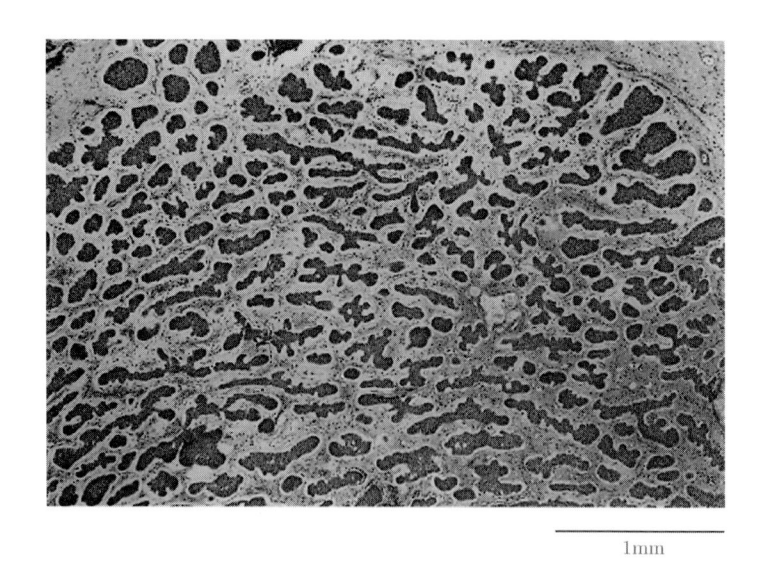

図 3.6 基底細胞上皮腫の顕微鏡写真。これはコロニーの断面を表す。腫瘍組織は球形ではなくでこぼこした形をしている。写真では黒く写っているところが腫瘍組織である。(Tohya et al., 1998 JTB; Fig. 1)

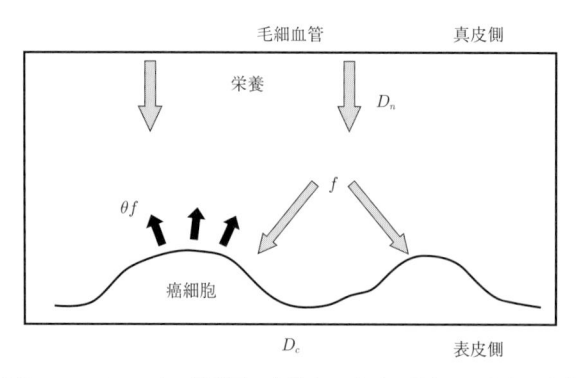

図 3.7 癌の成長モデル (3.3) 式の説明図。空間は 2 次元で考える。上部に血管があり栄養分が拡散する。癌細胞は栄養分を吸収して成長する。近くにある癌細胞が栄養分を吸収すると，栄養分の不足から成長が遅れる。結果として一様でないパターンができる。

というふうに拡散係数が細胞の密度 c に比例し，また栄養の濃度 n にも比例するとした．これはコロニーを見たとき，内部は細胞がよく移動するのに対し周辺部では止まっていること，また栄養の供給が少ないところはあまり動かないといったことに対応している．(3.3c) 式の右辺第 2 項は，癌細胞が栄養分を取り込んで増殖する率を表している．細胞あたりの取り込み率は栄養分の濃度に比例するとした．(3.3a) 式と比べると吸収されてなくなった栄養分が，細胞にそのまま変換されるように表されている．そのときの変換率が θ という定数である．

このモデルは，図 3.8 にあるような複雑な形を作り出すことができる．変数変換をしてパラメータの数を減らしたところ，血管から供給される栄養の濃度を栄養吸収により癌細胞が増殖する率と栄養の移動率によって補正したものが，パターンの基本形を決めることがわかった．つまり栄養が十分に供給されれば球形の癌組織が，栄養が不足すれば成長が非常にゆっくりと起こり，でこぼこした複雑な形のコロニーができる．

ところで肝臓の癌は球状をしていて素早く成長する．これは肝臓には血管が行きわたっており栄養がふんだんにあり，癌組織にとって成長しやすい組織であることに対応する．これに対して上記の上皮癌は成長が非常に遅い．そのことが上皮癌において複雑な形態を作り出すことの一因であろう．

3.6　バクテリアのコロニー形成：ミムラモデル

(3.3) 式のモデルは，もともとは枯草菌というバクテリアのコロニーの形を作り出すために作られたものにもとづいている (Kawasaki et al., 1997)．枯草菌は，十分な栄養のある柔らかい寒天培地ではすばやく成長し円形のコロニーを作る．ところが栄養が少なくまた硬い寒天培地だと成長がきわめて遅く，それだけでなく非常に複雑な枝別れをした形のコロニーを作る．

枯草菌のコロニーの複雑なパターンを説明するためのモデルとして (3.3) 式とは違った考えにたつミムラモデルがある (Mimura et al., 2000)．それは，活性があり盛んに分裂を繰り返しているバクテリア群と，そのあと静かにしているバク

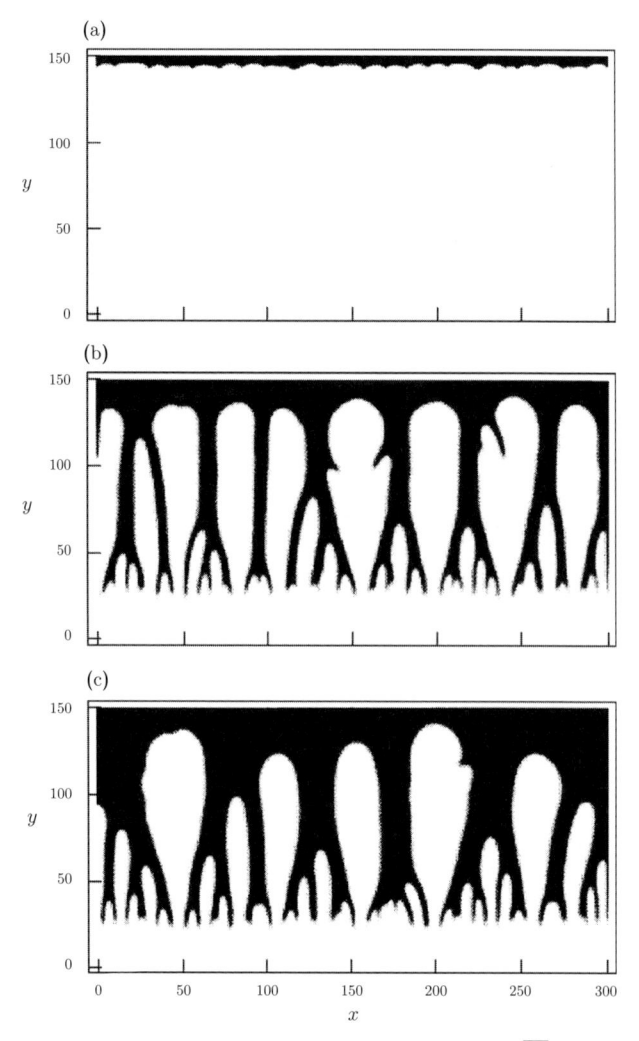

図 3.8 (3.3) 式のモデルの説明図。栄養分の濃度を補正した量 $n' = \sqrt{\frac{\theta}{D_n}}n$ が (a) 高い，(b) 中程度，(c) 低い。(Tohya *et al.*, 1998 *JTB*; Fig. 4)

テリアとを区別し，前者が後者を作り出しながら移動していくと考える。活性部位は移動してしまうので一時的にしかとどまらないが，活性部位が移動するときにその影響が不活性なバクテリアとしてその場に蓄積され，それがパターンを形成していくとするものである。活性のあるバクテリアの濃度を $c(x,y,t)$ とし，

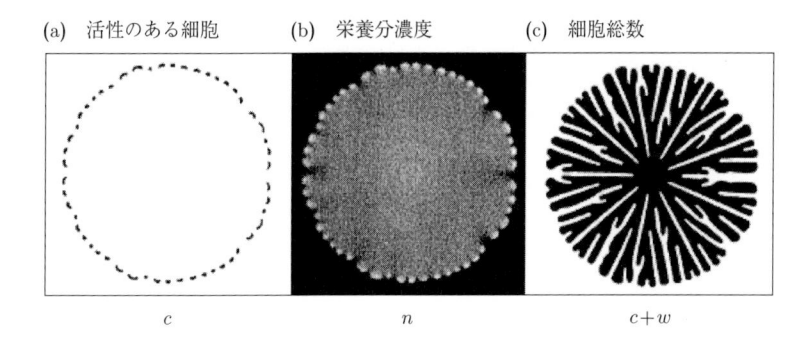

(a) 活性のある細胞 (b) 栄養分濃度 (c) 細胞総数

c n $c+w$

図 3.9 ミムラモデル (3.4) 式が作り出す複雑な空間パターン。(a) は活性のあるバクテリアの密度 $c(x,y,t)$。(b) は栄養分濃度 $n(x,y,t)$。(c) は不活性と活性のバクテリアの総量。活性のあるバクテリアの密度はピークをもって移動していく。ある場所を見ていると最終的には $c(x,y,t)$ がゼロになる。その軌跡が (c) のように不活性なバクテリアの密度のパターンとして見ることができる。(Mimura *et al.*, 2000 *Physica A*; Fig. 4.2)

不活性なバクテリアの濃度を $w(x,y,t)$ とする。これに栄養分の濃度 $n(x,y,t)$ を考慮に入れて，次の連立方程式を考える。

$$\frac{\partial n}{\partial t} = D_n \nabla^2 n - f(n,c) \tag{3.4a}$$

$$\frac{\partial c}{\partial t} = \nabla \left(D_c \nabla c \right) + \theta f(n,c) - a(n,c)c \tag{3.4b}$$

$$\frac{\partial w}{\partial t} = a(n,c)c \tag{3.4c}$$

(3.4a) 式と (3.4b) 式とは前節の (3.3) 式と一見似ている。しかし (3.4) 式では，$c(x,y,t)$ そのものがバクテリアのコロニーの形とは考えない。むしろ $c(x,y,t)$ はコロニーの先端部にピークをもった形をしていて，それが時間とともにしだいに移動していく。これに対してコロニーの形として見えるものは，$c(x,y,t)$ ではなく，不活性なバクテリアの蓄積量 $w(x,y,t)$ だとするのだ。不活性なバクテリアは活性のあるバクテリアから $a(n,c)c$ という速度で作り出されそのまま蓄積する。(3.4c) 式が示すように，不活性なバクテリアは死ぬことも移動することもない。

(3.4) 式のミムラモデルは，パターンを定常分布として実現しようとする (3.3) 式のチューリングモデルとはまったく違った機構で複雑な形を作る（図 **3.9**）。同じモデルは，微小重量状態での炎の形などにも適用されている。

3.7 スパイラルパターンについて

チューリングモデルのように，一様で均質な空間において空間的なパターンが出現して安定に維持されるには，活性化因子の拡散係数が抑制因子よりもずっと小さいことが必要である．もし2つの物質の拡散係数がほぼ同じだったとするとどうなるだろうか？ そのときには定常なパターンはできず，スパイラル，つまり渦巻き状の空間パターンが出現してそれがぐるぐると回り続ける．渦巻きではなく，ある点を中心として同心円的に次々と輪が作り出されることもある．つまりチューリングモデルとは違って一定の空間パターンに収束せず，変化し続けるのである（吉川，1992）．

このような変化し続ける反応系は，化学反応系の例ではベロウソフ・ジャボチンスキー反応（BZ反応）とよばるものがとくによく研究されてきた．生物学の世界でも，このようなスパイラルや同心円のパターンが動き続ける現象が見いだされ，その中には生理的意義をもっているものもある．

第3章：演習問題

演習問題 3.1

(1) $u(t)$ と $v(t)$ の従う次の連立微分方程式を考える．

$$\begin{aligned} \frac{du}{dt} &= au - bv \\ \frac{dv}{dt} &= cu - fv \end{aligned} \quad (3.5)$$

ここで a, b, c, f は正の数とする．係数行列の固有値が従う式を導け．

(2) 一般に，2次方程式 $\lambda^2 + A\lambda + B = 0$ の2つの根が，「2根とも負であるか，もしくは共役複素数で実部が負であるかのいずれか」である条件は，「$A > 0$ かつ $B > 0$ が成立する」ことである（Routh-Hurwitz条件）．これから，微分方程式 (3.5) の原点が安定であるための条件を求めよ．

(3) $U(x,t)$ と $V(x,t)$ は x と t の2変数関数で次の連立偏微分方程式に従

うとする。

$$\frac{\partial U}{\partial t} = p\frac{\partial^2 U}{\partial x^2} + aU - bV$$
$$\frac{\partial V}{\partial t} = q\frac{\partial^2 V}{\partial x^2} + cU - fV$$
$(-\infty < x < \infty,\ t > 0)$ (3.6)

ここで p および q はそれぞれ $U(x,t)$ と $V(x,t)$ の拡散係数で，正の定数である。2つの時間 t の関数 $u(t)$ と $v(t)$，および正の定数 ω を用いて，

$$U(x,t) = u(t)\cos\omega x \quad \text{および} \quad V(x,t) = v(t)\cos\omega x$$

とおくことによって，$u(t)$ と $v(t)$ の従う連立微分方程式を導け。

(4) 上記で求めた $u(t)$ と $v(t)$ の従う連立微分方程式において，原点が安定であるための条件を求めよ。

(5) 偏微分方程式 (3.6) は，空間的に一様な場に非一様なパターンが出現することを調べるためのチューリングモデルである。「対応する常微分方程式 (3.5) が安定であるにもかかわらず偏微分方程式 (3.6) では非一様なパターンが出現する」条件を考える。2つの物質の拡散係数について，次のいずれが正しいか。またそう考える理由を説明せよ。

（ア）　p のほうが q より大きいことが必要。

（イ）　p のほうが q より小さいことが必要。

（ウ）　p と q とはほぼ同じ大きさであることが必要。

（エ）　どのような大きさでもかまわない。

演習問題 3.2

第3章：付録にある (3.12) 式が拡散方程式 (3.7) を満たすことを確かめよ。

● 参考文献の追加

チューリング以来，反応拡散方程式の研究対象として生物のパターン形成が注目されてきた。Murray (2003) がよいテキストである。チューリングモデルはその予測を化学反応を用いてその実験的に示すことができたことから非生物系を用いた実証研究が急速に進んでいる。三村 (2006) および松下 (2005) をぜひ読まれたい。

第3章：付録　拡散方程式

　空間に分布をしているものの変化を表す数学モデルに拡散 (diffusion) がある。空間上のある場所を x とし、そこでの生物の密度や化学物質の濃度を $n(x,t)$ とする。すると、生物や化学物質の粒子がランダムに移動することの効果は、次の式に従う。

$$\frac{\partial n}{\partial t} = D\frac{\partial^2 n}{\partial x^2} \tag{3.7}$$

ここで、微分の記号は偏微分を表す。$n(x,t)$ には2つの変数があるが、$\frac{\partial n}{\partial t}$ という t についての微分を計算するときには他方の変数である x をあたかも定数のように見なして t だけについて微分をする。また右辺にある $\frac{\partial^2 n}{\partial x^2}$ は x についての2階微分を表すが、その計算をするときには t は一定であると見なして行う。D は拡散係数とよばれ、生物や化学物質のランダムな動きの激しさを表す。

　ここで、(3.7) 式を導いてみよう。

離散モデルからの拡散方程式を導く

　今、場所が $i=1,2,3,\ldots$ というふうに離散的で一列に並んでいて、隣との距離が a とする。このとき場所 i から時間あたり m の速度で外に出ていくとする。そしてそれは半分は左 ($i-1$) に、半分は右 ($i+1$) に移るとしよう（図 **3.10**）。すると、

$$\frac{dn_i}{dt} = \frac{m}{2}n_{i-1} - mn_i + \frac{m}{2}n_{i+1} \tag{3.8}$$

ここで連続的な空間変数 x を考える。場所の添字との対応は $x \approx ai$ である。ここで $n(x,t)$ という空間分布を考える。それは単位長さあたりの密度なので、個体数を区間の長さで割ったものに対応させると、$n(x-a,t) \approx n_{i-1}(t)/a$、$n(x,t) \approx n_i(t)/a$、そして $n(x+a,t) \approx n_{i+1}(t)/a$ となる。上記の (3.8) 式は

$$\frac{\partial}{\partial t}n(x,t) = \frac{m}{2}\left[n(x-a,t) - 2n(x,t) + n(x+a,t)\right] \tag{3.9}$$

となりテイラー展開によって、

$$n(x+a,t) \approx n(x,t) + a\frac{\partial n}{\partial x} + \frac{a^2}{2}\frac{\partial^2 n}{\partial x^2} + \cdots$$

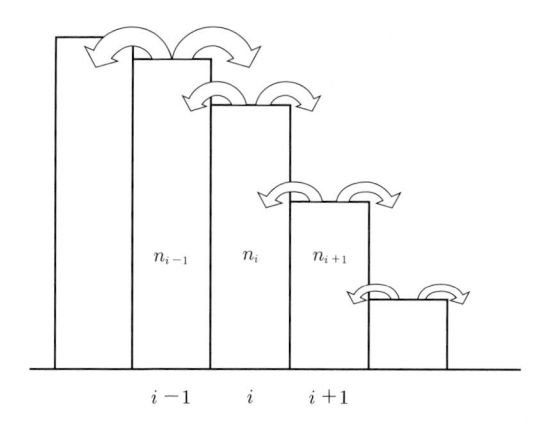

図 3.10 ボックスモデルによる拡散の説明図。ボックスが一列に並んでいて，それらの間を生物がランダムに隣り合うボックスに移動すると考える。動きはランダムで左右に偏りがないとする。多数の個体がいるとそれに比例してより多くの個体が隣に移動する。するとある場所で右向き（位置の座標を増やす方向）への正味の移動は，数の多いほうから少ないほうへと生じる。このようなランダムな動きは，個体数を均一化する傾向がある。

となる。同様な展開を $n(x-a,t)$ について行うと，(3.9) 式は，

$$\frac{\partial}{\partial t}n(x,t) = \frac{1}{2}ma^2\frac{\partial^2}{\partial x^2}n(x,t)$$

となる。ここで拡散係数を $D = \frac{1}{2}ma^2$ とおくと，これが (3.7) 式の拡散方程式である。拡散係数は移出の速度とそのときの移動距離の 2 乗に関連している。

連続の式

別のやり方で拡散方程式を導いてみよう。x が齢やサイズ・空間上の位置などの個体の特性値とする。$n(x,t)$ は，時刻 t における x に関する分布密度で，x が a と b の間にあるような個体の数が $\int_a^b n(x,t)dx$ という積分に等しいとする。まずは増殖や死亡，移動などの影響がなくて，各個体の特性値 x の変化だけによって分布が変化する場合を考えよう。

$J(x,t)$ は，x が増加する方向（図 **3.11** では右）への正味の流れ（フラックス）を表し，単位時間の間に特性値が x より小さい値から大きい値へと変わった個体の数と，逆方向へ変化した個体の数との差を表す。特性値が x と $x+a$ との間にある個体数は $\int_x^{x+a} n(x,t)dx$ であるが，その時間変化の速度は $x+a$ から区

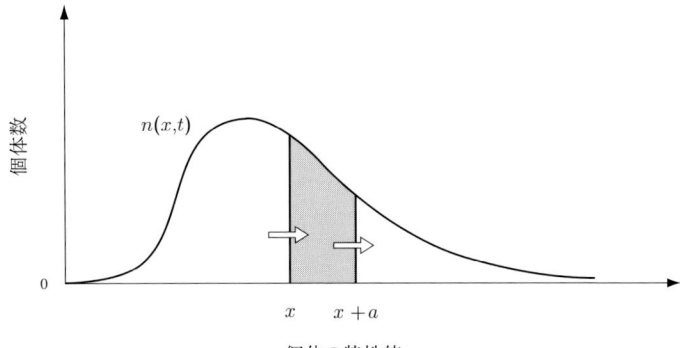

図 3.11 連続分布の力学の説明。個体の特性 x についてそれをもつ個体数を連続分布 $n(x,t)$ として表示した。特性が x と $x+a$ の間にある個体の数は，$n(x,t)$ の積分に等しい。ある場所を横切って移動する個体の数で，右向きへの正味の移動は（左向きの移動はマイナスとして計算する），フラックス $J(x,t)$ である。

間を出ていく流れと x より入ってくる流れとの差し引き分に等しい（図 **3.11**）。よって

$$\frac{d}{dt}\int_x^{x+a} n(x,t)dx = -J(x+a,\,t) + J(x,t)$$

となる。この式の両辺を a で割ってから a を 0 に収束させると次の連続の式

$$\frac{\partial n}{\partial t} = -\frac{\partial J}{\partial x} \tag{3.10}$$

が得られる。

例 1　一定速度での移動

すべての個体の x が一定速度 v で変化する場合を考えてみると，流れは速度と密度の積なので，$J(x,t) = vn(x,t)$ となり，分布 $n(x,t)$ は

$$\frac{\partial n}{\partial t} = -v\frac{\partial n}{\partial x} \tag{3.11}$$

を満たす。任意の関数 $f(x)$ に対して，$n(x,t) = f(x-vt)$ が，この方程式の解であることは直接代入することによって確かめることができる。これは分布曲線が同一の形を保ったまま，時間が進むにつれて一定速度 v で右に（$v<0$ なら左に）平行移動することを表している。

第 3 章 生物のパターン形成

齢が連続変数 x で表されるときの齢構成の力学を考えてみると，死亡が起きない場合には，齢 x をもつ個体の数は (3.11) 式で $v=1$ とおいたものに従う．全個体が毎年 1 つずつ年を重ね，齢分布曲線は形を保ったままで右に移動する．

例 2　ランダムな動き：拡散

連続的な分布を考える前に，たくさんの離散的生息地が並んでいて，生物が隣どうしでランダムに行き来する場合をまず考えてみよう．単位時間の間に場所 i から場所 $i+1$ へ移る個体の数を場所 i にいた密度に比例して Dn_i，逆に場所 $i+1$ から場所 i への移動数は Dn_{i+1} としよう．これらの差が正味の流れ（フラックス）で，i の増加する方向を正として測ると $J = -D(n_{i+1} - n_i)$ と書ける．流れの大きさは個体数密度の差に比例し，方向が密度の高いほうから低いほうへと向いていることに注意しよう（図 **3.10**）．このような個体のランダムな動きは，場所による密度の差異を時間とともに減少させる方向へ正味の移動を引き起こすことになる．

空間が連続パラメータ x によって表される場合にも，個体のランダムな移動によって密度の高いところから低いほうへと密度勾配の大きさに比例した流れが起きる．よって流れは $J = -D\frac{\partial n}{\partial x}$ と書くことができる．比例係数 D はランダムな動きの激しさを表し，拡散係数とよばれる．連続の式 (3.10) に代入すると (3.7) 式の拡散方程式になる．

この方程式の代表的な解は，時刻 $t=0$ において N 個体が場所 $x=0$ で放たれ，ランダムな運動によって広がる様子を表す，

$$n(x,t) = \frac{N}{\sqrt{4\pi Dt}} \exp\left[-\frac{x^2}{4Dt}\right] \tag{3.12}$$

である．これは個体の総数が N で，位置 x に関して原点を中心とし分散が $2Dt$ の正規分布に従うことを表している（演習問題 3.2）．

2 次元の拡散方程式

2 次元の拡散過程では，密度の分布が $n(x,y,t)$ となる．連続の式 (3.10) は空間座標が 2 つあるので

$$\frac{\partial n}{\partial t} = -\frac{\partial}{\partial x}J_x - \frac{\partial}{\partial y}J_y \tag{3.13}$$

となる。フラックスは 2 次元ベクトルになり $\boldsymbol{J} = (J_x, J_y)$ と表せる。その 2 つの成分は

$$J_x = -D\frac{\partial n}{\partial x} \tag{3.14a}$$

$$J_y = -D\frac{\partial n}{\partial y} \tag{3.14b}$$

と表せる。これから拡散方程式は

$$\frac{\partial n}{\partial t} = D\left(\frac{\partial^2 n}{\partial x^2} + \frac{\partial^2 n}{\partial y^2}\right) \tag{3.15}$$

となる。

　表記を簡単にするために x と y に関する 2 つの偏微分記号を並べたベクトルを $\nabla = \left(\frac{\partial}{\partial x}, \frac{\partial}{\partial y}\right)$ と書く。この記号を用いると (3.13) 式は

$$\frac{\partial n}{\partial t} = -\nabla \boldsymbol{J}$$

(3.14) 式は,

$$\boldsymbol{J} = -D\nabla n$$

となる。これらから拡散方程式 (3.15) は

$$\frac{\partial n}{\partial t} = \nabla\left(D\nabla n\right)$$
$$= D\nabla^2 n$$

とも書ける。これは拡散が等方的な場合である。拡散が異方的だと (3.14a) 式と (3.14b) 式の D が違った値になる。

第4章
形態形成のダイナミックモデル

前章では化学物質の拡散と反応を念頭においたパターン形成のモデルを紹介した。本章では，形態形成をシミュレーションするときに有用なセルオートマトンモデルと，組織の成長と変形，細胞増殖，分化などを表現できる力学モデルについて紹介したい。

4.1 接着力による細胞の自動的選別

私たちの体は細胞から成り立っている。細胞はまず組織を作り，それが器官を，そして器官が集まって個体の体を作る。隣り合う細胞どうしの間で，互いに認識しあい，居心地のよさや悪さを感じ合っているのである。

組織から取り出した細胞をカルシウムを抜いた培地で飼育するとバラバラになる。ここへ別の組織からとった細胞を，よく混ぜ合わせる。細胞は下に沈み，ガラス面にくっつくが，その後カルシウムを加えると細胞どうしが再び接着しはじめる。片方の組織由来の細胞には色がつくように実験的に工夫をしておくと，2種類の細胞がどのように混ざっていくかを見ることができる。

以下では，わかりやすさのために一方が黒く他方が白いと区別しよう。同じ組織からの細胞を混ぜた場合，2つの色の細胞はいつまでもランダムに混ざりあっている。ところが異なる組織からの細胞や，同じ組織でも発生段階の異なる組織からとったものだと，黒細胞と白細胞はしだいに分離して，それぞれに

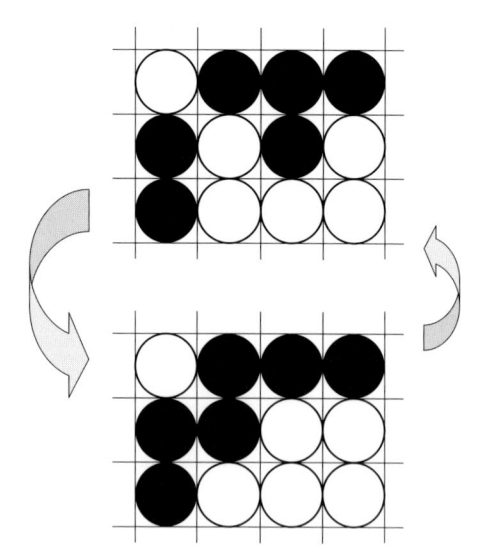

図 4.1 細胞選別を表す格子モデル。(Mochizuki *et al.*, 1996 *JTB*; Fig. 1)

固まりを作るようになる。これは細胞が同じ組織に由来する場合と異なる組織に由来する場合とで互いに区別できることを表している。このように細胞が自動的に分離することをセルソーティング（細胞選別）という。

　細胞の表面には接着のためのタンパク質が並んでいる。これらの接着分子の種類と数が組織によって違うために，同じタイプの細胞と違うタイプの細胞との間で接着力に違いが生じて，このような選別が行われる。今，2種類の細胞を黒 (B) と白 (W) とよんで区別する。そして，黒どうしの間の接着力と白どうしの間の接着力は強く，黒と白との接着力がそれらに比べて弱いとすると，接着力の強いものどうしが固まるのでしだいに分離しそうに思われる。このアイデアを表現するために，次のモデルを考えてみよう (Mochizuki *et al.*, 1996a, 1998)。

　黒と白の細胞がほぼ同数あり，それが碁盤の目のような格子状にぎっしりと並んでいるとしてみる（図 **4.1**）。このとき細胞は隣り合う細胞と位置を入れ替えるということを始終起こしているとする。1つの細胞に注目するとそれは格子の上をランダムに移動することになる。

　同じタイプの細胞で埋めつくされているときに，細胞が隣り合うものどうしでときどき場所を入れ替える頻度を m とする。場所の入替えはそれぞれの細胞

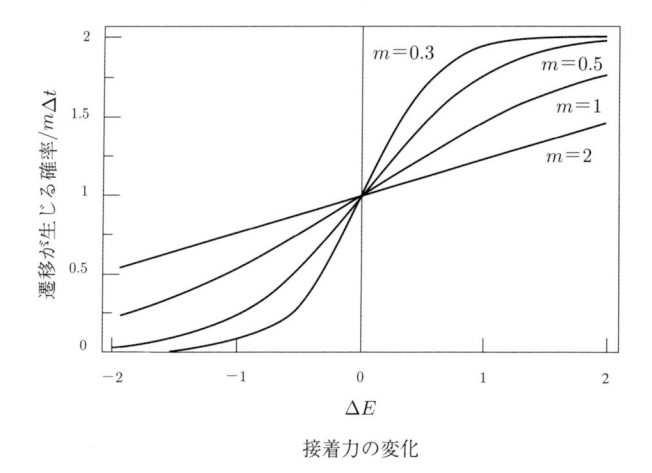

図 4.2 変化が生じる速度。隣り合う細胞が始終入れ替わっているが，その速度は接着力を増やす変化の場合には速く，接着力を減らす方向には遅くなる。(Mochizuki *et al.*, 1996 *JTB*; Fig. 2)

が周りの細胞との間での接着力によって影響を受ける。ある入替えの結果，パターン 1 から別のパターン 2 に移ったときに接着力が増大する場合には，その変化は m よりも速く生じ，逆に接着力を減らす場合には，m よりも遅く生じるとする。ここでパターン π の隣り合う細胞どうしの間の接着力の合計を $E(\pi)$ とする。Δt という短い時間のうちに，パターン 1 (π_1) からパターン 2 (π_2) への変化の生じる確率は，

$$P(\pi_1 \to \pi_2; \text{ in } \Delta t) = \frac{2m\Delta t}{1 + \exp\left[-(E(\pi_2) - E(\pi_1))/m\right]} \tag{4.1}$$

となる。これを Δt で割ったものが速度だが，接着力の変化を横軸にとると，0 から最大の $2m$ へと S 字曲線を描いて増大する関数である。接着力に変化がないときに速度は m となる（**図 4.2**）。

最初はランダムに混ざり合った状態からスタートする。接着力の低い状態は落ち着きが悪く，急速に細胞の配置入替えが生じてしまう。接着力の高い状態は落ち着いていて，なかなかほかへは動かない。このようなランダムな動きの結果，接着力のより高いパターンが自然に出来上がる。今は黒どうし，もしくは白どうしは接着力が高いとしたから，それらが分離した状態へと自然に移行するだろうと予測できる。実際に平衡状態において状態 π をとる確率は，

$$\Pr(\pi) \propto \exp\left[\frac{E(\pi)}{m}\right] \tag{4.2}$$

となることが示せる．だから最終的には接着力が高いパターンの頻度が高くなることがわかる．図 **4.3** はそのようなシミュレーションを表している．ずっと計算を続けていると最終的には黒ばかりと白ばかりの2つの固まりに分かれてしまう．

隣り合う2つの細胞の接する1面がもたらす接着力はそれら細胞の状態によって異なる．λ_{BB}，λ_{WW}，λ_{BW} を黒どうし，白どうし，そして黒と白との間の接着力とし，次の量を定義する．

$$A = \lambda_{BB} + \lambda_{WW} - 2\lambda_{BW} \tag{4.3}$$

これを差次接着力という．細胞を入れ替えたときには，その周りの細胞との接触面を数える必要があるが，差次接着力の整数倍だけの変化がもたらされる．差次接着力が大きければ大きいほど同じ色の細胞が固まるパターンへの入替えスピードは速くなる．差次接着力が正であっても，値がランダムな変化 m に比べて小さいと，細胞は黒どうしと白どうしに分離することはできない．

図 **4.3** の示すように，差次接着力がある程度の値になるまでは，差次接着力が大きいほど分離が進みやすい．しかし，それ以上に差次接着力が大きいと，逆に分離が進みにくくなってしまう．すなわち差次接着力が強いと，接着力を減らす方向への変化は生じないという決定論的なモデルになる．最終的には (4.2) 式が示すように接着力の一番強いパターンに集中するとしても，接着力が強すぎるとそれまでにかかる時間が非常に長くなるのである (Mochizuki *et al.*, 1996a)．

その理由を理解するために，細胞選別モデルを単純化して図 **4.4** にあるように6つの場所をBとWの細胞が3つずつ占めている場合を考えよう．両端のBとWとは動かないものとし，それ以外の細胞は隣どうしで入れ替わるとする．全部で6つの状態があり，1つの入替わりで移る状態どうしを矢印でつないだ．隣り合う細胞の間には接着力がはたらき，そのパターンを安定化させる．そのため入替えが生じたときに接着力が増える場合には減る場合よりも変化が生じやすい．左端にある (1) BWWBBW から4ステップの入替えによって右端にある (6) BBBWWW に到達できる．Bどうしの接着力，Wどうしの接着力がBとWとの間の接着力に比べて大きいとすると，(1) と (3) BWBBWW,

第 4 章 形態形成のダイナミックモデル

図 4.3 格子モデルのシミュレーションでできるパターン。差次接着力は (a) $A = -2$, (b) $A = -1$, (c) $A = 0$, (d) $A = 0.6$, (e) $A = 1.2$, (f) $A = 2$, (g) $A = 4$, (h) $A = 6$。差次接着力がマイナスだと，B 細胞と W 細胞が交互に並ぶ市松模様に近くなる (a, b)。差次接着力が 0 に近いとランダムなパターン (c)，正になると B 細胞の固まりと W 細胞の固まりに分離されるようになる (e, f, g, h)。ただ差次接着力が大きすぎるとこの分離が逆に遅くなる (g, h)。これはランダムな入替えがないと全体としての接着力の高い状態が実現できないことを表している。(Mochizuki *et al.*, 1996 *JTB*; Fig. 3)

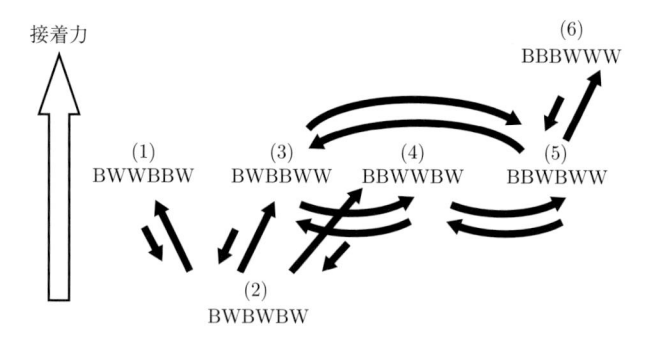

図 4.4 1次元の細胞選別モデル。6つの場所を B および W の細胞が3つずつ占めていて，隣どうしで入替えをしている。ただし両端の細胞は動かない。そのとき同じ種類の細胞（B どうしや W どうし）の接着力が，異なる種類の細胞（B と W）の接着力よりも大きいとする。左端の (1) から一番接着力が高い (6) に至る経路は，接着力の効果が大きくランダムな動きが少ないほど速く進みそうに思われる。しかし接着力が下がるステップが途中に含まれるため，ランダムな動きが弱くなるとむしろ時間がかかってしまう。

(4) BBWWBW, (5) BBWBWW とは同じ接着力，(2) BWBWBW がそれらより接着力が低く，(6) が一番接着力が高い。

 (1) から接着力最大の (6) に変化するには，いったん (2) という接着力が低い状態を経て，(3) や (4) を通り，さらに接着力がそれらと同じである (5) へとかわり，最後に (6) に到達するという変化をせねばならない。接着力の役割が大きいと逆向きへのランダムな動きが小さくなり，(2) から (3) や (4) への変化，(5) から (6) への変化のように接着力を増すところでは速く進むようになるだろう。しかしながら，もとよりも接着力が下がる段階，(1) から (2) への変化は，ランダムな変化が収まると遅くなり，接着力最大である (6) に達する時間が長くかかってしまう。つまり悪い方にも移ることができることによって全体としての最適状態を速く実現することができるといえる。

 より一般に，最適解をランダムに探すという工学の問題や，さまざまな遺伝状態（DNA 塩基配列）のなかで適応度の高い状態に達するための進化時間を考えたときにも，時折後戻りすることもあることが早い到達や速い進化を促進する。

 動物の発生において，異なる組織の細胞の間で違った種類の接着分子が表面に現れることがある。たとえば，ニワトリの神経管形成にしてもある組織が別の組織に分化するときには，しばしば異なる種類の接着分子が発現する。これ

第 4 章　形態形成のダイナミックモデル

から接着力は組織の固まり具合を安定化するために，重要な役割を果たしていると考えられている。

4.2　魚の網膜の錐体モザイク形成

　私たちの網膜には光を受け取る視細胞が並んでいる。そのなかで明るさだけでなく色を見極めるための視細胞は錐体細胞といって，人間では 3 種類のものがある。魚類の網膜にはこの錐体細胞が 4 種類あり，それらがびっしりと並んでシートを形成している。その 4 種類の錐体細胞のうち赤色に反応するものと緑色に反応するものがくっついてペアを作っており，これはダブルコーンとよばれる。そのほか，青色に反応するもの，紫外線に反応するものがある。これらはランダムではなく図 4.5 にあるように，規則正しい姿に配置されており，錐体モザイクとよばれる。このモザイクのパターンは，種によって違っている。ゼブラフィッシュではダブルコーンが交互に向きを変えて並んでいる列があり，次の列には青色に反応する錐体細胞と紫外線に反応する錐体細胞とが交互に並

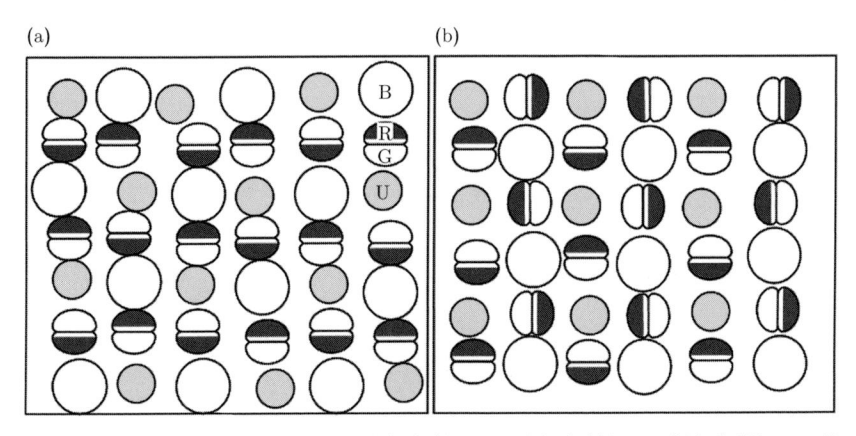

図 4.5　魚類網膜の錐体モザイク。B：青色感受性，R：赤色感受性，G：緑色感受性，U：紫外線感受性。(a) ゼブラフィッシュでの錐体の並び方。赤および緑に感受性の細胞がペアになったダブルコーンと，青色感受性および紫外線感受性のものが規則正しく並ぶ。(b) メダカでの錐体の並び方。(Tohya *et al.*, 2003 *JTB*; Fig. 1)

ぶ列がくる（図 4.5a）．これに対して，メダカではこれらの列がない（図 4.5b）．青色感受性の錐体細胞はダブルコーンに四方を囲まれている．

　このような錐体細胞の規則正しい並び，錐体モザイクがどのようにして形成されたのかについてはわかっていない．錐体細胞のもとになる細胞が分裂して，規則正しく並び，それぞれのタイプが区別できるようになったときには，すでにモザイクは出来上がっている．

　この錐体モザイク形成には細胞分裂がかかわっていないことを考えると，隣接する細胞の間での相互作用によってこのようなパターンが自動的に出来上がったのではないかと考えられる．そのときに2つの可能性がある．1つはそれぞれの細胞は，将来青色感受性や紫外線感受性などになるという予定運命がすでに決まっていて，それらの細胞が隣どうしで互いに場所の入替えを行うとする「細胞再配置モデル」である (Tohya et al., 1999; Mochizuki, 2002)．青色反応になる予定の細胞が互いにくっついているとそのパターンは不安定でそれらの細胞は別のものと位置を入れ替えようとするとしよう．細胞は位置の入替えを始終行っている．その入替えの変化が，このような隣どうしの細胞の「座りのよさ」を増大する場合にはより速く生じ，減少させる場合にはゆっくりとしか生じないという確率過程モデルを考える．この座りのよさを接着力とよぼう．

　青色感受性細胞，紫外線感受性細胞，それにダブルコーンの3種類の細胞が正方格子のそれぞれのマスを占めるとする．ダブルコーンは小さな赤色感受性細胞と緑色感受性細胞がつながったものなので合わせて1つ分としたが，方向性があるため4つの向きを区別することになる．隣り合った2つの細胞が場所を入れ替えることと，ダブルコーンは移動に加えて回転によっても，パターンが確率的に変化すると考える．パラメータとして与えるべき細胞間接着力 $\lambda_{\alpha\beta}$（α, β は細胞の種類）の種類は全部で 10 通りである．すなわち，青-青，青-紫外線，青-赤，青-緑，紫外線-紫外線，紫外線-赤，紫外線-緑，赤-赤，赤-緑，緑-緑であり，それぞれの細胞間接触について，細胞間接着力を定める必要がある．これらの細胞間接着力の組合せが適切なものであったときには，ゼブラフィッシュで見られるパターンが自動的に形成される．ランダムなパターンからもゼブラフィッシュのパターンを作り出すことができる．この接着力の条件をシミュレーションと数理解析により定めた結果の例が図 4.6a である．ゼブラフィッシュのパターンが安定して得られた値を，ドットで示してある．これら

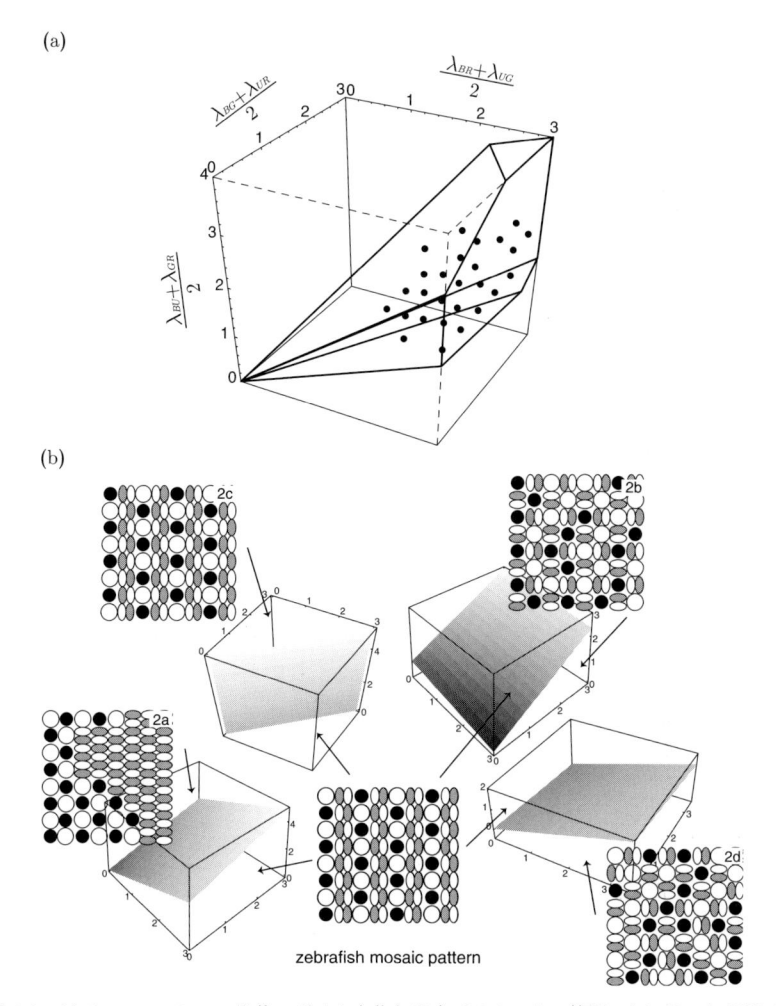

第 4 章　形態形成のダイナミックモデル

(a)

(b)

zebrafish mosaic pattern

図 4.6　ゼブラフィッシュの錐体モザイクを作り出すパラメータの範囲。(a) ドットがゼブラフィッシュモザイクを作り出すパラメータを示す。(b) これらを囲う面の外で，パターンがどのようにずれるかを示した。メダカのモザイクが安定にできるパラメータも同様に調べられる。(Tohya *et al.*, 2003 *JTB*; Fig. 6)

の接着力の条件は，ある領域に収まっている。図 **4.6b** では，その領域のそれぞれの面を超えた外側の領域では，どのような（ゼブラフィッシュとは異なる）パターンが得られるかを示してある。多面体を構成する各面は (4.2) 式にもとづいたパターンが，ゼブラフィッシュのパターンができる領域と，そうでない

別のパターンになる場合との間の境界面である。細胞間接着力がこの多角体で囲われた領域にあることは，細胞再配列によりゼブラフィッシュパターン生成されるための必要条件である。

　同様の手法によりメダカのパターン生成の条件も決定することができる。ゼブラフィッシュを作り出す接着力の与え方とメダカパターンを作り出す接着力の与え方は異なっている。これらのモザイクができるための条件の意味についても数学的にも調べることができる。

　2つめの可能性としてそれぞれの予定運命が決まった細胞の再配置ではなく，細胞の予定運命の変換を考えることで自動的にパターンを作り出すというモデルも考えてみた。ことにゼブラフィッシュの錐体モザイクは，この「細胞分化モデル」でもうまく作り出すことができる。今のところ再配置モデルと分化モデルとはいずれが正しいのかについては不明である。いずれのモデルも，局所的な相互作用によって全体としてのパターンが自動的に出来上がる自己組織化という原理にもとづいている。

　ここで議論したモデルでは，多くのサイトが格子状に並んでいて，それぞれが少数の状態のいずれかをとる。そしてそれぞれのサイトの状態遷移は近くにあるサイトの状態にだけ影響を受ける。このようなモデルを一般にセルオートマトンモデルという。

4.3　葉脈形成：カナリゼーションモデル

　維管束植物の葉には葉脈があり，輸送経路になっている。光合成で得た物質を集めて葉柄から体中に送り出し，逆に根から吸い上げた水分や栄養塩類を葉の隅々に行きわたらせる。葉脈はまず太いものが枝分かれして作られ，その後もっと細いものがそれらの間を網のように埋める（図 4.7）。

　葉が発生するときにどのようにしてこの葉脈のパターンが形成されるのだろうか？　葉脈のパターンはオーキシンというホルモンを使って自動的に作られるとする考え方がある。葉の原基ができたときに，細胞からはオーキシンが作り出される。それは葉柄を通じて根のほうに流れ出そうとする。そのときそれぞ

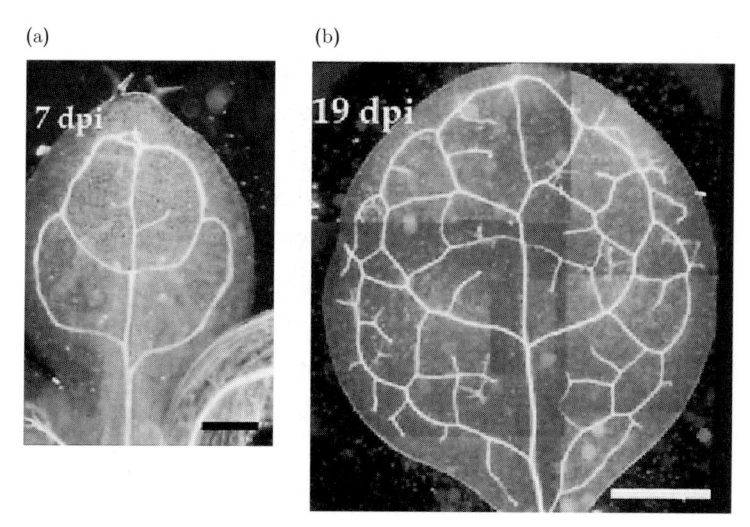

第 4 章　形態形成のダイナミックモデル

(a)　(b)

図 4.7　シロイヌナズナの若い葉における葉脈形成。黒の尺度は 100 μm，白の尺度は 200 μm。
(Sieburth, 1999 *Plant Physiology*; Fig. 6)

れの細胞には，オーキシンを細胞外へとくみ出す運搬タンパク質があり，その量や細胞内の配置が流れによって変わるという。最初にオーキシンが流れたときにその通路になった細胞は，オーキシンの出口のところに運搬タンパク質が集中する傾向があるという。その結果，たまたま流れができたところはますますそこに沿って流れやすくなる。これは土を盛って作った台地に雨が降って渓谷が削られていくような感じである。いったん流れができると，そこはますます流れやすくなり，流れの場所は固定してしまう。ある程度水路がはっきりしてくると，それを構成する細胞が維管束というパイプに分化する。このように，最初は一様だった葉に，自律的に葉脈パターンができるとする考えを，カナリゼーション説という。

4.4 細胞の中のオーキシンのやりとりについて

この説が本当に成り立つのかどうかを調べるために,六角格子の格子モデルによって調べてみた (Feugier et al., 2005)。このモデルを調べると,このような葉脈パターンの自律的形成がうまくいくためには,いくつかのことが必要であることがわかる。まず運搬タンパク質が細胞のある面に集中する傾向は,異なる側面が互いに競合することによって,最終的に1つの面だけに集中するというダイナミックスとして表すことができる。その結果,一様な場に分岐を示す葉脈パターンが自律的にできてくる (図 4.8)。このオーキシンの流れと運搬タンパク質の応答との関数関係は,比例したり飽和したりではいけない。流れの速度とともに運搬タンパク質の応答が加速度的に進むことが必要である。そうでないとオーキシンが幅広く広がって流れるようになってしまい,集中的に流れる通路は形成されない。

もう1つ,1細胞内の運搬タンパク質の総量は一定で,ある側面に運搬タンパク質が集中するときにはほかの面の運搬タンパク質が抑えられるという,競合

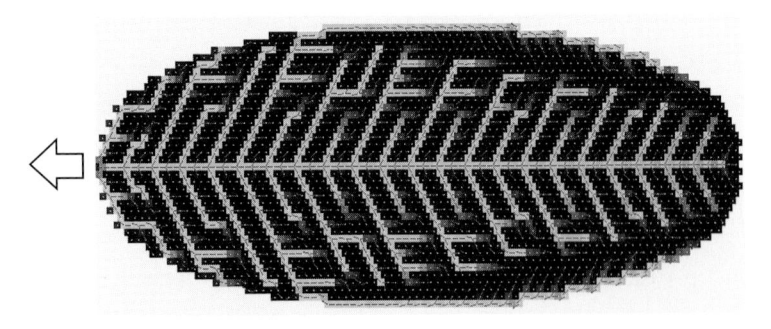

図 4.8 葉脈形成モデル。細胞は六角格子に並び,それぞれがオーキシンを産出する。オーキシンは葉柄に向かって流れるが,オーキシンの流れによってそれぞれの細胞内にあるオーキシン運搬タンパクがより流れやすいように配置を変えるために,一度できた流れはますます流れやすくなる。そしてここに示すような枝分かれした通路が自動的に出来上がる。のちに,これらが葉脈になる。オーキシンの流れの強さと運搬タンパクの反応との関数関係によっては,枝分かれした通路はできない。(Feugier et al., 2005 JTB; Fig. 3)

関係があると予想されている。これとは違って側面ごと独立に運搬タンパク質の量が制御されるとするモデルの場合には，オーキシンの通路ができると，通路のオーキシンの濃度は周りの組織よりも低くなる。それに対して細胞での運搬タンパク質の総量が一定であるモデルでは，オーキシンの通路でのオーキシン濃度は周りの組織よりも濃度が高くなる。これは実験的研究により，後者のほうが正しいことが知られている (Feugier *et al.*, 2005)。

このようにしてカナリゼーション説が成立する条件をシミュレーションから決めることができた。しかし，実際の維管束植物の葉脈パターンを説明するには不十分である。このようにしてできた葉脈のパターンは枝分かれ状である。しかしすべての種子植物（裸子植物および被子植物）と高等なシダ植物では葉脈は網目状になっている。枝分かれ状のものは古いタイプのシダ植物に見られるだけである。葉脈は枝分かれパターンよりも網目パターンのほうが機能的に優れている。植食昆虫などに葉脈部分をかじられたときを考えてみよう。枝分かれパターンだとその先にある葉の広い領域が死んでしまうのに対して，網目状だと水や栄養分は損傷部を迂回して運ばれるためにほとんど障害を受けない。

網目状の葉脈を作るためには，葉脈が一周回って元に戻るというループをもつ必要がある。葉脈の先端が伸びて行ってすでにあるほかの葉脈に脇からくっつくという形でループができる。これはカナリゼーション説のままでは不可能だが，その説には含まれない別の要素を加えることによって可能になる (Feugier & Iwasa, 2006)。

網膜の錐体モザイクを考えてみよう。細胞が図 **4.5** のように並べば，確かに同じ波長特性をもつ錐体細胞が固まらないのでより効率よく視覚情報を取り入れられるだろう。しかし，正確なモザイクパターンから少しくらいずれても，機能はそれほど落ちないはずだ。魚の体表の縞模様にしても，葉脈パターンにしても，きっちりと何本の縞ができないとだめということではなく，ほぼ均一に縞のパターンができればよい。植物の葉に気孔が適当な間隔で作られることや，動物の皮膚に間をおいて毛が形成されるなど，場所や数がそれほど厳密ではない状況では，自己組織化が有用である。

これに対して発生では，数や配置が正確に決定しないといけない状況もある。たとえばショウジョウバエの初期発生において体節に分離するという過程があ

る．体節はそれぞれ羽根をつけたり腹部や足などに分化するのだから，体節の数が増減するとひどい奇形になり死んでしまう．この体節化の過程でも縞が現れる．ほぼ 7 本の縞を作り出すだけなら，チューリングモデルのようにして作ることもできるが，本当に 7 本であって 6 本や 8 本では困るというときには，多数の遺伝子を含んだ系で 1 本ずつの場所を正確に決めるやり方が採用される．実際，50 以上もの数の遺伝子とそれらの産物が作り出す系によって分節化が遂行され，7 本の縞のそれぞれについて，位置決めに関与する遺伝子が複数存在するのである．

4.5 四肢のできはじめ

　これまで紹介したモデルは，一様な場にパターンが現れる現象を調べるものであった．生物の発生における器官形成においては，細胞は分裂しまた成長しながら，他方で拡散する分子（モルフォゲン）を出して近くに接した組織にシグナルを送る．そのようなシグナルを受けた細胞は，分裂や死亡，移動や分化を起こす．このようなさまざまな現象が同時に生じているなかで行われる生物の形態形成を自在に表現するモデルとしては，セルラーポッツモデル (Graner & Glazier, 1992)，セルセンターダイナミックス，バーテックスダイナミックス (Honda *et al.*, 2004)，流体力学にもとづいたインマースド・バウンダリー法 (Peskin, 1972) など，さまざまなものが試みられてきた．ここではセルセンターダイナミックスにもとづいたモデルを紹介しよう (Morishita & Iwasa, 2008)．

　対象として，ニワトリやマウスの胚で手や足，羽根などができはじめる過程を考えよう．ごく単純化していえば，次のようなことが生じる．まず中胚葉性の間充織が外胚葉性の上皮組織に囲まれるところからスタートする．上皮のある場所で FGF などのシグナル分子が生産されはじめると，それらは内側にある間充織を刺激して細胞分裂をさせ，膨らんでくる．その結果突き出した形ができはじめる．ふくらみの先端部は AER (apical ectodermal ridge) とよばれ，シグナル分子が盛んに分泌されて拡散していく．次にそこからある程度離れた間充織と上皮組織の接した部分に ZPA (zone of polarizing activity) とよばれる

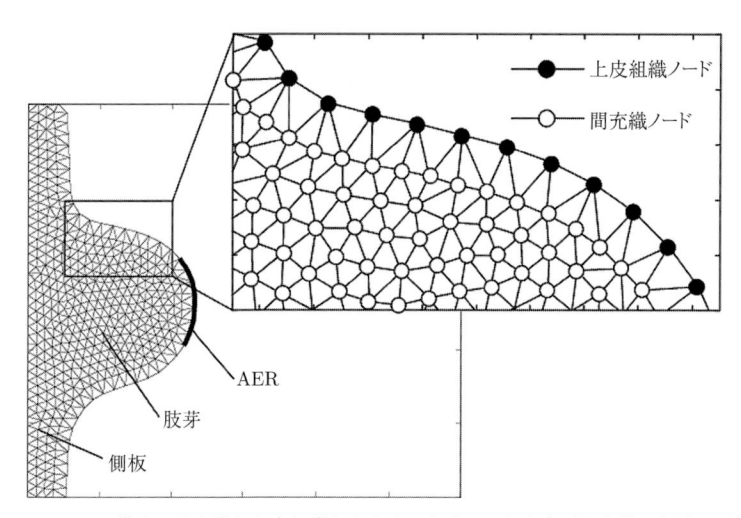

図 4.9 モデルの構造。間充織と上皮組織とからなるとする。たとえば間充織は領域に分割し，それぞれの中心にあると想定するノードの隣接するものの間には (4.4) 式と (4.5) 式で与えられる力がはたらく。上皮組織にある AER という部分から出されるシグナル分子の影響を受けて，細胞の増殖・移動・成長などによってその近傍の間充織の体積が増大し，それが原動力となって肢芽が形成される。

部分ができ，そこでは SHH などの別の種類のシグナル分子が合成されるようになる。これらのモルフォゲンを総合した情報をもとに，間充織の適当な位置に適切な数の軟骨が形成される。

ここでは，AER からシグナル分子が作られ，その影響により内側にある間充織が分裂をし，突き出した形が作られるステップだけに注目してみよう。これをシミュレートするには，どの程度のモデルが必要なのかだろうか。

本来は3次元での形を考えないといけないが，簡単のためまずは2次元で考えてみる。肢芽は上皮組織と間充織とからなる。それらは別々に扱う必要がある。上皮組織はシート状になっており，これに対して上皮組織に包まれた領域が間充織である。後者では組織を三角形の領域に分割してそれぞれにはたらく力を考える（**図 4.9**）。隣り合う領域との間では斥力と引力がはたらいているとする。そのポテンシャルは

$$\phi_{ij} = \varepsilon \left(\left(\frac{\sigma}{r_{ij}} \right)^3 - \frac{\sigma}{r_{ij}} \right) \tag{4.4}$$

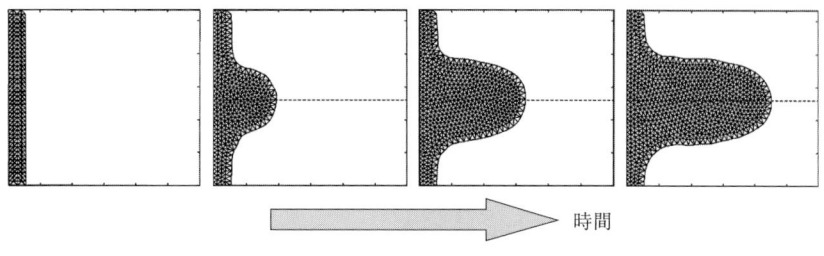

図 4.10 モデルが示す肢芽の成長

と仮定する。これは最小値を $r_{ij} = \sqrt{3}\sigma$ にもつ関数である。それ以上に近づくと斥力により反発し，遠ざかると引力がはたらく。これを隣り合う領域の間ですべて加え合わせたものを全体のポテンシャル Φ と書く。するとこの力を受けて全体としてそれを減らす方向に動く傾向は，

$$\frac{d\mathbf{x}_i}{dt} = -\frac{1}{\mu}\nabla_i \Phi \tag{4.5}$$

と表すことができる。$\nabla_i \Phi$ は i 番めの領域の座標による偏微分を表し，勾配ベクトルである。つまりポテンシャル Φ を減らす方向にその領域が動くことを意味している。細胞のような小さな対象については，慣性は無視できるが粘性と力とがバランスした結果，(4.5) 式のように動きのスピードが力に比例するという式が成立する。

加えて細胞は分裂するが，その頻度はモルフォゲンの濃度によって影響を受けるとした。モルフォゲンは AER で生産され，間充織を拡散していきながら一定速度で分解される。その結果，AER の近くではモルフォゲン濃度が高く間充織細胞がよく分裂することになる。その影響を受けて肢芽が伸長していく（図 4.10）。

4.6 形態の時空間発展

このモデルを調べると，できてくる形が正常であるためにはどのパラメータが重要かがわかる。たとえば，上皮組織と間充織で力の強さが異なるとしよう。

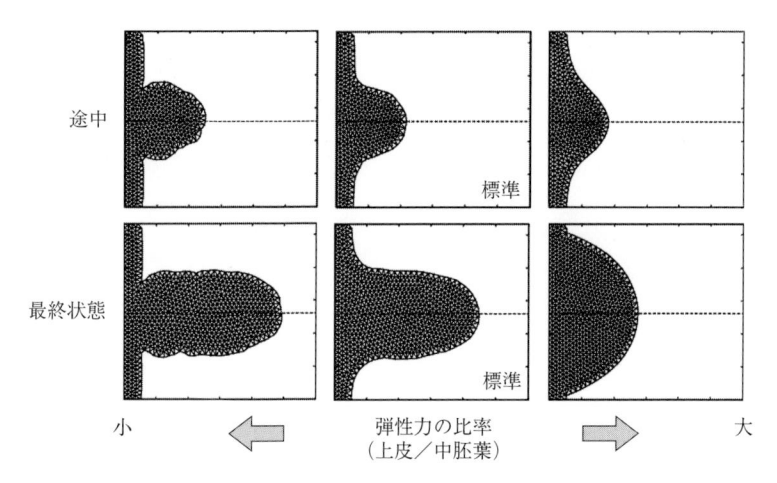

第 4 章　形態形成のダイナミックモデル

図 4.11　作られる肢芽の形態に対する 2 つの組織の弾性の比の影響。上皮組織の弾性と間充織組織の弾性との相対的な値がずれるとでこぼこした形になったり（左図），風船のように丸くなったりする（右図）。両者の比が適切だとよい形ができる。

ポテンシャル関数 (4.4) 式が深いと動きにくくなるが，その度合いは組織の固さを表すといえる。上皮組織が柔らかく間充織が固いとでこぼこした形になってしまう（図 **4.11a**）。逆に上皮組織が固く間充織が柔らかいと風船のようにふくれた形になる（図 **4.11b**）。実際の正常発生のように適当な形をして伸びるには，2 つの組織の固さの絶対的な値は違っていてもよいが，両者の比率が適当な値になっていることが必要なことがわかる。

　このモデルは，活発に細胞分裂が生じる場所をモルフォゲン濃度によって指定することで形作りが生じるというアイデアにもとづいている。もしその場所指定が違っていると形がおかしくなるはずである。図 **4.12a** には，AER の場所が肢芽の先にあるのではなく，少しずつ下にずれるとするとどうなるかを調べたものである。この場合，肢芽の形はまっすぐ伸びないで少しずつ下にずれていく。

　図 **4.12b** には，先端の AER 活性（FGF などを生産する能力）が抑えられ，AER 活性はそれから少し上下にずれたところに 2 つのピークをもつときを示す。この場合，肢芽は 2 つに分かれた形で成長をしていく。

　2 次元や 3 次元の形が時間的変化をする様子を追跡するには，どうしてもコンピュータによる処理が必要である。計算機が十分に速くなってきた今，生物

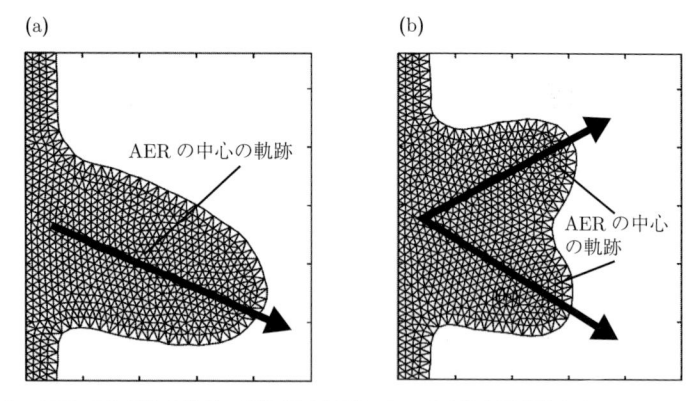

図 4.12 AER のシグナル分子の供給源の位置によってできる形が異なる。(a) AER 活性のピークが肢芽の成長とともに下にずれるとき。これは現実に観察される形に近い。(b) AER 活性のピークが中心部分で落ちて 2 つに分かれるとき。この形態は突然変異に見られる。

の発生におけるパターン形成の本格的なモデリングがようやく可能になったといえる。発生生物学における形作りは，数理的手法がふんだんに活躍する場面の多い研究領域であって，これから大きく発展していくだろう。

参考文献の追加

生物の形作りの数理モデリングについては，本多久夫博士が 30 年以上にわたって，樹木の形をはじめ細胞組織，網状血管の形成などさまざまな対象に対して新しい理論を展開してきた。その業績は世界的に認められている（本多, 2000; Honda, 1971; Honda & Fisher, 1978）。

細胞選別のモデルは 1970 年前後から N. S. Goel らによって研究された (Goel & Leith, 1970; Goel et al., 1970)。しかし，それは接着力を増やす方向へしか変化を許さないモデルであったために，同種類の細胞の集合において十分な大きさのものを作ることができなかった。本章の確率モデルは接着力が低下することも許すために，むしろ大きな集合が可能になる。その後，Graner & Glazer (1992) はセルラーポッツモデル（以下で説明）により，Graner & Sawada (1993) はさらに違ったモデリングを進めてきた。

魚類の錐体細胞のモザイクパターンは古くから注目されてきたが，本章で紹介した一連の研究がはじまるまで，数理的研究はなされてこなかった。

葉脈パターンについては，オーキシンが流れるとますますオーキシンが流れやすくなるという性質によって自動的に作られるとするアイデアは T. Sachs (1975, 1981) によるもので，カナリゼーション説とよばれている。数理的研究は Fuegier et al. (2005) までほとんどなされていなかった。Fujita & Mochizuki (2006) は領域が成長するときの葉脈の形や葉の領域の形状に対応してできる葉脈の形を調べている。現在は分子機構に迫れるようになったために，これから急速に解明が進むであろう。

　形態形成のシミュレーターには，さまざまなものが試みられている。セルラーポッツモデル (Graner & Glazier, 1992) は格子状に区切った場において隣接する複数のサイトを1つの細胞が占めるという記述をし，マルコフ連鎖で細胞が膨らんだりへこんだり移動したりする。インマースドバウンダリー法は，流体の方程式の境界を血管壁のような移動できる弾性体であるとする手法で C. S. Peskin (1972) が開発した。バクテリアの鞭毛が動きながら周りの流体に力を加えることや，動く壁に囲まれた血管の中を動く血液の流れなどを表現できる。バーテックスダイナミックスは Honda et al. (2004) を参照。本章では，セルセンターダイナミックスにもとづいたモデルを紹介した。発生学の理論を進めるうえでは，弾性と塑性を両方もった組織をできるだけ簡単に記述する手法を確立することが重要である。

第 5 章
生態学での格子モデル

　生態学は動物・植物の野外での人口（個体数）変動，分布，共存，進化などについての生物学である．典型的な生態学の数理モデルには，捕食者と被食者（餌となる生物）の個体数変動を表すモデルがある．それは第 2 章で説明した細胞内での mRNA やタンパク質の量についてのダイナミックスと同様な非線形の常微分方程式で表される．そのときには，生物の量は個体数や総重量で代表されて，空間構造は通常ランダムであると見なされてきた．しかしながら生物個体の分布はランダムではない．たとえば森林を構成する樹木は種子をまき散らすことで子どもを作るが，その散布範囲は通常かなり限られている．集団の中が十分にかき回されないため，地図上に分布を描くと同種の生物が固まりを作る傾向がある．ことに植物は動けないために，一定面積の中に同じだけの個体数がいるとしても，それが数ヵ所に集中して生育する場合と，離ればなれになっている場合では，その植物群落の将来が大きく違ってくる．近くにほかの個体がいれば光や栄養塩類の奪い合いが起きるが，逆に孤立している樹木は風に弱く倒れやすいこともあろう．

　このような特有の空間分布構造をとらえるモデルとして，2 次元の格子の各点をいろいろな生物が占めて，隣り合う格子点の間でだけ相互作用すると考える「格子モデル」がある (Dieckmann *et al.*, 2000)．その結果，個体の空間配置が作り出すパターンが注目されるようになり，またそのようなパターンを無視したモデルでは，生物の共存や進化などについても間違った結論を導く場合が知られるようになった．

　本章ではそのような格子モデルによる生態現象解析の例として，亜高山帯森

林の縞枯れ現象，熱帯季節林のギャップ動態，病気による宿主植物の絶滅，化学戦争をするバクテリアの4つを取り上げる．空間構造を無視した「平均場近似」の取り扱いでは間違った予測が得られることを説明したい．また解析の手段としてデカップリング近似の一種であるペア近似を紹介する．

5.1 亜高山森林の縞枯れ現象

日本の亜高山帯には，シラビソやオオシラビソが優占する林がある．そこでは，林冠木が立ったまま枯れている部分が何本もの白い帯のように広がり120〜150 m 間隔で平行に並ぶ「縞枯れ」が見られる．隣り合う立ち枯れ帯の間では，大きい樹木から小さいものへと樹高が規則的に並ぶ（図 5.1）．このような縞枯れを作り出す原因は，一定の方向から吹く卓越風である．立ち枯れ帯のすぐ風下側には高い樹木が並んでいて，強い卓越風に直接さらされて根が切れたり蒸散が過剰になって，やがて立ち枯れる．それ以外の樹木は風に直接さらされな

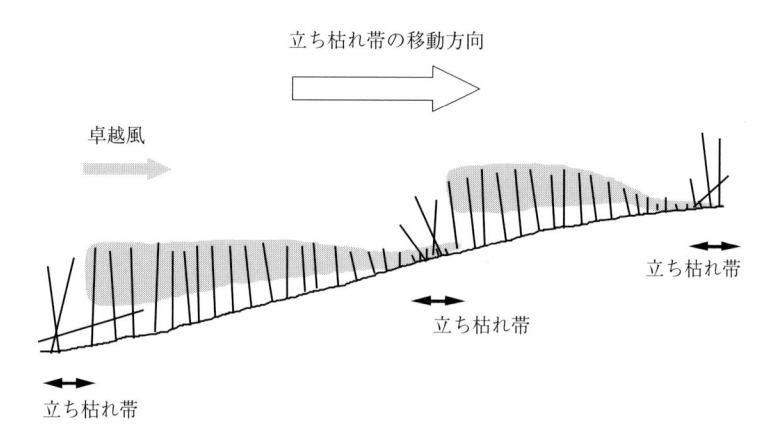

図 5.1 縞枯れ．卓越風と垂直の方向に何本かの白い筋のように立ち枯れた樹木の帯が見られる．断面をとると，立ち枯れ帯の上には高い樹木が生育し，その後しだいに樹高と樹齢が減少して次の立ち枯れ帯に至るというようになっている．卓越風の悪影響により高い樹木は翌年に枯れ，ほかの樹木は成長して樹高を増やすために，結果としてパターンを一定に保ったままで風下に移動することになる．

いので，ほぼ一定の速さで樹高を増す．その結果，全体としてパターンを保ったままで，ゆっくり風下に動くことになる．過去の記録から，1年あたり1mから1.5mで動くことがわかっている．縞枯れ現象は，東北地方の八甲田山や紀伊半島の吉野山など日本全国に見られるだけでなく，北アメリカでもニューハンプシャー州やニュージャージー州などでモミ属の優占する森林で見られ，波状更新やモミの波などとよばれる．

規則正しい波状の縞枯れパターンがいったん出来上がれば，その形を保って移動することはよく理解できる．しかし最初にそのような規則的な波状のパターンがどのようにして出来上がるのかは難問と考えられていた．そこで，不規則なパターンからスタートしても簡単な枯死と成長のルールに従って変化していけば縞枯れ状の進行波が自然に出来上がるのかどうか，つまり進行波の安定性の問題を考えることにした (Sato & Iwasa, 1993)．

このモデルとして，もっとも単純なものを考えてみよう．すなわち1次元に多数のサイトが並んだ格子を考える．このときの1つのサイトは大体5mから10mの帯にあたり，そこにはほぼ同じ年齢と高さをもつ樹木のコホート（同齢個体群）が生育しているとする．卓越風が片方から（たとえば左側から）吹くとして，その影響で，あるサイトの樹高が風上側のサイトに比べてずっと高いと次のステップで枯死し，そうでないと一定のスピードで成長するとしてみよう．

x はサイトの場所を表すとし $(x = 1, 2, \ldots)$，風上から順番に番号がついているとしよう．$h_x(t)$ は，x 番めのサイトのコホートの高さである．すると次の時刻では，

$$h_x(t+1) = \begin{cases} h_x(t) + 1, & \text{if } h_x(t) \leqq h_{x-1}(t) + d_c \\ 0, & \text{if } h_x(t) > h_{x-1}(t) + d_c \end{cases} \tag{5.1}$$

となる．ここで風上のサイトは $x-1$ であるが，x でのサイトの高さが，風上のサイトに比べて d_c 以上に高いと次の時刻で枯れる．そうでないと高さが1だけ増す．端の影響を避けるため，右端が左端の風上にあるように考える．これを周期境界条件という．

ランダムな初期状態からルールに従って遷移すると，図 **5.2b** に示されているように，3角形が並んだ鋸歯状の形に収束することが証明できる．次のステップでは各3角形のもっとも樹高の高いサイトが枯れ，ほかのサイトは成長するので，同じ形が維持されて風下側に1つ平行移動することになる．これは縞枯

(a)

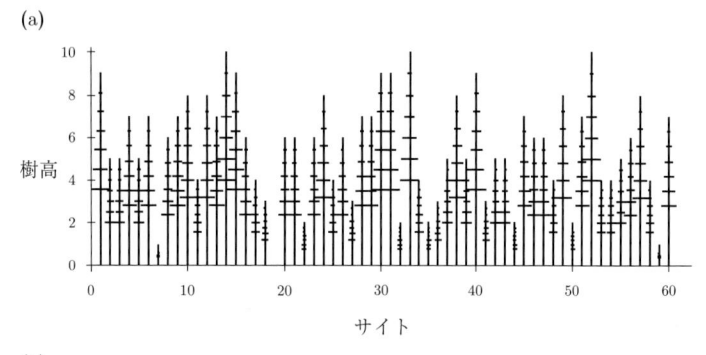

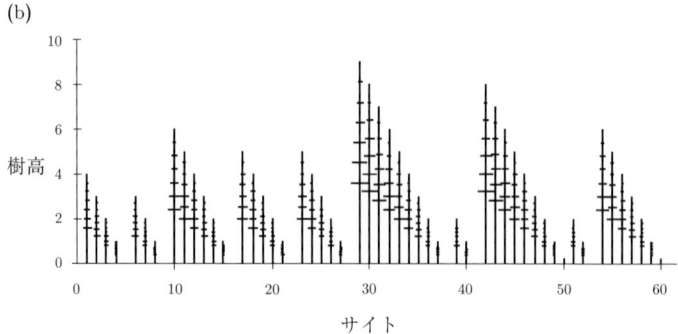

(b)

図 5.2　1 次元の縞枯れモデル。各サイトは 5 m のコホート（同齢個体群）を表す。縦軸はコホートの樹高である。卓越風が左から吹くとした。1 単位時間には，各サイトがその風上側の隣接サイトよりもはっきり樹高が高いときには，卓越風の悪影響で枯れてしまう。そうでなければ成長するとした。(a) にあるランダムな初期パターンからスタートすると (b) にあるように鋸歯状のパターンができる。隣り合う立ち枯れ帯（樹高がゼロのサイト）の間では樹高と樹齢が単調に変化する。いったんこのパターンができると後は時間が経っても同じパターンが維持されて風下へと移動する。隣り合う立ち枯れ帯の間隔はかなり大きくばらつく。(Sato & Iwasa, 1993 *Ecology*; Fig. 2)

れの形成をうまく説明しているように思える。

　しかし問題がある。このような 1 次元のモデルでは縞（立ち枯れ帯）と次の縞との間隔には広い場所と狭い場所でかなりのばらつきができている（図 **5.2b**）。ところが現実の縞枯れでは 120〜150 m と非常に均一にそろっている。そこで，枯死や成長のルールを変更することによって，もっと規則的な空間パターンを作り出すようにできないかどうかを調べた。

　まず最初に風上サイトとの樹高差だけでは不十分で，絶対の樹高も死亡率を

図 5.3 2次元の縞枯れモデル。図 5.2 にある 1 次元モデルとほぼ同じだが樹木は 2 次元の正方格子に並ぶとする。また卓越風は図では東南から吹くとした。各サイトは風上側の 3 つの隣接サイトの平均樹高と比較してはっきり高いときには次の時間ステップで枯れて，そうでないと成長する。ランダムな初期パターンからはじめて短時間でこの図のような波状のパターンができ，それ以降は風下側にほぼ一定速度で動くようになる。立ち枯れ帯の間の間隔は，1 次元モデル（図 5.2）の場合よりも均一である。(Sato & Iwasa, 1993 *Ecology*; Fig. 5)

高めるのではないかと考えていくつかのモデルを試したが，必ずしも規則的になるとは限らなかった。そこで，2 次元のモデルを考えたところ，1 次元よりもずっと規則的なパターンを作り出すことができた（**図 5.3**）。たとえば，森林を格子状に約 5 m 四方の格子に仕切って，それぞれでは樹高がそろっていると考えてみる。この 2 次元正方格子空間の 1 つひとつの格子サイトについて，その樹高が風上側の隣り合うサイトの平均樹高よりもはっきりと高い場合には卓越風の悪影響によってしばらくたつと立ち枯れるが，そうでなければ枯死せずに一定速度で成長するとしよう。この場合，はじめのパターンでそれぞれのサイトでの樹高をランダムに選んだ初期状態から出発しても，美しい縞状のパターンがすぐに出来上がり，ほぼ同じ形を保ちながらゆっくり風下に移動するようになる（**図 5.3**）。できた縞は風向きに垂直で，縞の間隔はほぼ一定だが，ところどころで縞どうしが融合したり縞枯れらしい姿ができる。このことは簡単な相互作用で縞枯れが自動的に生じることを示している。より丁寧な解析を行った場合でも，1 次元よりも 2 次元のほうが立ち枯れ帯の間隔が均一になりやす

いと結論することができた (Iwasa *et al.*, 1991a)。

　基本モデルでは風上側の隣のサイトとの樹高差だけが効くとしていた。これは風避けの効果がサイト1つ分（約5m）にしか及ばないとしていることになる。風避け効果がもっと長い距離に及ぶ場合を考えるために，注目するサイトとその風上側のいくつかのサイトの平均樹高と比べる死亡ルールを調べた。(5.1)式で風上側サイトの高さ $h_{x-1}(t)$ とあるものを，いくつかのサイトの平均樹高に置き換えるのである。結果としてやはりきれいな縞ができるが，そのときに縞の進み方がずっと速くなることがわかった。逆にいえば，最終的にできた進行波の速さを知れば，風避け効果の及ぶ距離を推測できることになる。

　このモデルが縞枯れの基本を説明できるとすれば，現実の森林での縞の間隔や移動スピード，樹木の成長速度，それに最高樹高などのデータから，樹木が新たに風にさらされてから立ち枯れるまで約9年かかること，風避け効果は平均14mにわたること，風上との樹高差が3.4m以上あると枯れることなどの予測ができる。これらは観察によって確かめることができるだろう。

　以上のモデルは決定論的で，初期パターンが決まると以後の変化は確定するとされている。しかし実際には確率的な変化もあると考えられる。たとえば落雷，小規模の地滑り，虫害などによって1つのサイトがランダムに除去されるかもしれない。また基本モデルでは，死亡率が風上側サイトとの樹高差がある値を超えると確実に枯死，超えないと確実に生存と仮定したが，枯死確率が樹高差の滑らかな増加関数であるという確率的枯死ルールも考えられる。これらの2つとも，縞どうしの間隔を均一化する効果があり，確率的枯死ルールでは効果がとくに大きいことがわかった (Satake *et al.*, 1998)。これはパターンの規則性がノイズによって安定化されるという現象の一例といえる。

　現実の亜高山帯のモミ林で規則的な縞ができる原因はこのモデルでとらえられていて，ノイズの効果と2次元の効果が組み合わさることでより安定に規則的な縞ができると結論できよう。

5.2　熱帯季節林のギャップ動態

　森林生態学の重要な研究分野の1つに，森林の更新過程の研究がある．樹木が林冠木としていったん確立すると 100 年から 200 年にわたって安定にその場所を占め続ける．だからその森林にどの種類の樹木が生育するかということは，前に占めていた大きな林冠木が倒れて，そのすきま（ギャップ）を誰が埋めるかで決まるといってよい．できたギャップの大きさによって照度や乾燥などさまざまな物理的要因が違う．今まで小さな樹木として森の林床で待っていたブナなどが成長して埋めるのか，遠くから飛んできた種子からスタートした樹木が埋めるのかにも影響する．だから広い森林の中にどの程度の大きさのギャップがいくつあるのか，ギャップはどのような頻度で作られどのように埋まるのかといったことに注目したギャップ動態の研究が森林生態学の中心課題となってきた（正木 ほか，2006）．

　パナマのバロコロラド島にある熱帯季節林の中に，50 ha プロットとよばれる永久調査地がある．5 m おきのメッシュに切って樹木の大きさ・種類などが調査されている．調査は毎年行われ，樹木の成長，枯死，繁殖などが観測され地図の上に表記される．樹木が互いに相手を陰にすることによる光を巡る競争や，土中での水や栄養塩類を巡る競争は，距離が近い個体の間で生じる．また種子の散布は，親木からの距離によって表される．病害虫の伝播も距離の関数である．だから空間のデータがあると，それらのプロセスの生じ方を読み取ることができる．

　図 5.4 は，それを非常に単純化して表現したものである (Hubbell & Foster, 1986)．1983 年と 1984 年の 2 回の調査でギャップサイト（最大樹高が 20 m 以下），林冠サイト（最大樹高が 20 m 以上）であった場所，その間に倒木などで林冠サイトからギャップサイトに変わった場所が示されている．変化した林冠サイトの変化の割合を周りにある低いギャップサイトの数に対して表示すると，ギャップサイトへの遷移確率は線形的に増大することがわかる（図 5.5）．これは，連続する林冠の中では木が倒れる率は低いけれどもギャップに隣り合わせると倒れる危険が高くなること，言い換えるとギャップは，すでにできた場所

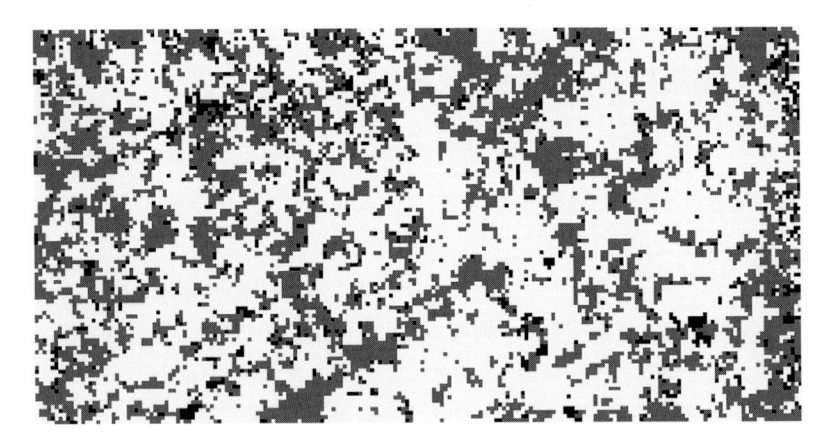

図 5.4 バロコロラド島における長期生態調査プロットのデータ。50 ha プロットとよばれる。ここでは 5 m 幅のメッシュに切ってそのなかの樹高でもって，20 m より高いサイト（薄い灰色）と 20 m より低いサイト（濃い灰色）に分けて図示した。それぞれは林冠サイトとギャップサイトという。高い樹木が倒れると，ある年には林冠サイトであったものが翌年にギャップサイトになる。それらは黒いサイトで示した。(Kubo *et al.*, 1996 *JTB*; Fig. 7)

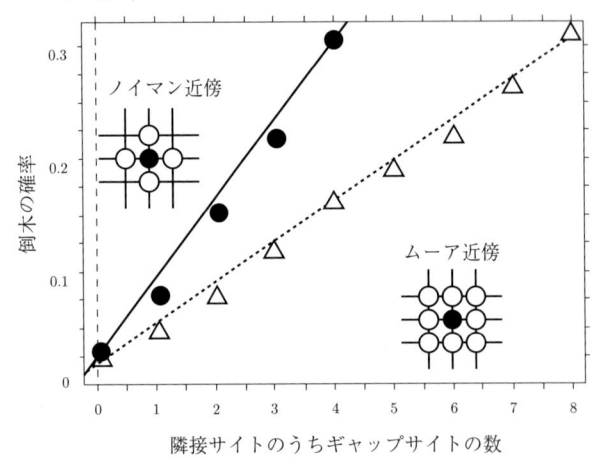

図 5.5 バロコロラド島の長期生態調査プロットデータの 1983 年のものと 1984 年のものを比較することで，ある年に林冠サイトであったものが翌年にギャップになったものの割合を示した。ただしその林冠サイトの隣接サイトの中でのギャップサイトの数によって仕分けして表示した。その結果，隣接サイトがギャップである（樹高が低い）サイトが多いほどそのような遷移が生じやすいことがわかる。これは各サイトの状態遷移が独立ではなく，隣接サイトの影響を受けていることを示す。最近接の 4 つのサイトだけを考えるノイマン近傍でも，8 つのサイトを考えるムーア近傍でも同じ結果になった。(Kubo *et al.*, 1996 *JTB*; Fig. 8)

から周りへと侵食して広がる傾向があることを意味している．もちろん森林すべてがギャップになるわけではなくランダムな回復も生じ，平衡状態では両者がバランスをとっている．

考えてみれば，熱帯季節林で隣の樹木が倒れると倒れやすくなる傾向は，先の節で紹介した亜高山帯林の縞枯れで風上側の樹木がなくなると死亡率が上がる現象と相通じるものがある．その結果，植生の低い場所（ギャップサイト）は互いに固まりになりやすいし，ギャップのサイズ分布は，ランダムな場合と比べて大きなギャップをより多く含むものになる．

そこで次のようなモデルを考えてみる．森林は，碁盤の目のような正方格子の上に，各サイトが5m四方のサイトに対応し，樹高によってある値より高いところを林冠サイト，低いところをギャップサイトとし (Kubo et al., 1996)，林冠サイトを1，ギャップサイトを0と表す．ギャップ形成および修復は，格子の各サイトの状態遷移として表すことができ，また遷移確率が周りの状態に強く影響を受ける．1から0への遷移は周りにあるギャップサイト数 $n(0)$ とともに増大するとして $d + \delta \frac{n(0)}{4}$ としよう．ここで4は各サイトの周りに4つの隣接サイトがあることを意味している．ギャップサイトが林冠サイトに変わる率は簡単のため一定で b とする．

このときシミュレーションでできる空間構造は図 5.6b に表示したようなギャップが集中したパターンとなっている．図 5.6a にはそれと同じだけのギャップ面積があるランダム分布を示した．そこでは孤立したギャップサイトが多数あるのに対して，図 5.6b では互いに固まる傾向があるのがわかる．さて，「あるサイトがギャップである確率」をギャップの全体密度とすると，これは両者で等しい．これに対して，「ランダムにとったギャップの隣を見たときにそれがギャップである確率」をギャップの局所密度とよぶ．これは，ランダムな図 5.6a では全体密度と等しいが，集中分布をしている図 5.6b では全体密度よりもはるかに高くなる．全体でのギャップの割合は8％しかないのに，ランダムにとったギャップの隣を見ればそこがギャップである確率は33％もあるのだ．

(a)　　　　　　　　　　　(b)

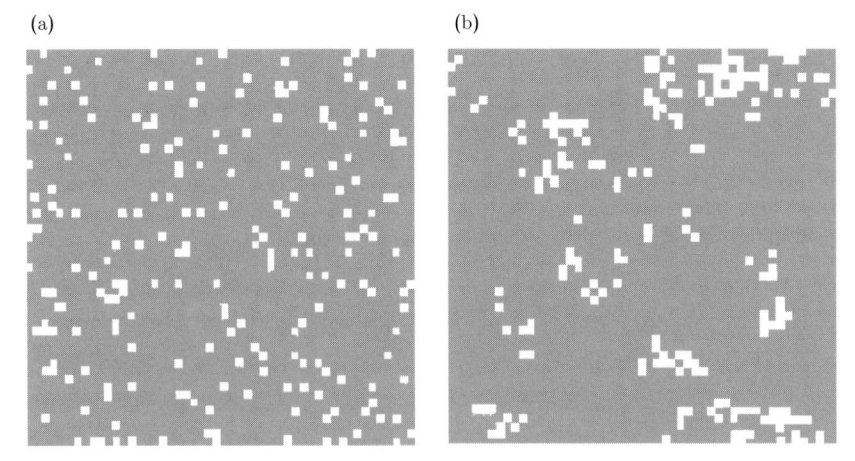

図 5.6　格子モデルでの空間パターン。白はギャップサイト，灰色は林冠サイトとする。(a) ギャップサイトがランダムに分布するとき。(b) ギャップサイトが集中して分布するとき。これは林冠サイトがギャップサイトになる遷移確率が周りにあるギャップサイトの数とともに速くなるという図 5.5 のような影響があるときに作られたもの。(a) と (b) とではギャップサイトの平均割合 ρ_0 は同じだが，ギャップサイトをとったときにその近くにあるギャップサイトの割合 $q_{0/0}$ は (b) のほうがずっと大きい。このような空間分布の集中度を無視するのが平均場近似である。(Kubo *et al.*, 1996 *JTB*; Fig. 1)

5.3　平均場近似とペア近似

　さて，個々のサイトの状態遷移の確率ルールが与えられたときにそれから平衡状態の森林でのギャップの割合や，ギャップサイズ分布が計算できるだろうか？　これは厳密には不可能なので，デカップリング近似を導入することを考える (Kubo *et al.*, 1996)。

　全体密度と局所密度の違いを無視して動態を取り扱うのが平均場近似である。言い換えると図 **5.6b** を図 **5.6a** で近似するものである。

　すると，ギャップの全体密度の時間変化は，

$$\frac{d\rho_0}{dt} = -b\rho_0 + (d + \delta\rho_0)(1 - \rho_0) \tag{5.2}$$

となる。右辺第 1 項はギャップが林冠サイトへ回復する速度を表す。第 2 項

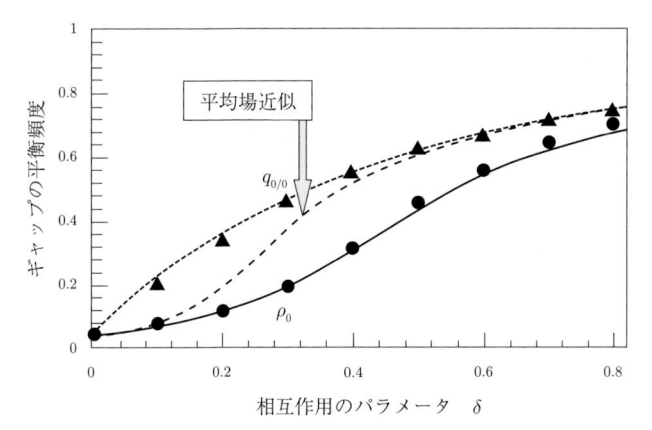

図 5.7 森林のギャップ動態モデルの平衡状態でのギャップサイトの割合。横軸は相互作用のパラメータ。点線が平均場近似の予測を表す。●がシミュレーションモデルの結果。平均場近似はギャップの割合を過大評価する。実線はペア近似の予測を表す。ペア近似はギャップサイトの平均割合 ρ_0 だけでなくギャップの隣にあるサイトがギャップである割合 $q_{0/0}$ をも正確に予測できる（シュミレーション結果は▲）。(Kubo *et al*., 1996 *JTB*; Fig. 2)

は，逆に林冠サイトから木が倒れてギャップが形成される速度である．ここで，ギャップの形成を表す第 2 項では，「ギャップでないサイトの周りにあるサイトがギャップである確率」を速度の係数にもってくる必要があるのだが，それを単純に格子全体におけるギャップの頻度で置き換えてしまっている．この平均場近似による予測は，図 **5.7** の点線が示すように，ギャップの平衡量を過大に推定してしまう．

正しく計算するならば，上の式の第 2 項の係数は全体密度ではなくて局所密度で表現せねばならない．すると，今度は局所密度がどのように決まるのかを考える必要が出てくる．そこで局所密度も独立した変数と考えてそれが従う微分方程式を導き，両者を連立することが考えられる (Harada & Iwasa, 1994)．第 5 章：付録にある計算をすると次の式が導かれる．

$$\frac{d\rho_0}{dt} = -b\rho_0 + \left(d + \delta \frac{1 - q_{0/0}}{1 - \rho_0} \rho_0\right)(1 - \rho_0) \tag{5.3a}$$

$$\frac{dq_{0/0}}{dt} = -q_{0/0}\left(\frac{d}{\rho_0} - \left(b + d - \delta\left(1 - q_{0/0}\right)\right)\right) \tag{5.3b}$$

$$- 2b + 2\left(1 - q_{0/0}\right)\left[d + \delta\left\{\frac{1}{4} + \frac{3}{4}\left(1 - q_{0/0}\right)\frac{\rho_0}{1 - q_{0/0}}\right\}\right]$$

(5.3b) 式にある 4 は各サイトの隣接サイト数である。この式を導くにあたっては近似が入っている。というのも，きちんと計算すると近傍でつながる 3 つのサイトに関連した量が含まれてくるからである。この 3 サイト間の相関を 2 つのサイトの相関の組合せで近似することによって，全体密度 ρ_0 と局所密度 $q_{0/0}$ だけで閉じた力学を作るのだ（第 5 章：付録参照）。これはペア近似とよばれる (Matsuda et al., 1992)。図 **5.7** に示すように全体でのギャップの割合やギャップの隣がギャップである割合など定量的にもかなりうまく予測することができる。

バロコロラド島の 50 ha プロットについて 10 数年にわたる植生の高さを追跡した地図データを解析すると，ギャップ形成が周りにあるギャップサイトの数によって増大するだけでなく，ギャップからの回復率は林冠サイトの数とともに速くなることがわかった (Satake et al., 2004)。

5.4　病気による宿主植物の絶滅

次に植物に伝染する病気のモデルを考えてみよう (Sato et al., 1994)。例によって植物は格子状の生息地に生育し，地下茎などの広がる範囲や種子の散布範囲が狭いことによって隣の格子に空いた場所がある場合にしか子どもが増やせないとする。その結果，固まって生育する傾向が自然に出てくる。

さてそのような植物の集団に，菌類によって引き起こされる病気が入ってきたとしよう。その病気は感染個体のすぐ近くにいる個体にしか感染しないとする。そして病気に感染した個体は栄養を搾取されて子どもを残す能力はなくなるけれども生存率は低下しないとする。宿主植物の生存率が低下しないことは，菌類の都合で考えると大変都合がよい。というのも，感染した植物がすぐに枯れてしまえば病原体は次に広がることができないのだから。

さて，この系で病原体がはびこって植物が絶滅するようなことはありうるだろうか？　一番簡単には，次のモデルを考えることができる。

第 5 章 生態学での格子モデル

$$\frac{d\rho_1}{dt} = r(1 - \rho_1 - \rho_2)\rho_1 - \beta\rho_1\rho_2 - d\rho_1 \tag{5.4a}$$

$$\frac{d\rho_2}{dt} = \beta\rho_1\rho_2 - d\rho_2 \tag{5.4b}$$

サイトは3種類あり，健康な植物が占めているサイトを1，病気に感染した植物が占めているサイトを2，空白サイトを0としておく．それぞれの占める割合を ρ_1, ρ_2, $\rho_0(= 1 - \rho_1 - \rho_2)$ と表す．(5.4a) 式は健康な植物が占めるサイトの割合の変化を表す．右辺第1項は，健康な植物のサイトが，ほかの空白サイトに r の速度で繁殖をすることを示している．この速度は空白サイトがなくなると減少してくる．第2項は，感染した個体から健康な植物に病気が感染することを示す．第3項は死亡を示す．(5.4b) 式は感染個体の占める割合の変化を表す．右辺第1項は感染，第2項は死亡を示す．ここで考えている病原体は宿主個体の死亡率は変化させないとしたので，両方の式の死亡率は同じである．また感染個体は繁殖力を失うので，直接繁殖することは考えていない．

(5.4) 式は，典型的な感染症動態のモデルである．宿主植物が生育しているところに病原体が侵入してきたとすると，病原体が侵入できて，宿主と共存する状態が安定になる場合と，そもそも病原体が侵入できない状況のいずれかが現れる．しかし病原体が侵入して，宿主とともに両方とも滅びて空白だけが残るということは (5.4) 式において生じない．(5.4b) 式を調べると，$\rho_1 < d/\beta$ という状況では，感染個体数が時間とともに減少することがわかる．だから病気にかかっていない植物が占めるサイトの数 ρ_1 が d/β よりも小さくなると病原体が先に減少をしてしまうため，病原体は宿主を滅ぼすことができない．

だから植物個体の空間分布構造を考えない (5.4) 式のような疫学モデルでは，病気が流行できないかまたは病気と寄主植物とが共存するかのどちらかしか起きないのである（演習問題 5.1）．

ところが格子モデルでは結果がまったく違ってくる．シミュレーションをしてみると，宿主植物の集団に病気が侵入できたとすると，その後あっという間に広がって，ついには宿主植物を滅ぼしてしまう結果になることが多い．格子モデルでは，宿主植物の全体密度が低くなっても固まる傾向のために，残った植物の近くには他個体が見つかりその結果病気が感染してしまうからだろう．

図 **5.8** のパラメータ範囲では，横軸は死亡率を，縦軸は病気の伝播率を表し

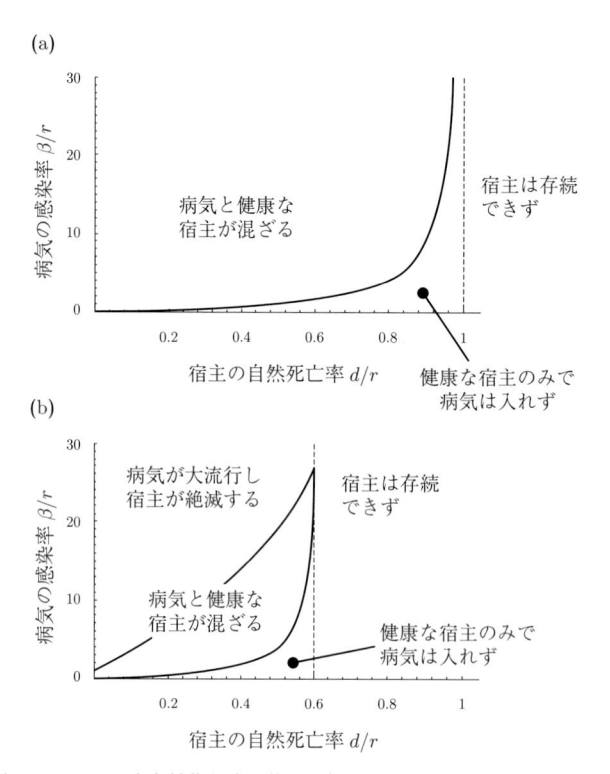

図 5.8 格子モデルによる宿主植物と病原体の動態の結果。(a) 完全混合モデル。宿主が安定に存在しているところには，病気は感染力の不足で侵入できないか，もしくは病気が侵入できて宿主と共存する（風土病）かのいずれかである。侵入した病気が宿主を滅ぼすことはない。(b) 格子モデル。空間構造ができるために侵入した病気が大流行ののちに宿主を滅ぼし，後は空白になるというパラメータ領域が広く現れる。(Sato et al., 1994 JMB; Fig. 2)

ているが，両方とも繁殖率との比率で表してある。図 **5.8a** では完全に混合した場合を示している。つまり平均場近似によるものである。これでは死亡率が高すぎると病気があろうがなかろうが植物は生育できない。死亡がある程度低いと植物が生育できるが，その密度が低すぎるので病気は侵入できない。死亡率が小さく，また病気の伝播率が高くなると，病気があるレベルで安定に維持される領域に入る。

さて，図 **5.8b** には格子モデルでの相平面が示されている。これは（少し修正を加えた）ペア近似による予測である。完全混合の場合と比較すると，植物が

生育できるための最大死亡率はより低く，つまり生育条件は厳しくなっている。格子モデルでは植物は固まる傾向があるために，たとえ全体密度は低くなっても周りのある割合のサイトは埋まっていて繁殖に使えないからである。図 **5.8a** と同じように健康な植物だけが生育できるパラメータ領域，それから病気があるレベルで存続できる領域があるが，さらに感染率が高まると，両者ともに絶滅するという広い領域が現れてくる。これが，病気の侵入による宿主の絶滅を示すものである。そしてこの予測は，直接の計算機シミュレーションによっても確かめることができる。

　これまでの疫学理論では，宿主の植物が生育しているところに病気が侵入して滅ぼす可能性は，病原体がほかの生物をも宿主としている場合や昆虫などによって病気が媒介される場合について考えられてきた。ここで紹介した格子モデルの結果は，空間構造があればそれだけで病気による宿主の絶滅が生じることを示しており，空間構造を無視したモデルでは間違った結論を導くおそれがあることを示唆している。

5.5 化学戦争をするバクテリア

　植物などが毒物質を分泌することで周りの環境を悪くし，競争者であるほかの植物の生育を抑制するという現象が知られており，これをアレロパシーという。このとき毒を作る植物の成長速度は，何も作らない植物に比べて遅い。毒を作るのにコストを払っていると解釈ができる。

　バクテリアにも同様な行動が見られる。生物学の実験でよく用いられる大腸菌は哺乳動物の腸内にすむバクテリアである。それにはコリシンという毒を作って近くにいる大腸菌を殺すタイプ（コリシン生産性菌）と毒を作らないタイプ（コリシン感受性菌）とがある。コリシン生産性菌自身は免疫タンパク質をもっていてコリシンに対して耐性がある。コリシン生産性菌はコリシンをばらまき，周りのコリシン感受性菌を殺し，その後に増殖しようとする。しかし一方で，コリシンを作るのにコストがかかるために成長速度は遅い。

　このような両者を，常に撹拌する液体培地で育てると，競争の結果は初期の

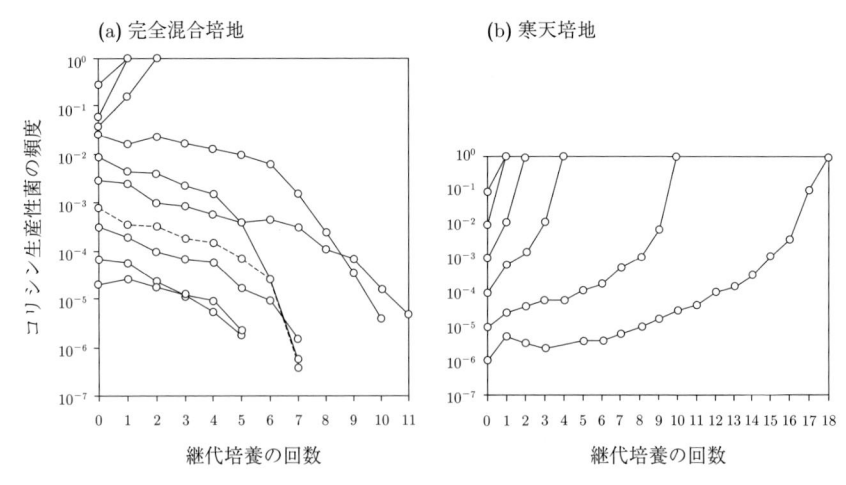

図 5.9 コリシン生産性菌とコリシン感受性菌の競争結果。(a) よく撹拌した液体培地では，生産性菌が勝つかどうかは初期濃度により変わる。密度が少ないと感受性菌に負ける。(b) 寒天培地では，どのように低い初期濃度からでも生産性菌が勝つ。これは両者の間の競争の結果が空間構造によって変わることを示している。(Chao & Levin, 1981 *PNAS*; Fig. 1, Fig. 2)

相対密度によって違ってくる（**図 5.9a**）。つまりコリシン生産性菌とコリシン感受性菌は，最初に圧倒的に数の多いほうが勝って相手を排除するのだ。どうしてだろうか？ それはコリシン感受性菌がほとんどを占める培地にコリシン生産菌がごくわずかだと，コリシンの効果は薄く増殖が遅いために後者は栄養の競争に負けてしまうからである。しかしコリシン生産性菌の初期密度が高いと違ってくる。頻度が高いとコリシンが十分に効くために感受性菌を効率よく殺すことができるからである。

ところが，2次元である寒天培地で行うと，この競争の結果はまったく異なる (Chao & Levin, 1981)。初期頻度にかかわりなくコリシン生産性菌が広がるのだ（**図 5.9b**）。最初にばらまかれたバクテリアは寒天培地の上でそれぞれにコロニーを作る。コロニーは1つのバクテリアから分裂したできたものの集まりなのですべて同じタイプからなっている。ということは，全体密度が低い生産性菌も局所的には高い密度が実現でき，そこでは有利になるからである。

このことは格子モデルによって解析し，ペア近似にもとづいて侵入条件を計算することができる (Iwasa *et al.*, 1998)。ペア近似は今の例ではサイトに3種

類あるので，全体密度も3種類ある（ρ_0, ρ_1, ρ_2）。局所密度は9種類ある（$q_{0/0}, q_{1/0}, q_{2/0}, q_{0/1}, q_{1/1}, \ldots, q_{2/2}$）。しかしこれらのうち5つだけが独立で，うまく選ぶと5変数の閉じた力学系ができる（第5章：付録参照）。そして確かにごく少数の個体数からスタートしてもコリシン生産性菌は広がることができるのである。

生態学において空間構造を作らせなかった場合と自然に作らせるに任せた場合とで競争の結果が異なるということは，大型の動物や植物でも生じると考えられる。しかしそれを実験的に示すことはなかなか困難であろう。その意味ではこのバクテリアの液状培地と寒天培地との違いは，生態学における空間構造の重要性を明示する重要な例である。

格子モデルの力学は，統計物理学の相転移現象の研究者によっても盛んに研究されてきた。物理学のモデルでは，人間が観測できるものはマクロ量の平均値や揺らぎであり，ミクロな過程を見ることができない。これに対して，生物学の格子モデルは時間スケールでゆっくりしており空間スケールでもはるかに大きい。そのために個々の要素（樹木や細胞）の状態変化を逐一追跡することができ，物理学とは異なる解析が可能になる。

第5章：演習問題

演習問題 5.1

(5.4) 式のモデルにおいて，$\rho_1 \geq 0$ と $\rho_2 \geq 0$ の領域での平衡状態を求め，それらの局所安定性を調べよ。$1 - d/r > d/\beta$ の場合とその逆の場合で分けよ。アイソクライン法を知っているときには，相図の概形を描け（巌佐, 1998）。

● 参考文献の追加

生態学での格子モデルの例としては，Hassell *et al.* (1991) がある。寄生蜂と宿主昆虫のダイナミックスが空間構造がないと不安定ですぐに絶滅するが，空間構造を考慮して隣のサイトにランダムに移動すると仮定したモデルでは，時空間動態ができて共存できることに注目した。

空間構造があると生態学的なモデルの挙動が変わることを Durrett & Levin

(1994a, 1994b) が強調した．その後，空間生態学とよばれる分野に発展した．本章で紹介したペア近似は，生物学で用いられたのは日本での取り扱いが最初である (Matsuda *et al.*, 1992)．その後，連続空間の中で個体が点の位置を示す場合についても同様な取り扱いが発展した．これは Dieckmann *et al.* (2000) に詳しく紹介されている．またサイトが2次元格子に並ぶのではなく，ネットワークの形にサイト同士がつながっているモデルが，HIV などの性感染症の広がりを計算するために発展し，そのときにペア近似が使われている．

第5章：付録　ペア近似の計算

森林のモデルにおいてペア近似計算をしてみよう。今，正方格子に並んでいる状態がギャップサイト0もしくは林冠サイト1のいずれかであるとする。全体のなかでギャップサイトおよび林冠サイトが占める割合を ρ_0 および ρ_1 と書く。ρ_0 および $\rho_1 = 1 - \rho_0$ である。

単位時間にギャップサイトから林冠サイトに変化する速度は b とする。逆に林冠サイトからギャップサイトに移る確率は，一定ではなくその林冠サイトの周りにあるギャップサイトの数 $n(0)$ とともに増大する。それで $d + \delta \frac{n(0)}{4}$ とする。すると全体のなかでのギャップサイトの割合は，次の式に従って変化する。

$$\frac{d\rho_0}{dt} = -b\rho_0 + \left(d + \delta q_{0/1}\right)\rho_1 \tag{5.5}$$

右辺第1項は，ギャップサイトが回復してギャップでなくなってしまうプロセスを表す。第2項は，林冠サイトがギャップサイトになる速度である。後者のスピードは林冠サイトの周りにいくつのギャップサイトがあるかによって影響を受ける。その割合は「林冠サイトの隣にあるサイトがギャップである割合」という量 $q_{0/1}$ によって表すことができる。$q_{0/1}$ は，隣が1であるとい条件付きでギャップサイトである割合なので，条件付き確率である。

隣り合うサイトは相関があるので，$q_{0/1}$ は条件なしの確率 ρ_0 とは異なっている。しかしこれを同じだと単純化してしまうと，(5.5)式は本文中の(5.2)式のような簡単な微分方程式になる。これが平均場近似である。

平均場近似をしないとすると ρ_0 だけでは閉じた力学系にはならないので局所密度 $q_{0/0}$ のように，隣り合うサイトの状態相関に関わる量が必要になる。この微分方程式を考える。

より一般に「状態 j であるサイトの隣が状態 i である確率」というものを $q_{i/j}$ のように表す。するとこれは条件付き確率であるので，

$$q_{i/j} = \frac{\rho_{ij}}{\rho_j} \tag{5.6}$$

と表せる。ここで ρ_{ij} というのは，隣り合う2つのサイトをとるとき，第1サ

イトが状態 i で第 2 サイトが状態 j である確率を示す．この式は，

$$q_{i/j}\rho_j = q_{j/i}\rho_i$$

$$\sum_i q_{i/j} = 1, \quad \sum_i \rho_i = 1$$

を満たす．これらをもとに，たとえば 0 と 1 の 2 状態のときには次の式が成立する．

$$\rho_1 = 1 - \rho_0, \quad q_{1/0} = 1 - q_{0/0}, \quad q_{0/1} = \frac{\rho_0}{\rho_1}q_{1/0} = \frac{\rho_0}{1-\rho_0}\left(1 - q_{0/0}\right),$$

$$q_{1/1} = 1 - \frac{\rho_0}{1-\rho_0}\left(1 - q_{0/0}\right) = \frac{1 - \rho_0 - \rho_0\left(1 - q_{0/0}\right)}{1-\rho_0} = \frac{1 - 2\rho_0 + q_{0/0}\rho_0}{1-\rho_0}$$

つまり 0 と 1 とに関するすべての量は ρ_0 と $q_{0/0}$ との組合せで表すことができる．

さて (5.6) 式を微分することにより

$$\frac{d}{dt}q_{0/0} = -\frac{1}{\rho_0^2}\frac{d\rho_0}{dt}\rho_{00} + \frac{1}{\rho_0}\frac{d\rho_{00}}{dt}$$

が得られる．右辺第 1 項は (5.5) 式よりわかる．第 2 項の微分は隣り合う 2 つのサイトがともにギャップ 0 である確率の時間変化を表す．それは次の式に従う．

$$\frac{d\rho_{00}}{dt} = -2b\rho_{00} + \left(d + \delta\left\{\frac{1}{4} + \frac{3}{4}q_{0/10}\right\}\right)2\rho_{01}$$

この式は，ギャップのペアが壊れる速度と作られる速度を表している．右辺第 1 項は 2 つあるギャップサイトのいずれでも回復するとギャップペアでなくなることを示す．サイトあたりの回復速度が b である．第 2 項は，第 1 サイトと第 2 サイトが 01 もしくは 10 というもの（確率が $2\rho_{01}$）のなかで 1 のサイトがギャップに変化するときに 00 ペアとなることを示している．この 1（林冠サイト）がギャップになる速度は $d + \delta\frac{n(0)}{4}$ で与えられるように隣接 4 サイトのうちのギャップである割合によって増大する．4 つの隣接サイトのうち，すでに 1 つは 0 であることが確定している．残りの 3 サイトについてはいずれの可能性もある．それらが 0 である割合は $q_{0/10}$ となる．「1 の隣に 0 があり，そのときに 1 の別の隣が 0 である確率」である．しかしこの量は 3 つのサイトについての量になっている．これもきっちり計算するとさらに 4 サイト，5 サイト

第 5 章 生態学での格子モデル

というように数多くのサイトの状態の相関に関わる量が出てきてしまう。そこで,「1 の隣に 0 があり,そのときに 1 の別の隣が 0 である確率」を,「1 の隣が 0 である確率」に置き換える。つまり,2 つの量の違いは小さいと考えて $q_{0/10}$ を $q_{0/1}$ に置き換えるのが「ペア近似」である。

状態が 0 と 1 という 2 状態のときには,ρ_0 と $q_{0/0}$ との組合せで表せた。サイトが取りうる状態が 3 つあり,0, 1, 2 のときには,全体密度が 3 つ (ρ_0, ρ_1, ρ_2),局所密度が 9 つ ($q_{0/0}, q_{1/0}, q_{2/0}, \ldots, q_{2/2}$) あるが,これらのなかで独立なものは 5 つある。ほかの変数はこれら 5 つによって表すことができる (Iwasa *et al.*, 1998)。

第6章
樹木の一斉開花・結実とカオス結合系

時間が離散的で，ある時点の状態から次の時点の状態を関数で計算するモデルのほうが，微分方程式のような連続時間のモデルよりもふさわしい状況がある。そのようなモデルはごく簡単なモデルでありながら，とても複雑で将来が予想しにくい挙動，いわゆるカオスを示すことがある。本章では，カオスを示す力学系とそれが多数結合した系の挙動について説明しよう。例として，森林の樹木が広い範囲で同調して繁殖する一斉開花・結実現象を取り上げる。

6.1 離散時間の力学

生物学に現れるもっとも簡単なモデルに，昆虫や魚などの個体数の変遷を表す次のものがある。

$$N_{t+1} = N_t e^{r-bN_t} \tag{6.1}$$

ここで N_t は t 年めの個体数を表し，N_{t+1} は翌年における個体数を表す。もし $N_{t+1} = N_t e^r$ だけだと個体数は毎年 e^r 倍になる。つまり等比数列を描いて増大する。しかし密度が高くなると餌の不足や病原体の蔓延もあり増殖率が落ちてくるだろう。そのことを $-bN_t$ が表している。

(6.1) 式の右辺を N_t の関数とみると $y = xe^{r-bx}$ となる。それをグラフに描くと，ピークを1つもつ曲線になる（図 **6.1**）。翌年の個体数 N_{t+1} は，今年の

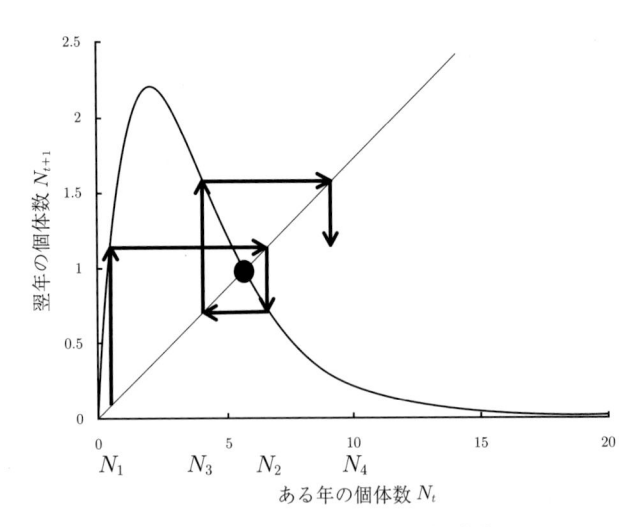

図 6.1 リッカーモデル (6.1) 式で与えられるモデルの挙動。曲線は，$N_{t+1} = F(N_t)$ のグラフ。これはリターンマップともいう。直線は $N_{t+1} = N_t$ を示す。N_t の値を横軸にとり，そのときの曲線の高さが N_{t+1} である。それを $N_{t+1} = N_t$ の直線を使って横軸に戻すと N_{t+1}，つまり次の時間ステップでの値が得られる。図に示すように縦と横にグラフをたどることでモデルの挙動を理解することができる。

個体数 N_t が小さいときも大きすぎるときも小さく，中間の N_t のときに最大になる。

このモデルに従って昆虫の個体数がどのように変動するかを調べてみよう。その挙動は r によって違っている。r が小さいときには，個体数はゆっくりと増えていき，最後は平衡状態に近づいていく。系の平衡状態は $N_{t+1} = N_t$ とおくことによって計算できる。(6.1) 式で $N_t = N_{t+1} = \hat{N}$ とおくことで $\hat{N} = 0$ と $\hat{N} = \frac{r}{b}$ の 2 つがあることがわかる。図 **6.1** のようなグラフでは，曲線 $y = xe^{r-bx}$ と $y = x$ という原点を通る傾き 1 の直線との交点である。

この近づき方は，第 1 年めの個体数 N_1 を横軸の値にとると，そのときの曲線 $y = xe^{r-bx}$ の高さが N_2 になる。次に $y = x$ を利用して N_2 の値を横軸に戻すと，その横軸の値に対応する曲線の高さが N_3 となる。このような操作を繰り返すと，曲線 $y = xe^{r-bx}$ のグラフと直線 $y = x$ のグラフを交互に使って，軌道を調べることができる。

正の平衡状態 $\hat{N} = \frac{r}{b}$ は，r が小さいときには安定で，軌道は単調に平衡状態

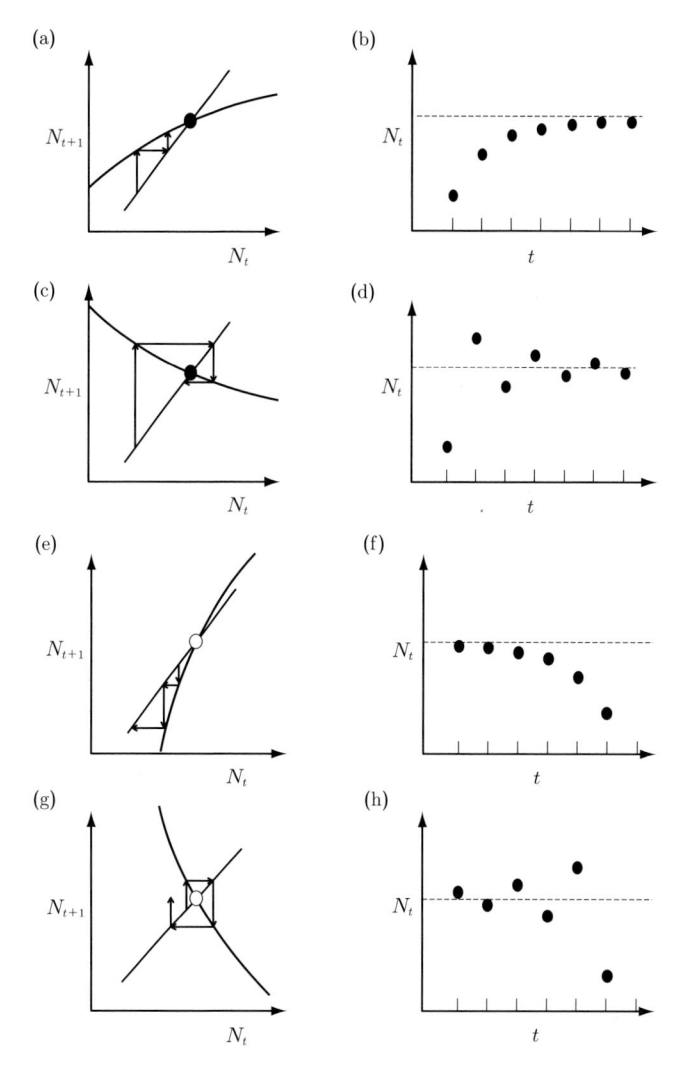

第 6 章　樹木の一斉開花・結実とカオス結合系

図 6.2　リターンマップと平衡状態近くでの挙動。(a), (c), (e), (g) は $N_{t+1} = F(N_t)$ のグラフ。直線は $N_{t+1} = N_t$ を示す。両者の交点が平衡状態である。黒が安定，白が不安定な平衡状態を表す。(b), (d), (f), (h) はそれぞれに対応する N_t の時間変化を示す。平衡状態での曲線の傾き dF/dN によって，平衡状態に収束するか発散するか，また変化が単調か行き過ぎによる振動が生じるかが判別できる。詳しくは第 6 章：付録を参照。

に近づく．しかし r が大きくなると，平衡状態に近づくときに，その値を行き過ぎてしまうようになる．つまり個体数は最終的な平衡状態よりも大きな値と小さな値とを交互にとりながら収束する（第 6 章：付録参照）．

さらに r が大きくなると，単に行き過ぎが起きるだけでなく，その程度が激しいために平衡点には収束せずにいつまでも振動し続けるようになる．このとき個体数は 2 年おきに上下する変動をする（**図 6.2**）．

このように r の増大に伴って，「平衡状態に単調に収束」から「行き過ぎながら収束」，さらには「収束せずに振動し続ける」というように変化する．それらの境目になる r の値は，平衡状態の安定性を区別するもので，$F(x) = xe^{r-bx}$ の微係数の値 $\frac{dF}{dx}$ から計算することができる（演習問題 6.1）．

6.2　カオスとリアプノフ指数

r がしだいに大きくなると平衡状態が不安定になり，軌道が収束しなくなったばかりのときには，最初は 2 年おきの周期で振動する．さらに r が大きくなるとこれが 4 年周期の振動になる．もう少し進むと 8 年周期，16 年周期というように周期が 2 倍になっていく．そしてある値を超えるとカオスとよばれる状態が始まる．

カオス状態では，個体数 x_t は周期をもたず，いつまでも変動し続ける．カオスを数学的に特徴づけるやり方にはいくつかあるが，ここではもっともわかりやすい「リアプノフ指数」を紹介しよう．

まず，それぞれが $N_{t+1} = F(N_t)$ に従って変化し続けるとする．(6.1) 式では $F(x) = xe^{r-bx}$ である．ここでこのモデルに従って変動する時系列 $\{N_1, N_2, \ldots, N_t, \ldots\}$ を考える．さて，もう 1 つ別の集団があって，最初の値がごくわずか違っていたとする．同じモデルに従って変動の時系列を作る．2 つの時系列の最初の違いはわずかだが，時間が経つにつれ違いが平均的に拡大する傾向にあるのか，狭まる傾向にあるかが問題になる．その程度を表すのが次のリアプノフ指数である（演習問題 6.2）．

第 6 章　樹木の一斉開花・結実とカオス結合系

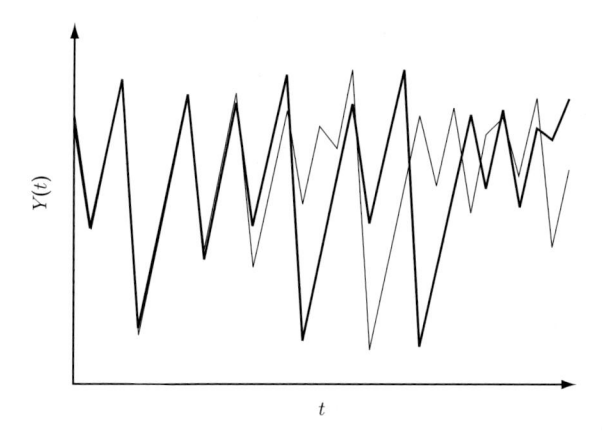

図 6.3　正のリアプノフ指数とカオス。リアプノフ指数は非常に近い初期状態をもつ 2 つの系を追跡したときに，それらの違いがしだいに拡大していく傾向を定量化したものである。モデルが安定な平衡状態や周期解（サイクル）に収束する場合には，リアプノフ指数は負になる。リアプノフ指数が正のときには，初期にごくわずかな違いであってもそれが拡大し，2 つの系の挙動がまったく異なるようになる。この状況をカオスという。リアプノフ指数が正のときには同調することが困難である。

$$\lambda = \lim_{T \to \infty} \frac{1}{T} \sum_{t=1}^{T} \log \left| \frac{dF}{dN}(N_t) \right| \tag{6.2}$$

　もとの力学 $N_{t+1} = F(N_t)$ が，安定な平衡状態に収束していくような時系列を作り出すとしてみよう。すると，それに沿って計算したリアプノフ指数は負になる。というのも初期値が違っていてもいずれも同じ安定平衡状態に収束していくため，両者の違いは時間とともになくなっていくからだ。

　周期が 2 の変動に収束する場合はどうだろうか？　これも同じである。初期値の違いがわずかであれば，時間が経つと 2 つの系の値は同じものにそろって変動するようになる。これは周期がもっと長くても同じである。そのため周期解に収束するような時系列のリアプノフ指数も負である。

　ところが，モデルによっては正のリアプノフ指数をもつような場合がある。すると初期値がごくわずかしか違わなくても，それらの違いは時とともに拡大していき，最終的にはまったく異なる値になる（**図 6.3**）。このような解は，周期解には収束しない。だからその時系列は，平衡状態にも周期解にも収束せず，いつまでも変動し続けるのだ。このような正のリアプノフ指数をもつことをカ

オスという。初期状態が少しでも異なると将来はまったく違った値になるのだ。だから遠い将来の予測はできない。(6.1) 式は写像もしくは差分方程式といわれるもので，ある年の値から翌年の値を計算するようになっている。微分方程式であっても変数の数が3以上になるとこのようなカオスをもたらす可能性がある。

　カオスを示す系の多数が互いに相互作用し合うと，全体としてもっと複雑な挙動を示すのだろうか。次節では，森林生態学の例をとってカオス結合系について話してみたい。

6.3　ブナの一斉開花・結実現象と結合マップ系

　森林の樹木は成熟齢に達しても，毎年花を咲かせてドングリなどを実らせるわけではない。典型的な例は日本の冷温帯林に広がるブナである。豊作年には本当に多くのドングリが作られるが，その後しばらく凶作が続き，数年後に再び豊作年がやってくる（図 6.4）。豊作年は5年おきというように決まっているわけではなく，あるときには3年の間隔，あるときは6年の間隔というように不規則な面がある。また数県程度の広がりで同調して豊作を迎えるが，東北地方全体で見れば同調してはいない。

　樹木の豊凶については，生態学的研究がさかんになされてきた。そのほとんどは，ほかの木と同調して繁殖することには樹木にとってどのような適応的意味があるのか，つまりなぜ有利なのか，という問いであった。もっともよく支持されているのはネズミなどの種子捕食者の影響である。同時に実を作ると捕食者が食べ切れなくなり，よって種子の一部が生き残ることができるというものだ。ここではそれとは違って，どのようにして異なる樹木個体がそろって繁殖できるのかという同調機構の問題を考えてみよう。

　個々の樹木は光合成によってエネルギーを蓄積し繁殖によって使い果す。その貯蔵量を追跡する資源収支モデルを井鷺らが提案した (Isagi *et al.*, 1997)。樹木は繁殖のための閾値があるとする。また資源が蓄積してその値を超えた場合にその分に比例して花を咲かせると考える。その後に実をつけることになるが，そのコストが大きいと貯蔵量が大きく減り，回復するには数年かかることにな

第 6 章　樹木の一斉開花・結実とカオス結合系

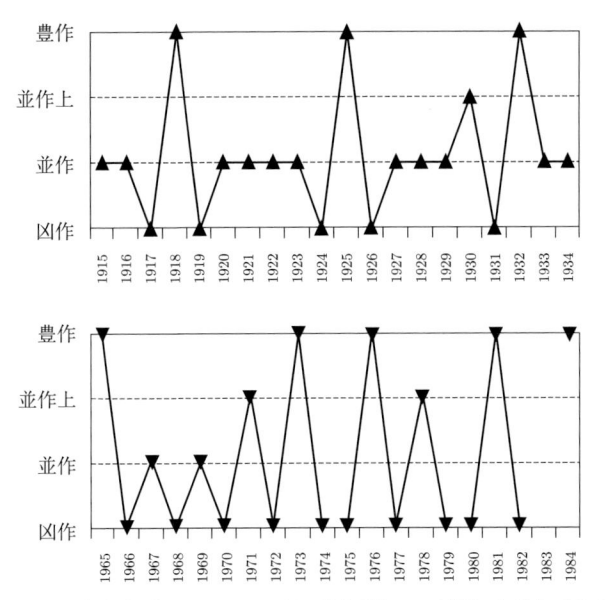

図 6.4　1915〜1934 年および 1965〜1984 年のそれぞれ 20 年間におけるブナの結実階級による豊凶記録。(箕口，1995『個体群生態学会会報』; 図 2)

る。また，実をつけるときには，ほかの樹木がつけた花から花粉を受け取ることが必要である。この花粉制約が強いと，異なる樹木は同調して繁殖する傾向がでる。

　これは結合マップ系とよばれるモデルである (Kaneko, 1984, 1990)。それぞれの樹木のエネルギー貯蔵量の変化を示す式を考える（この導出については演習問題 6.3 を参照）。そして変数変換を行うことでモデルを無次元化する。$Y_i(t)$ が無次元化した i 番めの樹木の貯蔵量で，その変化の式は，

$$Y_i(t+1) = \begin{cases} Y_i(t) + 1 & \text{if } Y_i(t) \leq 0 \\ -kP_i(t)Y_i(t) + 1 & \text{if } Y_i(t) > 0 \end{cases} \quad (6.3\text{a})$$

と書くことができる。$Y_i(t)$ が正のときに樹木は花をつけ，負のときはつけない。花をつけない年 ($Y_i(t) \leq 0$) には光合成の稼ぎはそのまま貯蔵されるだけである。花をつけると ($Y_i(t) > 0$) 花や果実を作るためにコストがかかり，資源の貯蔵量が減る。もし 1 年分の稼ぎよりも多くを使って繁殖をすると，以後数年間，もとのレベルに回復するまで繁殖を休むことになる。これが，森林の樹

木が毎年ではなく間をおいて繁殖活動をする基本的な原因である。

(6.3a) 式の k は繁殖時の資源減少に関する係数で，果実への投資量と花への投資量の比率に関係している．果実が大きいほど k が大きい．ブナの場合には 4 と 6 の間の値と推定されている．

(6.3a) 式にある $P_i(t)$ は花粉の受け取りやすさを反映する因子であり，森林におけるほかの樹木の開花割合によって決まる．

$$P_i(t) = \left(\frac{1}{N-1} \sum_{j \neq i} [Y_j(t)]_+ \right)^\beta \tag{6.3b}$$

ほかの樹木が最大量の花をつけているときには $P_i(t)$ の最大は 1 で，誰も花をつけないと最小の 0 になる．

β が 0 に近いと $P_i(t)$ は 1 に近い．ほかの樹木が少しでも花を咲かせていると花粉の不足が生じないことを示す．逆に β が大きいとほかの樹木の繁殖活動が強いときでないと結実が進まないことを意味する．β は花粉の不足することの重要性を示すパラメータである（図 **6.5**）．

まず十分に花粉が手に入る状況を考えると，$P_i(t) = 1$ となるので，モデルは非常に簡単になる．樹木はほかの樹木の挙動には影響されない．ある年の $Y_i(t)$ と，翌年の $Y_i(t+1)$ とを描くと，図 **6.5** にあるように尖ったリターンマップになる．

グラフの左側 $Y < 0$ では傾きが 1 である．これを満たす蓄積量をもつ 2 本の樹木は繁殖せず夏の稼ぎで同じように増えるため，それらの違いは変化しない．グラフの右側 $Y > 0$ では傾きが $-k$ である．これは花を咲かせる状況に対応している．ここで繁殖による貯蔵資源の減少係数 k によって様子が異なる．

$k < 1$ であると，開花するごとに樹木間の違いは小さくなる．そして長い年月が経つと違いがなくなり最終的に同じ平衡状態に収束する．

これに対して $k > 1$ であると，花が咲いた年には 2 個体の間の違いは前年よりも大きくなる．その結果リアプノフ指数は正でありカオスになる．今 2 本の樹木があったとして，$k > 1$ で花粉の不足がない（$\beta = 0$）としよう．リアプノフ指数が正だから，最初の値が非常に近かったとしても，年とともに違いは拡大していき，数年後には互いに独立に見えるように振る舞う．だから花粉が十分にある状況では，ブナ林などで見られる樹木の同調繁殖は不可能なのだ．

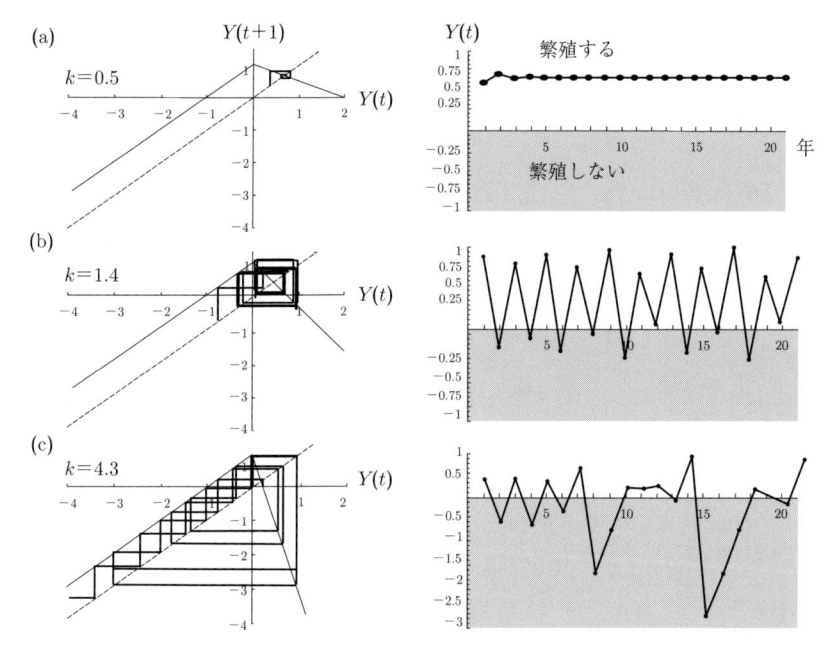

図 6.5 花粉の制約がない場合 ($\beta = 0$) の資源量の変動。左にリターンマップ，右に時系列を示した。(a) 資源消費係数 k が 1 より小さいと安定平常状態に収束する。樹木は毎年繁殖する。(b) k が 1 より大きいと変動し続ける。リアプノフ指数が正であり，周期的ではなくカオスになる。繁殖は途中に間をおいて行われる。(c) k が大きいと繁殖の間隔が長くなる。

6.4 花粉結合

　花粉の不足によってできる果実の量に違いがあると，異なる樹木を同調させる効果がある（図 **6.5**）。このことをわかりやすくするために，多数の樹木のうち 1 本だけが花をつけている状況を想像してみよう。その樹木はほかの個体が花をつけないために十分には果実を実らせることができない。その結果，果実がつかないので資源の減少を経験せず，翌年にはまた多量の花をつける。翌年もほかの個体が花をつけないと，さらにその翌年というようにつけ続けて，ほかの多くの個体が開花した年に一緒に果実をつけて資源減少を同時に経験する

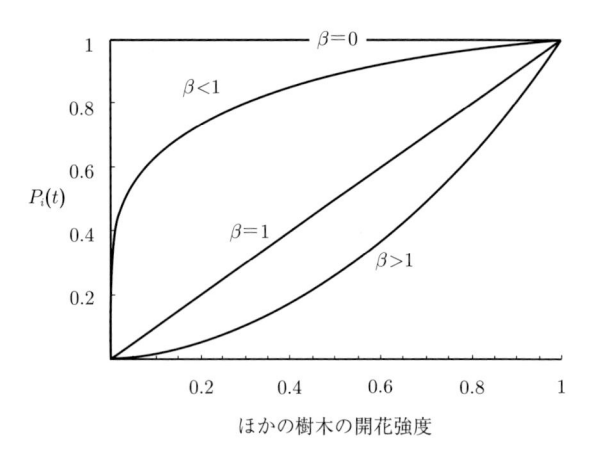

図 6.6 花粉制約を示す因子 $P_i(t)$。ほかの樹木による花粉がないと果実が実らないため，森林の他個体の開花活動が少ないと資源の大きな消費も生じない。このことが樹木間での同調をもたらす。花粉不足の制約が強いとき（β が大）には，他個体の開花がきわめて強くないと果実ができない。花粉不足の制約が弱いとき（β が小）には，他個体の開花に関わらず繁殖が行われる。β は花粉結合の強さとよぶ。

ことになる。

　他個体のつける花粉が必要であるという制約があるときに異なる樹木が互いに同調する傾向が出てくることを，花粉結合という。(6.3b) 式にある β は，この花粉結合の強さを表している。β がごく小さくてゼロだとすると，森林の樹木は，他個体が繁殖するかどうかによらずそれぞれ互いに独立に振る舞う。逆に β が大きいと，大多数の樹木が開花したときにはじめて結実ができるという意味で，樹木は互いに強く影響し合うことになる（図 **6.6**）。

　モデルに含まれるパラメータは，繁殖による資源減少係数で樹木の資源動態のカオスの強さを表す k と，樹木間の花粉結合の強さ β の2つだけである。これらのパラメータにより相図を描くことができ，5つの相に分けることができる（図 **6.7**）。

[1] 毎年繁殖相：$k < 1$ であるために個々の樹木が毎年繁殖を行う。森林全体でも一定の率で開花や結実が見られる。

　毎年繁殖相以外のところ，つまり $k > 1$ では，個々の樹木の繁殖は一定ではない。ある年に繁殖した樹木は資源の回復をするために数年の時間を必要とす

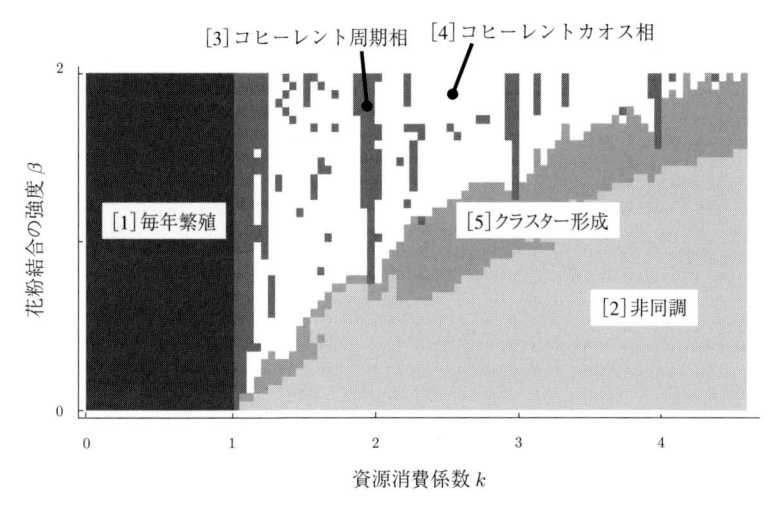

図6.7 モデル (6.3) 式の相図。両軸はカオスの強さを表す資源消費係数 k と花粉結合強度 β。$k < 1$ ではすべての樹木が毎年繁殖する。$k > 1$ では樹木は間をおいて繁殖するが，樹木間で同調するかしないかは，2つのパラメータの相対的強さによる。カオスの強さ k が結合の強さ β に比べて強いと樹木はバラバラに繁殖する。森林としては一斉開花はみられない。逆にカオスの強さよりも花粉結合が強いと森林の樹木がすべてそろって繁殖するコヒーレント相になる。このとき繁殖レベルの時系列がカオスになる場合と周期解になる場合がある。k が整数に近いときには，森林全体が周期的振動をするようになり，リアプノフ指数は負になる。そうでないときにはカオス的変動をする。(Satake & Iwasa, 2000 *JTB*; Fig.5)

る。しかし森林全体として同調するかどうかは，カオスの強さ k と花粉結合の強さ β とのバランスによって決まる。カオスの強さ k が結合係数 β に比べて大きいときには樹木がバラバラになり，逆に β が k に比べて大きいときには，同調して繁殖する。この様子はさらに4つの相に分けることができる。

[2] 非同調相：β が k に比べて小さいときには，どの2個体も同じ値をとることがない。つまり同調はしない。典型的な状況では，森林では毎年いくらかの樹木が花をつけて結実させる。翌年は前年に花が咲いた樹木は休み別の木が花を咲かせるが，森林全体ではほぼ同じだけの花粉が得られ果実が生産される。

[3][4] コヒーレント相：β が k に比べて大きいときには，森林全体が完全に同調する。$Y_i(t)$ がすべての個体 i についてそろっているということである。このときには，そろった全体の繁殖がカオスの場合と周期的な場合とがある。よっ

(a) $\beta=0.0$ (b) $\beta=2.0$

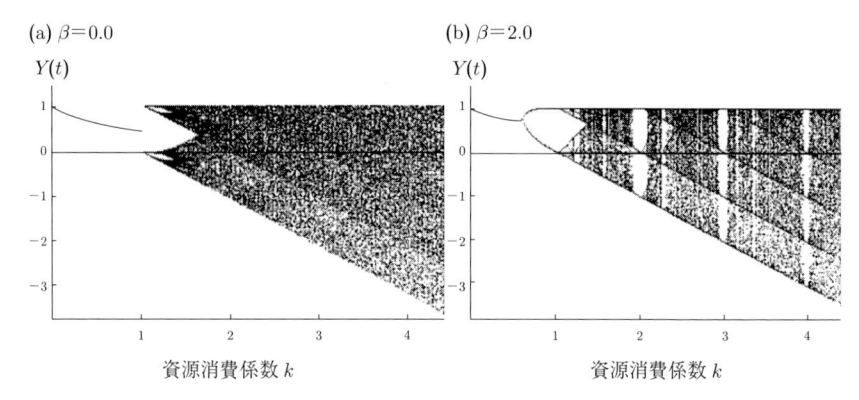

図 6.8 分岐図．縦軸は $Y(t)$，横軸は資源消費係数 k．(a) 花粉結合がないときには樹木は互いに独立に変動する．そのときの $Y(t)$ の値は最大値と最小値の間をすべて埋め尽くすようになる．これはカオスに対応する．(b) 花粉結合が強いと，コヒーレント相になり，森林のすべての樹木の $Y(t)$ がそろう．全体としての変動の時系列は多くの場合にはカオスになるが，ところどころに周期解を示すパラメータ領域が現れる．前者がコヒーレントカオス相，後者がコヒーレント周期相である．とくに k が整数に近いときには，周期的変動が安定になる「窓」が現れる．たとえば $k=2$ の付近では周期が 3 や 6 や 12 などの安定な周期解が現れリアプノフ指数は負になる．(Satake & Iwasa, 2000 *JTB*; Fig. 2)

てコヒーレント相はさらに，[3] コヒーレント周期相と [4] コヒーレントカオス相とに分けられる．

[5] クラスター形成相：樹木が全体でたとえば 100 個体いるとすると，そのうち 50 個体が第 1 クラスター，20 本が第 2 クラスター，10 本が第 3 クラスターというようにいくつかのグループに分かれる．そして同じクラスターに属する樹木は完全に同調しているが，異なるクラスターの樹木はまったく違った振る舞いをする．

　コヒーレント相についてもう少し詳しく見てみよう．相図をみると，k が整数の値に近いときに，コヒーレント周期相になっており，整数から離れるとコヒーレントカオス相になっている．実は k がきっちりと整数の場合には $k+1$ という周期をもつ周期解があり，それは安定である．k が整数に近い場合にパラメータの「窓」があり，そこには周期が 3, 6, 12 などさまざまな周期解が互いに分岐をして交代で安定になることがわかる（図 **6.8**）．

　一定の花粉量の森におかれた樹木はそれぞれ独立にカオスの時系列を示すが，

複数の木が花粉のやりとりを通じて結合すると安定な周期的繁殖を示すことがわかる。

コヒーレント相，つまりすべての樹木が同調して繁殖をしている状況においては，すべてのリアプノフ指数を解析的に計算することができる。N 本の樹木があるのでリアプノフ指数は N 個ある。最大リアプノフ指数 λ_1 は森林全体の繁殖量の時系列に関係するもので，$\lambda_1 > 0$ だとコヒーレントカオス相，$\lambda_1 < 0$ だとコヒーレント周期相となる。そのほかのすべてのリアプノフ指数は等しい（$\lambda_2 = \lambda_3 = \lambda_4 = \cdots = \lambda_N$）。これらは森林の樹木の互いの違いに関係する。完全に同調する解が安定であるためには，$\lambda_2 = \lambda_3 = \lambda_4 = \cdots = \lambda_N$ はマイナスであることが必要だ。その不等式は，次のように書き換えることができる。

$$\prod_{t\ Y(t)>0} kP(t) < 1 \tag{6.4}$$

(6.4) 式の掛け算は，軌跡に沿って樹木が繁殖をする年のときだけについて計算する。先に述べたように多くの樹木で k は 1 より大きく，ブナでは 4 から 6 程度の値と推定されている。よって (6.4) 式が成立するには，花粉受取効率 P の値が，少なくとも時折は 1 よりもはっきり小さいことが必要である。これはブナの豊凶といっても完全なものではないことを意味している。もしすべての樹木が多量に花をつける年と，まったく花をつけない年とからなっているとすれば，(6.4) 式は成立しない。そのような時系列は不安定で，最初はそろっていても数年経つうちにバラバラになってしまう。そうでなくて，少しは花をつけるがその量が不足しており，そのために多くの果実が作られない年がかなりの頻度で生じることが必要である。これは実際の森林の挙動ともよく合っている。

6.5　結合写像格子

前節までの議論によって，花粉が繁殖のために必要でそれが不足がちなことによって樹木が同調するということはわかった。しかし花粉が散布される範囲は通常は 60 m 程度である。たまには 500 m も飛んで受粉できるといっても，種

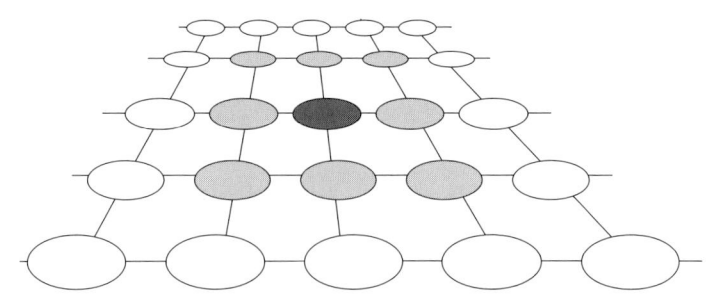

図 6.9 花粉結合の格子モデル。花粉の散布と授精が生じる範囲は 60 m のオーダーであり，数 100 km といわれる樹木の繁殖が同調する範囲よりもはるかに狭い。狭い範囲の花粉結合によって森林全体が同調することがありうるかどうかを調べるために，格子モデルを考える。それぞれのサイトの樹木は，近傍にあるサイトの樹木から花粉を受け取るとする。近傍はある程度の距離があってもよいが，格子全体から見ると狭いとする。このようなモデルは結合写像格子 (coupled map lattice) とよばれる。

子を実らせるに寄与する花粉のほとんどは 100 m よりも短い散布距離しかもっていない。その一方で，森林の樹木が繁殖をするときに同調する範囲は非常に広い。アメリカ合衆国のように広い場所では 100 km といった距離にわたって同調することもある。東北のブナ林では，全体が完璧に同調するというわけではなく，日本海側と太平洋側が年によって違っていたり，また北東北と南東北とでずれていたりする。しかし数十 km の範囲での同調は見られる。この範囲は花粉が散布する範囲よりはずっと距離がある。はたして短距離の花粉散布によって，それより何桁もの長距離にある樹木の同調が生じるであろうか。

この問題を考えるには，前節までに扱ったような大域的な花粉結合のモデルでは不十分である。かわりに格子構造を考えて，近隣のサイトの間でだけ花粉の交換が生じるとする。格子全体はそれよりはるかに広い範囲にわたるとき，全体での同調繁殖が生じるかどうかを調べてみよう。これは結合写像格子とよばれているモデルである（**図 6.9**）(Kaneko, 1984, 1989)。

それぞれの樹木の近傍を考える。花粉のやりとりはこの近傍の範囲で生じるとする (Satake & Iwasa, 2002a)。(6.3b) 式では森林の中で自分を除いた $N-1$ 本すべてについて花の生産量の平均値を考えているが，これを近傍の個体だけで平均を計算するように変更する。たとえば，樹木が格子状に並んでおり，近傍の 8 つのサイトでの平均花粉量だけが $P_i(t)$ に影響するとする。

(a) $k = 3.6, \beta = 1.5$

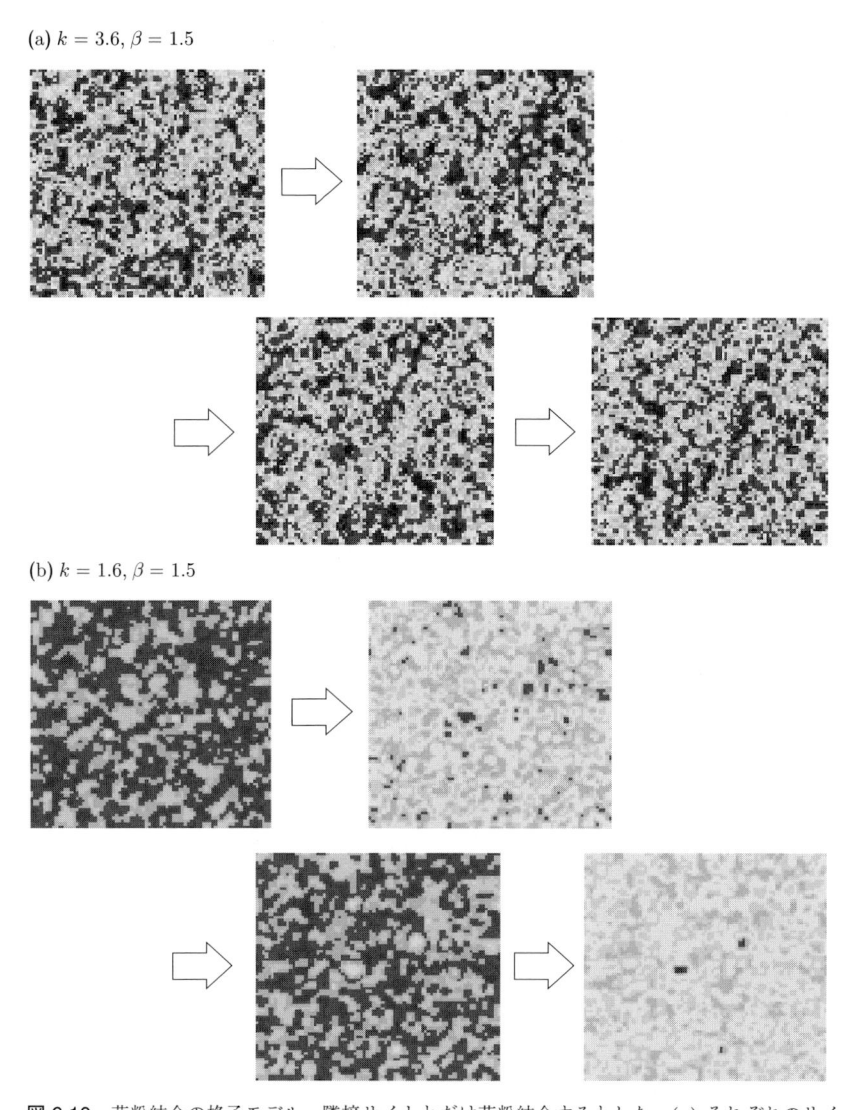

(b) $k = 1.6, \beta = 1.5$

図 6.10　花粉結合の格子モデル。隣接サイトとだけ花粉結合するとした。(a) それぞれのサイトの樹木は繁殖は何年か間をおいて行うが，森林全体としては同調せず，一斉開花は見られない。(b) ある程度ばらつきはあるものの，開花強度の高い年と低い年が交互にくる。このようにほぼ 2 年周期のものしか見られない。このモデルではブナ林に見られるようなより長い間をあけた一斉開花・結実は説明できない。

図 6.10a にあるのはそのときの典型的な時空間パターンである。ある年に繁殖していた樹木は翌年には休み，逆に最初に休んでいたところが翌年には繁殖する。しかし全体としてはほぼ一定の割合の樹木が繁殖活動をしている。短い距離では，近い樹木は互いに挙動が似る傾向があり，空間パターンが見られる。

図 6.10b には全体としての繁殖活動レベルが 2 年おきの振動を示す例である。樹木による違いはやはりいつまでも残る。

まとめると，局所結合の場合には対応するパラメータをもつ大域結合系と違って完全な同調（コヒーレント相）を示すことが困難である。β をいくら大きくしても森林全体が完全には同調することはない。繁殖量は，k が小さい場合には振動することがあるが，その振動は隔年で高い年と低い年が交代する。これに対して k が 2 を超えると森林全体での変動はほとんどなくなる。しかしながら空間的に近い範囲の樹木はそろって繁殖する傾向がある。

ブナでは繁殖の間隔が 5〜6 年にわたることがある。そのような間隔で広い範囲にわたって同調した変動は，格子状の結合カオス系では見られなかった。

6.6 共通の環境変動が同調をもたらす：モラン効果

離れた場所で同調が生じるときに，生物学でしばしば採用される説明は，共通した環境変動によるものではないかということである。たとえばエルニーニョの年には，地球上のまったく離れたところでも共通して乾燥が見られたり，気温が異常になったりする。このような外部の気象現象が同時に影響をするとすれば，離れた場所に生育する樹木の繁殖も同調させているのではないか，というものである。これはモラン効果とよばれている。

この効果はモデルのなかのパラメータが共通して時間変動するものとして表すことができる。たとえば夏の気温や降水量の変動は，光合成による生産量 Ps を変動させる。また冬の寒さが厳しいと樹木が花芽がつけやすくなり，どの樹木も開花しやすくなる。これは繁殖の閾値 L が異なる樹木間で共通して変動することによって表せる。これらのいずれもが，変数変換によって次のモデルに書き換えることができる（演習問題 6.4）。

第 6 章 樹木の一斉開花・結実とカオス結合系

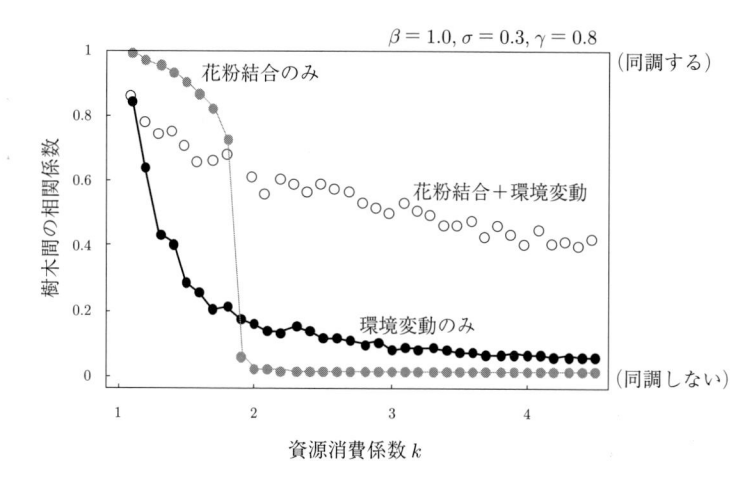

$\beta = 1.0, \sigma = 0.3, \gamma = 0.8$

図 6.11 環境変動（モラン効果）と花粉結合を考慮した格子モデル．環境が共通して変動すると，離れた場所にある樹木を同調させる傾向がある．これはモラン効果とよばれる．横軸は資源消費係数 k であり，$k > 1$ では，各樹木がカオス的であるため何もないと同調しない（この図にはないが相関係数はゼロになる）．花粉結合のみの場合，$k < 2$ では同調して周期が 2 の変動を森林全体で示すが，$k > 2$ では同調しない．これはブナなどで見られる長い間をあけた同調的開花・結実は説明できない．環境変動のみの場合は，樹木は同調しない．しかし，花粉結合と環境変動をともに入れると，k が大きな値でもかなり高い相関係数を示す．これは森林全体での同調を説明するには両者がともに必要であることを意味している．(Satake & Iwasa, 2002b JE)

$$Y_i(t+1) = \begin{cases} Y_i(t) + 1 + \varepsilon_i(t) & \text{if } Y_i(t) \leq 0 \\ -kP_i(t)Y_i(t) + 1 + \varepsilon_i(t) & \text{if } Y_i(t) > 0 \end{cases} \quad (6.5)$$

ここで $\varepsilon_i(t)$ は平均値がゼロの変動を表す．ある樹木にとって生産によい年はほかの樹木にとってもよい年であるし，ある個体が寒い冬を経験して花芽がつきやすいと，ほかの個体にとっても同じ傾向があるだろう．他方で，生育場所の違いや捕食者をはじめとするさまざまな経験の違いによって，個体ごとに違ってくるノイズがある．そのため $\varepsilon_i(t)$ の時間的な変動は，異なる個体に共通する変動成分と，個体ごとに独立な変動成分の和で表されるとした．

そして $P_i(t)$ は，個体 i の周りにある 8 個体の開花活動レベルの平均値によって決まる，つまり局所結合であるとする．

図 **6.11** はその結果を示している．縦軸は森林全体でのランダムにとった 2 個体の繁殖活動の相関で，樹木の同調の程度を表す．横軸は資源消費の係数 k

を表す．まず，モラン効果も花粉結合もない場合にはまったく同調しない．次にモラン効果がなく花粉結合がある場合（花粉結合のみ）は，$k<2$ だと同調するが $k>2$ ではそろわない．そして $k<2$ で同調するときには，その振動は隔年変動である．これは前節で述べたとおりである．資源消費係数 k がもっと大きいと推定されているブナなどの同調や，2年周期ではなくもっと長い間隔を開いた変動はこれでは説明できない．

次にモラン効果を考えた．まずモラン効果はあるが花粉結合がない場合（環境変動のみ）を考える．すると驚いたことに同調させることはとても困難である．個体ごとの変動成分がなくすべての樹木が共通の変動を経験し，しかも毎年の稼ぎの標準偏差の2倍が平均値の60％にもなるという大きな変動を考えた場合でさえ，森林の樹木の繁殖活動の相関はとても低い．つまりモラン効果はこのモデルでは効かないのだ．

そこで，花粉結合とモラン効果を両方とも入れてみた（花粉結合＋環境変動）．すると，大きな k に対しても大きな相関が得られる．そのときには繁殖の間隔はかなり長くなり，ブナなどで観測されているものに近くなる．

このような解析から，観測されているような樹木の一斉開花・結実パターンを説明するには，離れた場所に生育する樹木が共通の環境変動の影響を受けるという効果と同時に，花粉の不足によって他個体の繁殖に影響を受けるという花粉結合がともに必要であると結論できた（Satake & Iwasa, 2002b）．

振動するシステムが結合することによって全体として同調する現象は統計物理学でもよく研究されている．それに比べるとカオスのシステムは本来的に同調が困難である．というのも個々の系が正のリアプノフ指数をもっているために，互いの間での少しの違いが時間とともに大きくなっていく傾向をもつからだ．

花粉結合とモラン効果が両方とも必要な理由を直観的に説明してみよう．花粉結合がはたらくと，図 6.7 や図 6.8 にあるように，ところどころに同調して周期的な変動を見せるパラメータの窓が出てくる（コヒーレント周期相とよぶ）．そこではリアプノフ指数が負になっている．このようになったうえでならば，共通の環境変動によって異なる系を同調させることはしやすいのだろう．

これまでブナやコナラなどの温帯林について一斉開花を説明してきた．一方，熱帯林の樹木もまた一斉に開花し結実することが知られている（Sakai et al., 1999）．アマゾンでは種によって違っているが同種のなかでは同じ年に一斉に花

を咲かせる．ところがボルネオなど東南アジアの熱帯季節林では，種を超えてそろう現象が知られている．森林には非常に多数の種類の樹木が含まれるが，それらの異なる種が同じ年に繁殖をするのだ．異なる種類の樹木の間では花粉のやりとりはないのだから，先のモデルはそのままでは使えない．しかしこれらの樹木が共通のポリネータ（花粉媒介動物）を使っているとすると，種間でそろってくる可能性がある．ある種が一斉に開花した年には，それが作り出す蜜や花粉がポリネータの餌となり生存率が改善されたりほかの地域から呼び寄せられたりするだろう．そうすると同じポリネータに頼っているほかの樹木にとってもその年には受粉効率がよくて，多くの花や果実をつける結果になる．そして翌年には両種間で同調して資源が減少するだろう．

この場合にも，地域を越えて共通した環境変動によるモラン効果と，ポリネータを通じた樹木間の結合がともに必要だと予想される．

第6章：演習問題

演習問題 6.1

(1) $N_{t+1} = aN_t(1-N_t)$ について，平衡状態の値が $\hat{N} = 1 - \frac{1}{a}$ であることを示せ．

(2) (1) の系について正の平衡状態の周りで力学を線形化し，$n_{t+1} = \lambda n_t$ の形にせよ．

(3) この系の挙動は図 4.4 に示されるように公比 λ の値によって分類される．それにもとづいて次のことを示せ．

　（ア）　$0 < a < 1$ のとき正の平衡状態が存在しない．

　（イ）　$1 < a < 2$ のとき平衡点へ単調に収束する．

　（ウ）　$2 < a < 3$ のとき平衡点の近くで振動しながら収束する．

　（エ）　$a > 3$ のとき平衡点は不安定である．

(4) a が 3 をわずかに超えると周期が 2 の振動を示す．これは次のように考えることができる．$F(X) = aX(1-X)$ とおくと，2 年先の個体数が $X_{t+1} = F(F(X_t))$ となる．$a > 2$ では関数 $F(F(X))$ のグラフは 2 つの山をもっている．平衡状態 $\hat{N} = 1 - \frac{1}{a}$ では関数 $F(F(X))$ のグラフと

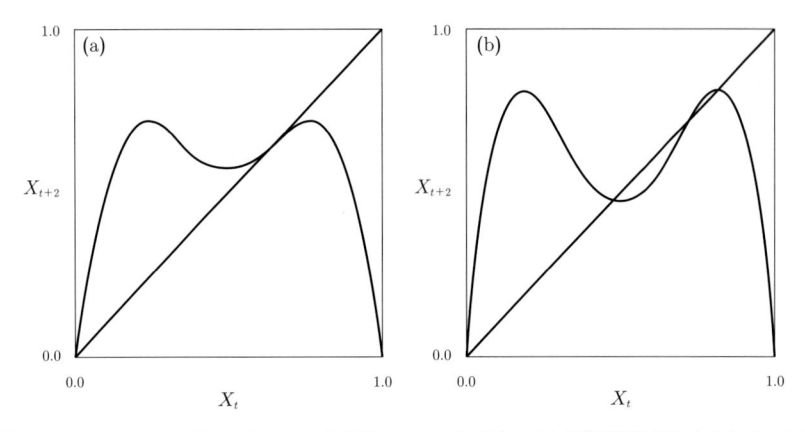

図 6.12 $Y = F(F(X))$ のグラフ。直線は $Y = X$ を表す。(a) 平衡状態が安定なとき。(b) 周期 2 の周期解があるとき。3 つの交点の中央に対応する平衡状態はもとの力学での平衡状態に対応する。その上下にあるものは周期 2 の解に対応する。中央の解はグラフの傾きが 1 より大きいので不安定である。この図から周期 2 の周期解が分岐してくる様子が読みとれる。

$X_{t+2} = X_t$ が交わるが，a が 3 より小さいとそれ以外には交点がない（図 **6.12a**）。交点でのグラフの傾きは 1 より小さいので平衡点は安定である。a がしだいに大きくなり 3 を超えると 1 つの交点が 3 つに分かれ，平衡状態より大きなものと小さなものとが付け加わる（図 **6.12b**）。これらは平衡状態ではないので 1 世代ではもとに戻らないものの，2 世代経つと戻るような周期解を表している。グラフの傾きは平衡状態では 1 より大きいので不安定，（a と 3 との差がごくわずかだと）それ以外の 2 つはグラフの傾きが小さいの安定である。以上の議論を図 **6.12** を参考にして確かめよ。

演習問題 6.2

$N_{t+1} = F(N_t)$ に従って時系列が作られるとする。$\{N_1, N_2, N_3, N_4, \ldots\}$ の初期値 N_1 がごくわずか ε だけ変化したとしよう。次の時刻には N_2 は $\varepsilon \frac{dF}{dN}(N_1)$ だけずれる。そのつぎの N_3 は $\varepsilon \frac{dF}{dN}(N_1) \frac{dF}{dN}(N_2)$ だけずれる。このように 1 世代経つごとにずれの大きさには $\frac{dF}{dN}(N_t)$ がかかることになる。そのため長期でずれの伸びる率はそれらの相乗平均によって決まる。これから (6.2) 式に定義したリアプノフ指数が正だとずれが時間とともに拡大する

こと，リアプノフ指数が負だと縮小することを確認せよ．

演習問題 6.3

本文中の (6.3) 式を次のように導け．$S_i(t)$ を i 番めの個体の t 年めの最初における貯蔵量とする．P_S を夏の間の光合成による稼ぎ，L_T を繁殖の閾値とする．花を咲かせない年は，単純に貯蔵量が増大するだけなので，

$$S_i(t+1) = S_i(t) + P_S$$

である．これに対して花を咲かせるときは，ひき続いて結実するので，結実の量と花の量による資源消費を考えて，

$$S_i(t+1) = S_i(t) + P_S - a(1+R_c)(S_i(t) + P_S - L_T)$$

ここでは，貯蔵量とその年の稼ぎを加えたものが閾値 L_T を超えているとその分に比例して花が咲かせられるとした．花および果実のコストは，$a(1+R_c)(S_i(t) + P_S - L_T)$ である．$Y_i(t) = (S_i(t) + P_S - L_T)/P_S$ と変数変換をし，$k = a(R_c + 1) - 1$ とおくことにより

$$Y_i(t+1) = \begin{cases} Y_i(t) + 1 & \text{if } Y_i(t) \leq 0 \\ -kY_i(t) + 1 & \text{if } Y_i(t) > 0 \end{cases}$$

これに花粉制約の因子を考慮したものが (6.3) 式であることを示せ．

演習問題 6.4

ここで花粉不足がない簡単な状況を考えてみる．$W(t)$ を t 年めの最初にある貯蔵物質量，$P_S(t)$ を t 年めの夏における光合成による稼ぎ，$R(t)$ を t 年めに開花および結実による貯蔵物質の消費を表す．すると次の式が成立する．

$$W(t+1) = W(t) + P_S(t) - R(t)$$

ここで開花量はその前年の秋における資源量で決まり，前年の冬の寒さが花芽形成に影響する．そこで

$$R(t) = f[W(t-1) + P_S(t-1) - R(t-1) - L_T(t-1)]$$

と表せる．開花と結実による資源消費は前年末における余裕との関係によっ

て $x \leqq 0$ ならば $f[x] = 0$; $x > 0$ ならば $f[x] = a(R_c + 1)x$ とする。ここで次のような置き換えを行う。$P_S(t) = P_S + u(t)$, $L_T(t) = L_T + v(t)$, $S(t) = W(t) - P_S(t-1)$。そして $Y(t) = [S(t) + P_S + u(t-1) - L_T - v(t-1)]/P_S$ および $\varepsilon(t) = [u(t) - v(t) + v(t-1)]/P_S$ とすれば (6.5) 式が導けることを示せ。

● 参考文献の追加

時系列がカオスかどうかの判定手法は，技術的にとても進んでいる。合原 (2000) を参照のこと。

第6章：付録　離散時間モデルの安定性について

一般に本文の (6.1) 式のような差分方程式モデルが，$N_{t+1} = F(N_t)$ と与えられたとする。平衡状態 $\hat{N}$ は $\hat{N} = F(\hat{N})$ を満たす。この平衡状態からのずれを $n_t = N_t - \hat{N}$ とすると，$N_t = \hat{N} + n_t$ と置き換えて，力学系を

$$\hat{N} + n_{t+1} = F(\hat{N} + n_t)$$
$$= F(\hat{N}) + \frac{dF}{dN}n_t + \frac{1}{2}\frac{d^2F}{dN^2}n_t{}^2 + \cdots$$

とテイラー展開する。ここで微係数は $\hat{N}$ で計算する。$\hat{N}$ が平衡状態であることから両辺の第1項は等しい。今は平衡状態のすぐ近くでの挙動に注目しているのだから n_t に関して2次以上の項は小さいとして無視することができる。こ

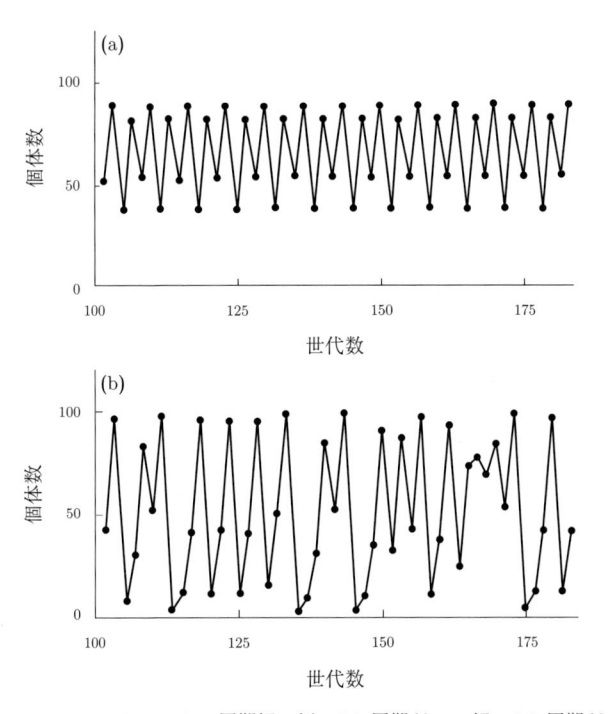

図 6.13　$N_{t+1} = aN_t(1 - N_t)$ の周期解の例。(a) 周期が 4 の解。(b) 周期が 8 の解。

うして線形化方程式

$$n_{t+1} = \frac{dF}{dN} n_t \tag{6.6}$$

が得られる。(6.6) 式は，ずれ n_t が公比 $\frac{dF}{dN}$ の等比数列であることを示す。

図 **6.2** に示されたように平衡状態の近くでのモデルの挙動は $\frac{dF}{dN}$ の大きさによって分類できる。本文の (6.1) 式のモデルでは平衡点で計算した微係数は $\frac{dF}{dN} = 1 - r$ である。

r がさらに大きくなると周期2の振動解も不安定になり，周期4の振動，さらには周期8と，周期が次々と2倍になる分岐が生じる。図 **6.13a** は周期8の振動解を示す。しかもある分岐の生じたパラメータの値とその次の分岐に対応する値との間隔は，しだいに短くなる。パラメータの連続的な変化とともに振動が始まり，さらに複雑な振動へと変化していく様子は，平衡点や振動解を示した図 **6.8** のような分岐図によって表すことができる。

ついにはカオス (chaos) とよばれる状態に至る（図 **6.13b**）。そこではあらゆる周期の周期解が存在するのに加えて，そのほかの多数の点からスタートした軌道がいずれの周期解にも収束せずに，ある領域を埋めつくすように変動する。ごく近くの2点からスタートした2つの軌道が時間が経つにつれて大きく離れてしまい，逆に初期に大きく異なっていた軌道がごく近くに来ることがある。その結果，系の動きはきわめてランダムな様相を示す。

第7章 生活史の戦略

　多細胞生物はその一生を受精卵という1個の細胞からスタートする。そして親から栄養供給を受けたり，光合成をしたり，餌をとったりしながらしだいに成長していき，ついには成熟し繁殖して子どもを作る。この繁殖スケジュールにはさまざまなタイプのものがある。

　たとえばサケは，川で産まれたのち海に下って数年を過ごす。十分に成長すると繁殖のために自らが産まれた川に帰ってくる。そして雌は多数の卵を産み，エネルギーを使い切って死んでしまう。これに対して近縁のマスは，いったん成熟した後も数年にわたって繰り返して繁殖に参加する。この繁殖スケジュールの違いは，さまざまな繁殖・死亡様式のなかで次世代に残せる子どもの数を最大にするものが実現しているとする考えがある。このような視点をとるときに，それらの繁殖や成長のスケジュールを生活史戦略とよぶ。そしてそれらがどのような環境のもとで有利なのかということを理解するうえで，制御工学において発展してきたさまざまな数理的手法が有効である。

　本章では，陸上植物の例をとって説明しよう (Iwasa, 2000)。

7.1　一年生植物の開花のタイミング

　一年生草本は，春に種子から発芽して葉を展開し，しだいに成長する。秋には花を咲かせ果実をつけて種子を残す。光合成による稼ぎの速度は，葉や枝・

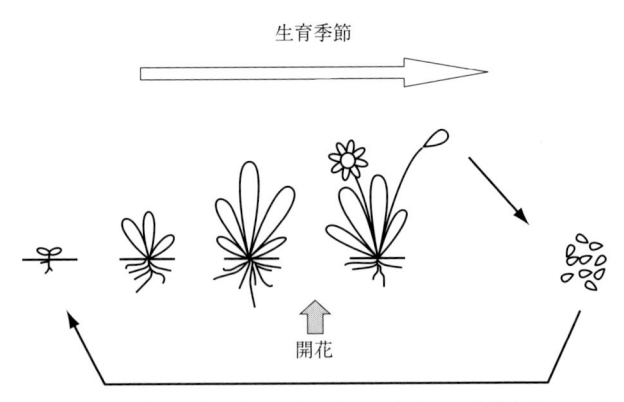

図 7.1 一年生草本の生活史。一年生草本は春に種子に含まれる物質を使って葉や茎，根などの生産器官を作り，光合成をしながら成長する。あるところで花や果実の生産をはじめ，生育季節の終わりには枯れてしまう。季節のどの時点で開花しはじめるか，新たな葉の展開をやめるか，といった成長と繁殖のスケジュールが問題になる。翌年に残せた子孫の数を最大にするものが優れたスケジュールであり，これは進化の結果見られるものと考えられる。

根など栄養器官のサイズとともに増大する。しかしそれらは年の終わりには失われ，花や果実による繁殖の成果だけが次世代に寄与できる（**図 7.1**）。

光合成器官のサイズを x として，純光合成の速度 $g(x)$ が，たとえば $g(x) = \frac{ax}{1+hx}$ というように x とともに増大するとしよう。得られた物質は u 対 $1-u$ という比率で繁殖活動と成長に分配され，その分配比率 $u(t)$ は一般には時間 t によって変化する。t までになされた繁殖活動の積算量を $y(t)$ とすると，

$$\frac{dx}{dt} = (1-u(t))\,g(x) \tag{7.1a}$$

$$\frac{dy}{dt} = u(t)g(x) \tag{7.1b}$$

となる。はじめには種子に蓄えられていた資源で葉や根を作るので $x(0) = x_0$ であり，定義から $y(0) = 0$ である。生育期間の長さ T は冬の訪れなど物理的環境によって決められる。

これを満たすものとしては，季節の最初に花を咲かせてその後しばらく葉を茂らせ秋に実をつけるといったもの，葉と根と花へ同時に投資するといったものなど，さまざまなスケジュールが考えられる。それらは，分配率を時間の関

第 7 章　生活史の戦略

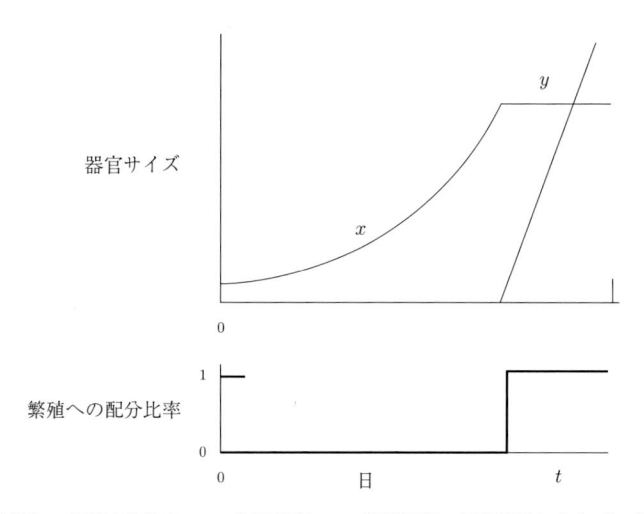

図 7.2　最適な一年草の生活史．x：生産器官，y：繁殖器官．制御理論にもとづいたモデルでは，幅広い条件のもとで，最適成長解は「栄養成長」から「繁殖成長」にはっきりと切り替わる．つまり，生育季節の途中までは繁殖活動を行わず生産で得た物質を葉や根などの生産器官に投資するが，ある日から急に生産器官への投資をやめ，花や果実などの繁殖器官へと物質が向けて投資するようになる．

数として $0 \leqq u(t) \leqq 1$ の範囲で変えることによって表現できる．このようなスケジュールのうちで，1年を通じた繁殖活動の総量 $\phi = y(T)$ を最大にする成長戦略はどのようなものだろうか．これは繁殖活動量を適応の尺度と考えて制御変数を求める動的最適化の問題である．選ぶべきものはスケジュールであり，時間の関数である．

　この問題はポントリャーギンの最大原理を用いて解くことができる（第7章：付録 1 参照）．それは毎日の光合成産物を植物が成長や繁殖活動に振り分けるときに，適応度へのインパクトが一番大きなところに投資をするはず，という考えを数学的に表現したものである (Iwasa & Roughgarden, 1984)．

　最適成長スケジュールでは，成長期の前半には繁殖活動を行わずひたすら栄養器官を増大させる．そしてある時点で切り替えて，その後は光合成産物のすべてを花や実などの繁殖活動に用いる（図 **7.2**）．光・栄養塩類・水などが十分に得られる生産的な環境では，生育期間の遅くまで葉を作り続けて大きな栄養器官をもつのが効率的である．逆に暗い林床や栄養塩類の不足する環境では，早い時期に繁殖成長に入る必要がある（演習問題 7.1）．

このような最適成長スケジュールの挙動は，野外の植物が野外で示すパターンによく合っている。実験的に光合成速度などを測定し，モデルにもとづいていつごろ花を咲かせるのが望ましいかを予測すると，うまく開花時期を推定できる (King & Roughgarden, 1983)。

7.2 なぜ生物は最適スケジュールをとると考えるのか？

では現実の生物が，最適スケジュールで成長や繁殖をするだろうと考える根拠はどこにあるのだろうか。それは現在見られる生物が，長い進化の結果として選ばれてきたものだということにある。たとえば開花のタイミングについて考えてみよう。最初には，早く開花するものや遅く開花するものなどさまざまなタイミングのものが混ざっていたとしよう。このとき適応的なタイミングで開花するものは一番多くの種子を残すことができる。もし子どもの開花時期が親の開花時期と似ている，つまり遺伝するならば，何世代にもわたってこの繁殖成功率の違いの効果は蓄積していく。1世代での違いは小さくても，100世代後を考えると，うまいタイミングに開花できたタイプの子孫ばかりが残っているであろう。現在の生物は，長い進化のプロセスの結果残ってきたものなのだから，その祖先が適応的な挙動がとれたものばかりであるに違いない。このような自然淘汰による進化が，生物の挙動について適応性を考えるときの唯一の根拠である。

もしこの議論が正しいとすると，直ちにいくつかのことが結論できる。第1に次世代に子どもを残すことが，「適応性」の尺度だということだ。大きく成長して立派に葉を茂らせるといったことではなく，より多くの子どもを残すこと，つまり生涯繁殖成功度 (lifetime reproductive success) が適応の基準と考えねばならない。生涯繁殖成功度のことを適応度 (fitness) ともよぶ。第2に，考えている形質が遺伝しないと進化は生じないので，適応も生じない。上記の議論が成り立つには，遺伝的な基礎がないといけない。第3に，それは生物の挙動が遺伝子だけによって決まるということではない。植物の開花時期の例では，環境が明るくて光合成効率が高いときには，開花を遅らせていつまでも葉を展開

するのがよく，林床のように暗い環境では葉の展開を早くやめて開花するのがよい。また実際の植物はそのように振る舞っている。つまり開花のタイミングは日付が一定なのではなく，おかれた環境に応じて変化させないといけない。またそのように環境に応じて変化するやり方には遺伝的な基礎があり，それに対して自然淘汰がはたらくと考えることができる。

7.3 多年生がよいか一年生がよいか

生育季節の終わりに，繁殖に用いるべき物質の一部を芋のような貯蔵器官に蓄えれば，それを用いて次年度の最初に葉を展開することができる（図 **7.3**）。最初の数年は成長に専念して十分に大きくなり，その後多数年にわたって繁殖

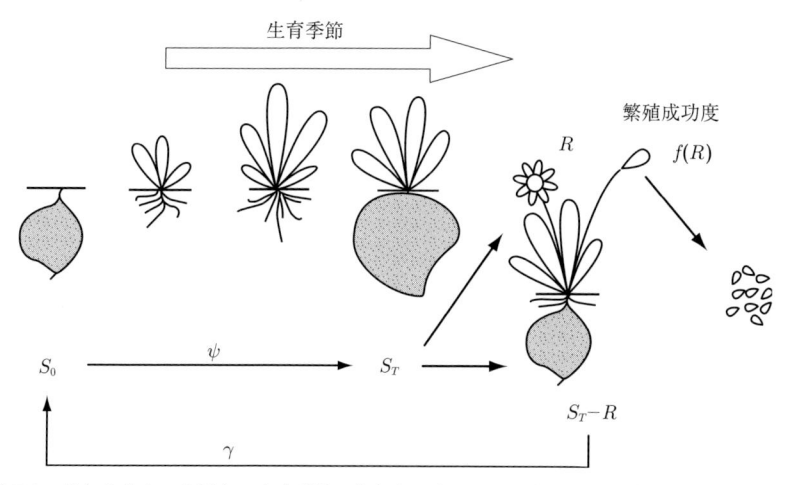

図 7.3　多年生草本の生活史。生育季節の終わりにすべてのエネルギーを種子や果実の生産に向けるのではなく，地下部などに貯蔵器官を作ると，翌年の春にその蓄えを用いて葉や茎，根を展開することができ，翌年の終わりにはさらに大きくなることができる。このようにして複数年にわたって生活するタイプを多年草という。多数年たってから繁殖しはじめて（成熟），それ以降は毎年繁殖するものもある。これに対して多数年経ってから繁殖を行い，そのときに 1 回の繁殖ですべてを使い切るものも多年草で，モノカルピーという。

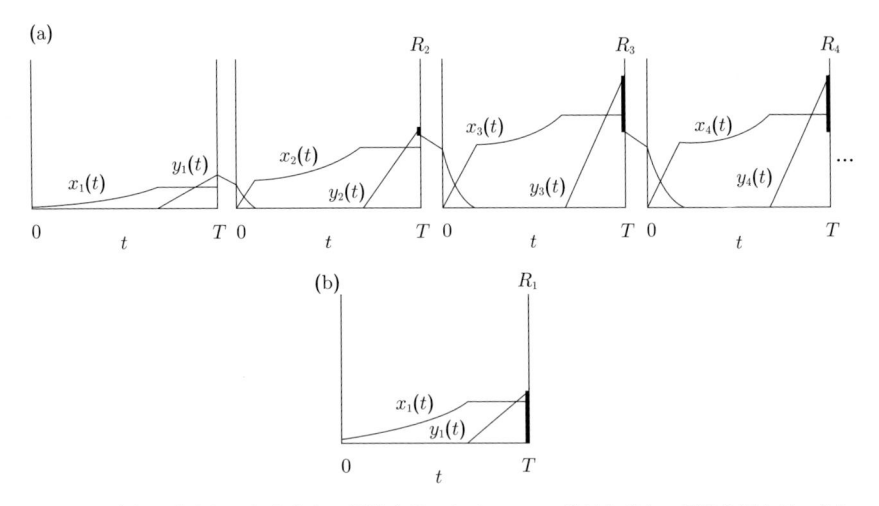

図 7.4 多年生草本と一年生草本の最適成長スケジュール。多年生草本の最適生活史は，それぞれの生育年内についての最適化問題と，毎年に得た物質をどれだけをその年の繁殖活動に，どれだけを翌年以降のさらなる成長と生産のために貯蔵するかの2つに分けて解くことができる。(b) のように1年めの最後に貯蔵にまわさずすべて繁殖に使い切る解が一年生草本である。このモデルからどのような環境下で (b) の一年草と (a) の多年草のいずれが優れるかを計算することができる。(Iwasa & Cohen, 1989)

をし続けるという生活が可能になる。これを多年生という。一年生のものに比べて多年生のものはどのような条件のとき有利なのだろうか (Iwasa & Cohen, 1989)。

多年生草本や落葉樹を念頭において次のモデルを考えてみる。毎年の終わりには光合成器官が捨てられるとする。葉などの光合成器官を生産器官とよび，その大きさを $x_i(t)$ と表す。貯蔵物質と日数 t までの繁殖活動の積算量を合わせて貯蔵器官とよび，そのサイズを $y_i(t)$ とする。生育年度は添え字 i ($i=1,2,3,\ldots$) で，各年度内での日数は連続変数 t ($0 \leqq t \leqq T$) で区別する。毎年の生育期間のはじめには葉がないので $x_i(0)=0$ である。貯蔵器官の初期サイズ $y_i(0)$ は，前年度の終わりにおける貯蔵器官サイズ $y_{i-1}(T)$ から繁殖投資量 R_{i-1}（図 **7.4** 中の太い線）を差し引いて貯蔵効率 γ をかけたものとする。γ は貯蔵物質のうち次年度に回収できる部分の割合を示す。いったん葉に投資した物質は回収できないとする。1年あたりの生存率を p とすると，植物個体の生涯を通じての繁殖活動量は，

$$\phi = \sum_{n=1}^{\infty} p^n R_n \to 最大 \tag{7.2}$$

となる．これを最大にするように各年度内の成長スケジュールおよび年度間の分配 R_i を決める問題を考える（図 **7.4**）．

まず生育期間のなかの成長スケジュール $u_i(t)$ を最適化する問題は，最初の貯蔵器官サイズ $y_i(0)$ が与えられたものとして最後のサイズ $y_i(T)$ を最大にする一年生の最適成長スケジュールの問題と同じである．前節に説明した方法でこれが解ける．その結果にもとづいて生育季節最後における貯蔵器官サイズ $y_i(T)$ を最初のサイズ $y_i(0)$ の関数として表して，$y_i(T) = \psi(y_i(0))$ と書くことにする．葉の量が多くなると互いに陰にするし，土中の水分や栄養塩類を巡る競争もある．そのためサイズが2倍であっても生産力は2倍にはならない．そこで純光合成速度が生産器官サイズに比例しては増えられないとする．その結果，貯蔵器官の最終サイズは初期サイズとともに増加するがその速度は頭打ちになる（$\frac{d\psi}{dy} > 0$, $\frac{d^2\psi}{dy^2} \leq 0$）．

繁殖投資量 R_i の最適解は，その年の繁殖と次年度以降での繁殖とのトレードオフを考えて決めることができる．その手法はダイナミックプログラミング（動的計画法）とよばれる．i 年めの生育期間に $y_i(T)$ の物質をもつ植物について，枯れるまでの間の繁殖活動の総量を考えると，これは $y_i(T)$ だけの関数になっている．

$$V[y_i(T)] = \max \left(R_i + pR_{i+1} + p^2 R_{i+2} + \cdots \right) \tag{7.3}$$

ここで max はそれ以後に最善の成長戦略をとることを表す．これを R_i の最適選択とそれ以後のスケジュールの最適決定に分けると，右辺は

$$= \max_{0 \leq R_i \leq y_i(T)} \left(R_i + p \max \left(R_{i+1} + pR_{i+2} + \cdots \right) \right)$$

となる．2つある最大化の記号のうち右にあるものは次のステップ以降の最適決定を意味するが，その部分について (7.3) 式の定義を用いると

$$V[y_i(T)] = \max_{0 \leq R_i \leq y_i(T)} \left(R_i + pV\left[\psi\left(\gamma\left(y_i(T) - R_i\right)\right)\right] \right) \tag{7.4}$$

が得られる．内側の $V[y]$ の独立変数は，翌年の終わりにおける植物がもつ貯蔵物質の量である．今年の貯蔵物質量から今年の繁殖投資量を引いた残りが

$y_i(T) - R_i$ で，これは翌年のために残した分である．これに効率 γ をかけたものが翌年最初での貯蔵器官サイズである．それをもとに年内の成長による増大を示す関数 $\psi(\bullet)$ を作用させると翌年最後での貯蔵器官サイズが得られるのだ．

(7.4) 式の両辺に同一の未知関数 $V[y]$ が現れている．よって式を満たす $V[y]$ は繰り返し計算により求めることができる．いったん関数 $V[y]$ が決まると，それから (7.4) 式の右辺の最大を達成する値として最適繁殖投資量 R_i が決まる（演習問題 7.2）．

$pV[\psi(\gamma y)] - y$ を最大にする y の値を y^* とすると，最適スケジュールでは，$y_i(T)$ のうち y^* を超えた分だけを繁殖に投資する．y^* が正であると，数年間にわたって繁殖せずに成長し，$y_i(T)$ が y^* を超えたときにはじめて繁殖が始まり，その後は繰り返して繁殖し，毎年翌年に y^* だけを残し続ける．このような多年生の生活史が，最適スケジュールである（図 **7.5a**）．しかし，生存率 p や貯蔵効率 γ が小さい場合には y^* はゼロになり，このときは 1 年めの終わりにすべてを繁殖に使う一年生草本の生活が最適解になる（図 **7.5b**）．いずれの状況で多年生が，もしくは一年生がよりすぐれているかは，このような計算によって理解できる (Iwasa & Cohen, 1989)．

7.4 隔年結果とモノカルピー

樹木がドングリのような種子を少しだけ作ったときにはすべてネズミなどのげっ歯類に食われてしまう．しかし多量に果実を作ると，ネズミは運んで貯食行動をとり，そこから一部が食べ残されて芽生える．すると，植物から見ると生き残る子どもの数は (7.3) 式にある R_n ではなくて，$f(R_n) = \frac{R_n^2}{1+R_n^2}$ というように種子への投資量の非線形の関数になる．すると，(7.4) 式は

$$V[y_i(T)] = \max_{0 \leq R_i \leq y_i(T)} (f(R_i) + pV[\psi(\gamma(y_i(T) - R_i))]) \tag{7.5}$$

となる．この最適解を求めると，何年かおきにまとめて多数の果実をつけるという挙動になる（図 **7.5c**）．第 6 章で出てきた一斉開花・結実というのは，森林の樹木では一般的である．毎年ほぼ一定量繁殖するものはカエデなどのギャッ

第 7 章 生活史の戦略

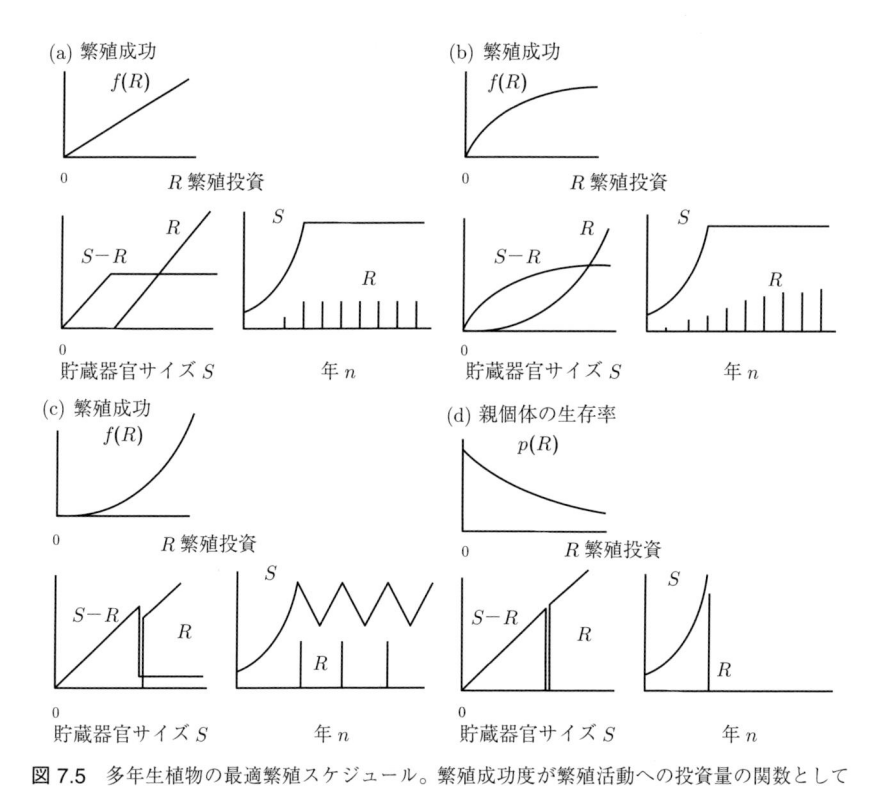

図 7.5 多年生植物の最適繁殖スケジュール。繁殖成功度が繁殖活動への投資量の関数として $f(R)$ と表されるとする。その関数の形によって，最適解はさまざまなものになる。R は繁殖投資量，$S = y_i(T)$ は生育季節の終わりでの貯蔵器官サイズ，n は年数。
(a) $f(R)$ が R に比例するとき。これは数年間は繁殖活動をせずひたすら成長し，ある貯蔵サイズに達するとそれ以降は毎年ほぼ同じだけの繁殖を行うもの。繁殖に入ると親の成長は停止する。
(b) $f(R)$ が比例よりも緩やかに増加する場合。繁殖活動と成長活動が同時に生じる期間があるが，繁殖は毎年生じる。
(c) $f(R)$ が比例よりも速く，加速度的に増加する場合。繁殖は毎年は生じない何年かに 1 度，まとめて多量の繁殖努力を向ける。これは多くの樹木で見られるタイプである。
(d) $f(R)$ が比例よりも速いことに加えて，親の生存率 $p(R)$ が繁殖活動で低下するときには，長年繁殖をせずに待ち，繁殖するときには一度にすべてを使い切るモノカルピーが最適解となる。

プに入り込んで素早く成長し繁殖するタイプなど一部のものに限られ，ブナ，コナラ，などといった幅広い面積を占める樹木の多くは，何年かおきに繁殖する。
　砂丘などでは，オオマツヨイグサなど二年草といわれる生活史の草本が多い。これらは典型的に，茎がほとんどなくて葉を何枚か広げたロゼット型で過ごし，

十分な貯蔵物質を得たら繁殖しはじめ，草丈を高くして目立つ花をつける。そしてその後は植物体ごと枯れてしまう。このように何年かしてから繁殖し，1回の繁殖にすべてを使ってしまって枯れるというタイプのものは1回繁殖型，モノカルピーという。タケやササが有名である。

ところが1回繁殖し終えると枯れてしまうという最適解は(7.5)式には出てこない。わずかでも残しておいてそれが何年かしてから再び繁殖するほうが，全部使い切るよりも有利になるからだ。では砂丘の二年草などはどう理解したらよいのだろうか。

(7.5)式において，親個体の生存率 $p(R)$ や貯蔵効率 $\gamma(R)$ などを定数ではなく R の関数として調べてみた (Klinkhamer et al., 1997)。その結果，親の生存率 $p(R)$ が繁殖努力により低下するという状況のもとでは，1回繁殖後にすべて枯れてしまい，何も残さないで親が確実に死んでしまうという解が最適になることがわかった（図 **7.5d**）。砂丘の二年草の場合，目立つ花をつけた後で捕食者を引きつけてしまい，親個体の生存率の低下が避けられないということが，その生活史の原因なのかもしれない。

7.5 不確定な環境のもとでの保険としての貯蔵

前節では季節変動にもとづいて，冬を越えて翌年に葉を再び展開するために貯蔵物質を地下に蓄えておく場合を考えた。このような，あらかじめ到来が予期される悪い環境に備えるというほかに，突然にやってくる災難に備えるための貯蔵器官がある。たとえばプレイリーなどの草原のイネ科植物は，かなりの頻度で火事を経験する。火事がくると地上部はすべてなくなってしまう。また牛やバッファローなどの植食動物が地上部を全部食べてしまうことも頻繁に起きる。しかし植物が地下に貯蔵器官をもっていると，こういった撹乱の後に，貯蔵器官にある物質を使って地上部を回復することができる。かといってあまりに多量の物質をためても十分に繁殖する前に個体が枯れてしまうと無駄になる。おそらく適当な貯蔵量があるだろう。その貯蔵器官の大きさは撹乱の頻度や個体の寿命，生産性などによって違ってくる。

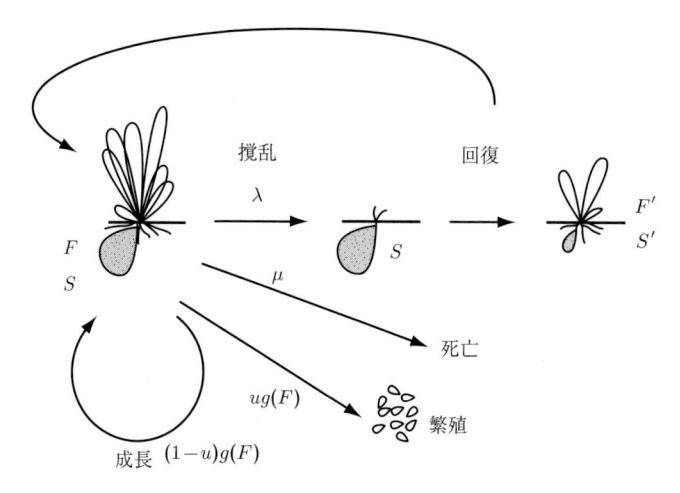

図 7.6 捕食者や火事などの撹乱のもとでの最適貯蔵のモデル。草食動物や火事などによって地上部が失われる撹乱を受けるが，そのタイミングがあらかじめ予測できない状況では，地下に貯蔵器官をもつことで，撹乱で地上部を失った後に，貯蔵物質を使って回復することができる。(Iwasa & Kubo, 1997 *EE*; Fig. 1)

　そこで，次のようなモデルを考えた（図 **7.6**）(Iwasa & Kubo, 1997)。植物は葉，茎，根などの生産のための器官と，貯蔵器官とからなるとする。サイズが x である個体の貯蔵器官の大きさを $\psi(x)$ とする。$x - \psi(x)$ が生産器官の大きさになる。光合成は生産器官の大きさの増加関数なので，$g(x - \psi(x))$ と書く。こうして得た物質の稼ぎを繁殖に向ける割合が $u(t)$ であり，残りは葉や根などの生産器官および貯蔵器官に向けられる。火事や牛による捕食などのように地上部だけは失うが回復可能な撹乱が起こる頻度が λ である。このような撹乱が生じた場合には生産器官は失われるが貯蔵器官は残るので，そこにある物質を使って生産器官を作りなおすことができる。このとき植物のサイズは x から $\psi(x)$ に縮小することになる。そのほかに個体の枯死が頻度 μ で生じるとする。そのため植物の寿命は $\frac{1}{\mu}$ である。

　ではどのように成長し，貯蔵をし，そして繁殖するのが望ましいのだろうか。この問題は確率的ダイナミックプログラミングを用いて解くことができる（詳細は第 7 章：付録 B 参照）。まずサイズが x である個体の，今から t 時間先までに起きる繁殖活動による成功度を，$V[x, t]$ と書く。サイズが x である個体を考えて今以降には最適な成長や繁殖のスケジュールをとると仮定する。

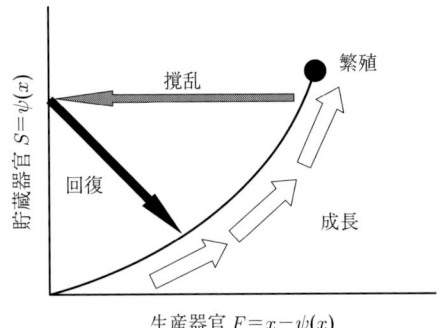

図 7.7 撹乱のもとでの最適成長モデル。サイズが小さいときには葉や茎などの生産器官に重点的にむける。余裕ができると貯蔵器官の成長にまわし，繁殖サイズに達するとそれ以降は成長をやめて繁殖活動を行う。この途中で，草食動物や火事による撹乱で地上部を失うと貯蔵物質を用いて生産器官を回復する。このときサイズは小さくなる。撹乱を頻繁に受ける間は繁殖ができないが，しばらく撹乱を受けない期間が続くと，そのときに高い繁殖成果を上げる。

短い時間 Δt に生じる変化や生産などについて考える。この期間になされた光合成は $g(x-\psi)\Delta t$ である。光合成産物のうち u の割合が繁殖にまわされ，$1-u$ の割合が全体のサイズの増大にまわされる。火事や捕食などによって地上部（生産器官）が失われる確率は $\lambda \Delta t$ で，そのときには全体のサイズ x は貯蔵器官のサイズ $\psi(x)$ に縮小する。さらに植物の成長，枯死などを考慮する。こうして $V[x,t]$ についての漸化式を作る。これから $V[x,t]$ の従う式を導き，解析するのである（第 7 章：付録 B 参照）。

その結果次のような挙動が最適のものだということが示された（図 7.7）。まず，全体に小さいときには，生産による収入のほとんどすべてを葉や茎，根といった生産のために回す。ある程度大きくなって余裕ができてくるとしだいに貯蔵器官を大きくしていく。そして貯蔵器官の大きさも十分になると，ようやく繁殖しはじめる。それ以降は葉や貯蔵器官にはまわさず，毎日の稼ぎをすべて繁殖に費やすことになる。しかしここで火事にあったり牛に食べられたりして地上部を失うとしよう。すると貯蔵器官を使って回復するが，それでもサイズは前よりは小さくなる。稼ぎをためてもとの大きさに戻ったら，再び繁殖活動をはじめる。ときどきは撹乱があり，その後貯蔵物質により部分的に回復するということを繰り返し，もとの繁殖サイズに戻るまでは繁殖活動をしない。

第 7 章 生活史の戦略

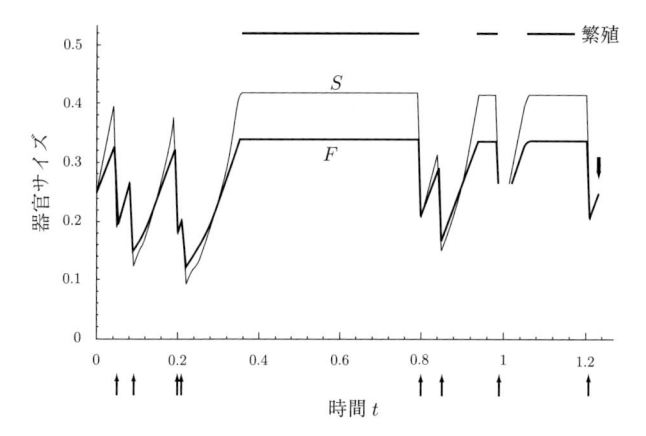

図 7.8 撹乱のもとでの最適成長モデルの例。図 7.7 に示したような成長スケジュールをもつ個体の軌跡。上向き矢印の時点で撹乱を受けて地上部を失うとする。S が貯蔵器官，F が生産器官。(Iwasa & Kubo, 1997 *EER*; Fig.2C)

撹乱がランダムな時点で生じるので，たまたましばらく撹乱がない時期が続くことがあり，そのときに集中的に繁殖活動を行うことになる。そうこうするうちに，枯死を迎えることになる。以上のような成長の軌跡の例は，図 7.8 に示されている。

7.6　葉の化学防御（アルカロイド）

植物は昆虫をはじめとする多様な植食者におそわれる。動いて逃げることができないため，さまざまな毒性の化学物質を作って防御している。ニコチンなどのアルカロイドはその代表的な防御物質である。

Cynoglossum officinale という砂丘の二年生の植物がある。小さいときには茎がほとんどなく何枚かの葉を展開するロゼット形をしている。光合成によってある程度稼ぎを蓄積すると繁殖に入り，茎を伸ばし花をつけ，そこで全部を使い切って枯れてしまう。これは前節に説明したモノカルピーである。

さてこの植物は防御物質としてピロリジジンアルカロイド (PA) を作る。実

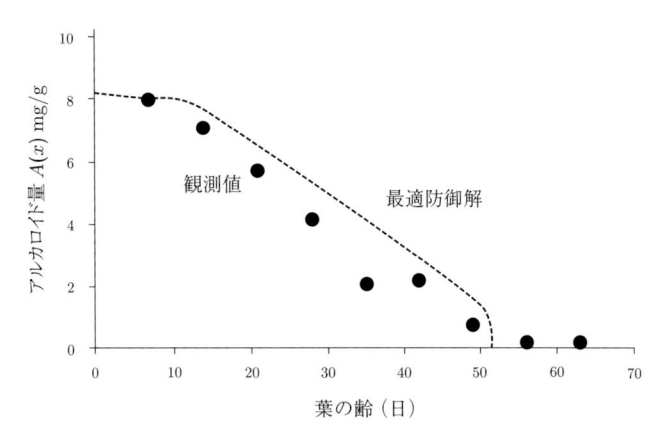

図 7.9 アルカロイド量と葉の齢との関係。オランダの砂丘に生育する二年草は，PA というアルカロイドの毒物質によって植物食者から防御している。このアルカロイドは若い葉には多量にあるが，葉が古くなるにつれてなくなる。これは分解されるのではなく，新しい葉への転流である。(van Dam *et al.*, 1996 *Func Ecol*; Fig. 6)

験をすると確かにさまざまな昆虫やマイマイなどの植食者に対して，防御の効果がある。ところが野外で測定してみると，葉が展開されたばかりの頃には多量の PA で防御しているのに，葉が古くなるにつれてしだいにアルカロイドがなくなっていくのだ（図 **7.9**）。10 週ほどすると葉が落ちるがその頃になるとほとんど残っていない。かつて，これはアルカロイドが分解されるからだと考えられていた。ところが放射性同位体で PA をラベルすると，分解はされず古い葉から新しい葉へと移動していることがわかった。それではどうして植物は PA を転流させているのだろう (van Dam *et al.*, 1996)。

葉の光合成能力を，葉が開いてからの日数，つまり葉齢によって描いてみると，図 **7.10** にあるように急激に減少していくことがわかる。若い葉が失われた場合にはその齢以降の光合成能力がすべて失われるのだから，古い葉が失われた場合よりもずっと重大であることがわかる。

植物は多くのアルカロイドを作れば葉は昆虫などに食われずにすむ。他方で，アルカロイドを作るにもコストがかかるために，その分葉の展開速度が遅くなる。逆に，まったくアルカロイドをつけない場合，同じ稼ぎを使って多数の葉が展開できたとしても，かたっぱしからマイマイや昆虫に食われることになってしまう。よってある程度のアルカロイドを葉につけて防御することが最適に

第 7 章　生活史の戦略

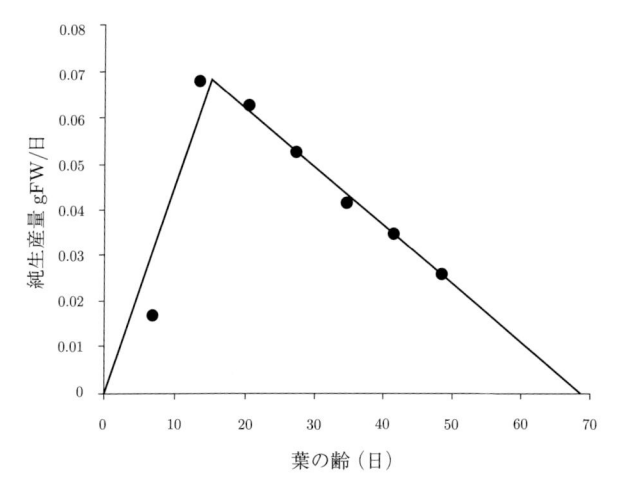

図 7.10　葉の光合成による純生産速度と齢の関係。図 7.9 に示した二年草の葉は，展開し終わる 14 日め以降急速に光合成能力が減少する。植食者に攻撃されたときの損失は，若い葉のほうが古い葉よりもずっと大きいことから，防御努力は若い葉に集中するのが望ましいと思われる。(van Dam *et al.*, 1996 *Func Ecol*; Fig. 1)

なる。またこの最適レベルは葉齢によって変わる。将来に寄与する新しい葉は強く防御することが引き合う。だから食べられたときの損失が小さい古い葉のアルカロイドを減らして，その分を新しく作られる葉にまわすのが望ましい。実際に観測されるアルカロイドレベルは，このような植物にとっての最適防御戦略の結果なのであろう。

　この考え方を動的最適化問題として定式化することができる (Iwasa *et al.*, 1996)。つまり x 日齢の葉 1 g あたりに $A(x)$ mg のアルカロイドを含ませるとし，この $A(x)$ を x の関数として最適に選ぶのである。葉の集団を考えて葉で光合成して稼いだ分で新しい葉を作ると考えると，人口学においてさまざまな年齢の個体が子を産む場合と同じように扱うことができる。もっとも優れた生活史戦略，つまり進化すべき生活史のパターンは，人口がもっとも速く増大するものであることがわかっている (Leon, 1976)。そのためには繁殖率が高いだけでなく，繁殖齢にまで生き残る率が高いことも重要である。同じ考えを葉のダイナミックスにあてはめることによって，動的最適化問題を解くことができる。

　その結果，先の砂丘の二年草 *Cynoglossum officinale* の PA については，野

外での光環境などを考慮すると，最適値に近い値になっているのではないかと考えられた（図 **7.9**）。

7.7 免疫系と防御戦略

はしかのような病気は，1度かかると2度とかからない。これは体内にある免疫系が前回の攻撃された相手を記憶しておき，それに対して十分な防御をするからである。どのようにして相手を覚えておくのか，これも考えてみれば神秘的な能力のように思われるかもしれないが，機構についてはほぼ解明されている。哺乳類などでどのようにしてこの記憶を作り利用しているのか，これは大変面白い話題だが，今はそれとは別の側面について考えよう。

ウイルスやバクテリア，寄生虫などのさまざまな病原体が人体に取り込まれて増殖しようとするとき，それらを検出して抑えることを生体防御という。植物でも昆虫でも生体防御機能を備えている。さまざまな有毒化学物質を生産して体外から侵入する病原体や寄生虫，植食昆虫などの増殖を抑える。このとき万が一の侵入に備え，あらかじめ防御物質を作っておいて不活性な形で蓄え，感染されたときに素早く活性化させるというやり方がしばしばとられる。しかしせっかく作っておいても実際に感染が起きなければ無駄になるだろう。そこで，攻撃を受けてから防御物質を生産しはじめるというやり方もとられる。これは確かに無駄がないが，遺伝子の発現，タンパク質の合成などをしている間に病原体が素早く増殖して対応が間に合わなくなるかもしれない。

その場合，いずれが望ましいのか，もしくは両方ともある程度使うのがよいのかなどは，蓄えておくことのコストや感染の見込み，そのほかのさまざまな量によって違ってくるはずである。この問題も最適化問題として取り扱うことができる (Shudo & Iwasa, 2001, 2002, 2004)。

防御ということでは，捕食者に対する防御も同じようなモデルで扱うことができる (Irie & Iwasa, 2004)。たとえば軟体動物の貝殻は，捕食者から逃れるために作ったものであるが，貝殻を作るための物質を成長にまわし繁殖していればもっと多くの子どもが産めるのではないかと思われる。しかしその前に死ん

でしまう確率が高いかもしれない。とくに野外の環境では捕食される危険がとても高い。軟体動物のなかにも，アメフラシやナメクジのように貝殻をもたない種がいる。また繁殖をするまでは石の下に隠れていて，繁殖になると目立つところに出てくる貝では，繁殖期の始まる少し前に急激に貝殻が厚くなることもある。

このような多様な生物の防御への投資スケジュールは，生涯を通じての繁殖成功を最大化するダイナミックな最適化問題として取り扱うことができる (Irie & Iwasa, 2005)。

第 7 章：演習問題

演習問題 7.1

(7.1) 式において $g(x) = ax$ の場合に，切り換え齢 t_s が存在するとして，それまでは生産器官の成長のみに投資し，それ以降は繁殖活動だけ行うという次の形の解が最適とする。

$$u^*(t) = 0, \quad \text{for } 0 < t < t_s$$
$$u^*(t) = 1, \quad \text{for } t_s < t < T$$

このとき最適の切り換え齢が $t_s = T - 1/a$ であることを示せ。そして光や水分が十分にある環境と，暗いもしくは乾いた環境とで開花時期がどのように変わるかを議論せよ。また同じ生産性のとき，生育季節が長い場所と短い場所とで，植物の開花タイミングや大きさはどのようになるかを求めよ。

演習問題 7.2

逐次近似によって (7.4) 式の解を求めることは，次のように行う。まず $V_0[y] = 0$ とする。それから

$$V_k[y] = \max_{0 \leq R \leq y} \left(R + pV_{k-1}[\psi(\gamma(y - R))] \right)$$

を用いて順番に $V_k[y]$ を $k = 1, 2, 3, \ldots$ と求めていく。それが最終的に収束したときに

$$V[y] = \lim_{k \to \infty} V_k[y]$$

を計算すると，それが求める (7.4) 式の解となる。ここで生息地に最終の年

があるとして，その年の $k-1$ 年前に貯蔵物質が y である植物の繁殖成功度が $V_k[y]$ であることを確かめよ。

● 参考文献の追加

動的最適化の数理的手法は制御工学において発展してきた。そのため生物学のモデリングのうえで必要に応じて工学のテキストを参照するのがよい。ポントリャーギンの最大原理は Pontryagin *et al.* (1962)，ダイナミックプログラミングは Bellman (1957) がもとである。Cohen (1971) は植物の成長を動的最適解としてとらえた。宿主に取り付いた病原体は，しばらく潜むか宿主体内で速く増殖して殺すかという選択をする。これについては，動的最適化モデルが有効である (Sasaki & Iwasa, 1991)。1 個体の宿主に遺伝的に異なる複数の病原体が感染するときには，問題が単純な最適化ではなくゲームになる。これは次の章を参照のこと。

第7章：付録 A　ポントリャーギンの最大原理について

ポントリャーギンの最大原理の計算方法を，一年生植物の成長と繁殖のスケジュールを例にとって説明しよう．モデルは (7.1a) 式および (7.1b) 式で表される．ここで最大にするべき量は，その生育季節の終わりにおける繁殖投資量 $\phi = y(T)$ である．これらの変数の初期条件，すなわち生産器官の量は種子重量から $x(0) = x_0$ と与えられる．繁殖投資の総量は最初はゼロなので，$y(0) = 0$ である．

まず微分方程式 (7.1) 式に含まれる 2 つの変数に対して，それらに対応する補助変数を λ_x と λ_y のようにおく．これらは，それぞれ x および y がわずかに増加したときの評価関数 $\phi = y(T)$ へのインパクトを示すものである．どの時点でその変数増加がもたらされたかによってインパクトは違ってくるため，λ_x と λ_y とは時間とともに変化する．

ここでハミルトニアンとよばれる次の関数を考える．

$$H = \lambda_x(1-u)g(x) + \lambda_y u g(x) \tag{7.6}$$

これは x と y の増加率に，それぞれの補助変数をかけて加えたものである．光合成による毎日の稼ぎを x および y の増大に投資するときに，そのことが最終的に評価関数に対してどれだけ改善効果があるかを考えたとき，それが (7.6) 式となる．

補助変数の時間変化は次の式で与えられる．

$$\frac{d\lambda_x}{dt} = -\frac{\partial H}{\partial x} = -[\lambda_x(1-u) + \lambda_y u]\frac{dg}{dx} \tag{7.7a}$$

$$\frac{d\lambda_y}{dt} = -\frac{\partial H}{\partial y} = 0 \tag{7.7b}$$

どうしてそのように与えられるのかについては，制御理論の教科書を読んでほしい．ここで面白いことは，補助変数については終端条件が与えられることである．つまり評価関数が $\phi = y(T)$ であるため，

$$\lambda_x(T) = \frac{\partial \phi}{\partial x(T)} = 0, \quad \lambda_y(T) = \frac{\partial \phi}{\partial y(T)} = 1 \tag{7.8}$$

となる．変数の方程式 (7.1) は初期値から終端時刻へと解いていくが，補助変数の微分方程式は終端時刻から初期時刻へと逆に解いていくことになる．さて，毎日の最適な分配 $u(t)$ とは，ハミルトニアンを期間のそれぞれの時点で最大にするものである．つまり毎日の光合成による稼ぎをさらなる成長と繁殖との間で分配するときに，評価関数へのインパクトが最大になるように決めるのが最適解である．

$$\max_{0\leq u\leq 1} H = \max_{0\leq u\leq 1} \left[\lambda_x (1-u) + \lambda_y u\right] g(x) \tag{7.9}$$

これから $\lambda_x > \lambda_y$ ならば $u^* = 0$，$\lambda_x < \lambda_y$ ならば $u^* = 1$ ということがでてくる．$*$ をつけたものは最適の解である．生産器官への投資が繁殖活動よりも評価関数への貢献が大きい ($\lambda_x > \lambda_y$) 場合は繁殖にはまわさず ($u^* = 0$) すべてを葉や根，茎などの生産のための器官にまわすべきであること，逆に，繁殖活動のインパクトが生産器官への投資よりも評価関数への貢献が大きい ($\lambda_x < \lambda_y$) 場合はすべてを繁殖にまわす ($u^* = 1$) べきであるということを意味していて，直感的に納得ができよう．

これらの条件をすべて満たすように解を決めると，それが最適制御の候補になる．

第 7 章：付録 B　確率的ダイナミックプログラミング：不確定な環境のもとでの保険としての貯蔵器官

まずサイズが x である個体の，今から t 時間先までに起きる繁殖活動による成功度を，$V[x,t]$ と書く．次に，全体のサイズが x である個体の貯蔵器官の大きさを $\psi(x)$ とする．$x - \psi(x)$ が生産器官の大きさになる．サイズが x である個体を考えて短い時間 Δt に生じる変化や生産などについて考えると次のようになる．

$$\begin{aligned}V[x, t+\Delta t] = \max_{0\leq u\leq 1} \max_{0\leq \psi\leq 1} & \left[ug(x-\psi)\Delta t + \lambda \Delta t V[\psi, t]\right. \\ & \left. + (1-(\lambda+\mu)\Delta t)V[x+(1-u)g(x-\psi)\Delta t, t] + o(\Delta t)\right]\end{aligned}$$

(7.10)

この期間になされた光合成は $g(x-\psi)\Delta t$ である。右辺 [ ] 内の第 1 項は，光合成産物のうち u の割合が繁殖にまわされることを示している。その次の項は，火事や捕食などによって地上部が失われる場合を示している。その確率が $\lambda \Delta t$ でそのときには全体のサイズ x は貯蔵器官のサイズ $\psi(x)$ に縮小される。よって撹乱直後の状態で将来の繁殖成功度は $V[\psi(x),t]$ となる。第 3 項は何も生じない確率 $1-(\lambda+\mu)\Delta t$ に，その期間の終わりでの将来繁殖成功度 V をかけたものである。ただし植物はその間にも成長するので，サイズ変数は x ではなく $x+(1-u)g(x-\psi)\Delta t$ となる。これに加えて，$\mu \Delta t$ の確率で個体が枯死する。その場合には将来の繁殖成功はないので項の値が 0 となり式には現れない。(7.10) 式で左辺の従属変数に $t+\Delta t$ と書かれているが，これは現在以降 $t+\Delta t$ 時間における繁殖成功の期待値を考えるという意味である。右辺ではそれは少し短くなって t となっている。これはまず Δt という長さにおける事象によって場合分けをしたことによるもので，その後になされる繁殖成功を考える場合に残された時間は t になるからである。右辺の最初にある max は光合成の収入のうち繁殖にまわす割合 u を最適に選ぶこと，その次の max は貯蔵器官の大きさ $\psi(x)$ を体のサイズ x に応じて最適な値に選ぶことを表している。

これで $\Delta t \to 0$ の極限をとると

$$\frac{\partial V}{\partial t}[x,t] = \max_{0 \leq \psi \leq 1} \left\{ \max\left(1, \frac{\partial V}{\partial x}\right) g(x-\psi) + \lambda V[\psi(x),t] \right\}$$
$$- (\lambda+\mu)V[x,t] \qquad (7.11)$$

という式が得られる。これに加えて，

$$V[x,0] = 0 \qquad (7.12)$$

という初期条件がつく。(7.11) 式と (7.12) 式を解くことによって，貯蔵器官の大きさや繁殖活動への配分の適応的な値が計算できる。

第 8 章
性の進化

　生物が子どもを産んで増えることを繁殖，または生殖という。私たちに親しみのある動物や植物では，子どもは親と遺伝的に似てはいてもまったく同じではない。親は減数分裂によって自分の遺伝子セットを半分だけもつ細胞，つまり卵や精子（植物では花粉）を作る。これらの細胞（配偶子）が，ほかの個体が作る配偶子と融合することによって子どもができる。できた子どもには両親の性質が混ぜ合わされている。子どもはどちらの親とも異なり，また同じ親からできた子どもとも互いに違っている。このように別の個体に由来する遺伝子を混ぜ合わせて多様な子どもを作ることを有性生殖，もしくは短く「性」という。

　しかし生物の「性」の現れを話題にするときには，遺伝子を混ぜることよりも，雌雄の現れ方や，雌雄の違いが強調されることが多い。たとえば多くの動物では個体ごとに雄と雌のどちらかになっているが，植物では1個体が両方の役割をになっているとか，動物の雄と雌とでは，作る配偶子の大きさだけでなくて，体の大きさや行動などさまざまな面で性による違いがある―といったことだ。

　このような性のさまざまなあり方について，現在見られる生物は長い進化の結果選び抜かれてきたのだという視点に立つと，多くのことがよく理解できる。

　前章では成長や繁殖のスケジュールについて最適化モデルを紹介した。そのときにはプレイヤーが1人いて，その人が異なる挙動のなかで一番優れたものを選ぶという形式になっている。

　しかし性に関する挙動を理解するには，ゲーム理論が必要になる。それは複数のプレイヤーがいて，それぞれが自らにとって適応的な挙動を選ぼうとする

結果達成される状態を調べるものであり，社会科学において利害の対立する状況を理解するために発展してきた (von Neumann & Morgenstern, 1944)。今では動物行動学を中心として生物学においてもゲーム理論は基本的な道具になっている (Maynard Smith, 1982)。

本章ではゲーム理論をはじめとして性に関連した進化についての議題を紹介しよう。

8.1 魚の性転換

　珊瑚礁の魚には，性を転換するものがいる。寿司のネタにアマエビがあるが，これも性転換をするものの1つである。小さいときには未成熟だが，ある程度大きくなると最初はまず雄になって精子を生産しはじめる。さらに大きくなると今度は精子の生産をやめて卵の生産を行う。つまり雌に転換するのだ。どうしてだろうか。

　これについては，サイズ有利性モデルとよばれる説明がなされている (Warner, 1975)。まずそれぞれの個体が毎年雄になって繁殖するかそれとも雌になって繁殖するかを自由に選ぶと想定する。雌になったときの繁殖成功度は生産する卵の数にほぼ比例する。水産学で知られるように，雌が産む卵の数はその体の大きさとともに多くなる。だから雌として繁殖するならば，体が大きいほど成功率が高い。これに対して雄としての繁殖は，精子を生産して他個体が作る卵にかけることで達成できる。乱婚型のエビや魚の場合にはその成功度は小さな個体でも大きな個体でもそれほど違わない。図 **8.1a** にあるように雄になった場合の繁殖成功率と雌になった場合の繁殖成功率をサイズの関数として描くと，いずれも増大するとしても雌の場合の曲線の傾きのほうが急である。そのため，あるサイズを境にしてそれより小さいと雄，大きいと雌になるのが有利になる。

　ここで注意しないといけないのは，雌の繁殖成功度は自ら生産する卵の数だが，雄の成功度は自らが受精して父親になれる卵数であることだ。後者は集団中にどれだけの雌と雄がいるかで大きく異なる。同じ大きさの同じ生理的条件の雄であっても，多数の雌がいて雄が少数しかいないときには，逆に雌が少な

第 8 章　性の進化

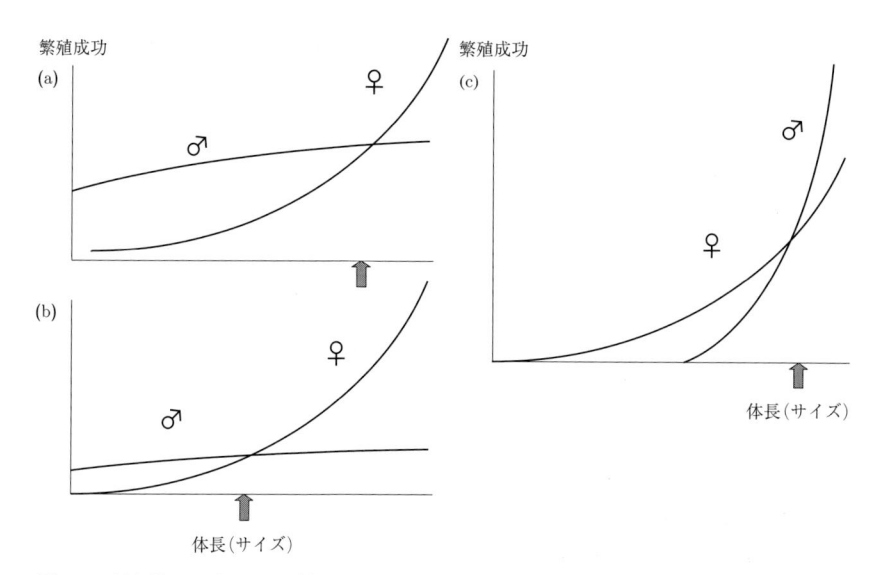

図 8.1　性転換に関するサイズ有利性モデル。縦軸は雌雄それぞれの繁殖成功度。横軸はサイズ。(a) 乱婚型。雌の繁殖成功度は体サイズとともに増大するが雄の繁殖成功はそれほど増えないため，小さいと雄，大きいと雌になるのが有利である。(b) 乱婚型。大きなサイズの個体が少なくなると雄の繁殖成功度の曲線が低下する。その結果，性転換をすべきサイズも小さくなる。(c) なわばり型もしくはハレム型。最大の雄が繁殖を独占できる。中途のサイズの雄は排除される。そのため小さいときに雌，大きくなると雄となる性転換が進化する。

くて雄が多数の場合よりも繁殖成功度がずっと高くなる。だから図 8.1 にある雄の繁殖成功度の曲線は，一定ではなく他個体がどの性を選ぶかによって変わる。言い換えるとある特定のプレイヤーにとっての戦略のよさが，他のプレイヤーの行動によって変わる。そのような状況でそれぞれが最適の戦略をとったときに何が実現されるのかを考えるのがゲーム理論である。

　漁業による捕獲で大きな個体がいなくなったとしよう。もし以前と同じサイズで性転換をするならば，雌が少数しかいなくて雄ばかりになるため，雄 1 匹あたりの繁殖成功度は下がってしまう（図 8.1b）。この場合，以前よりも小さなサイズから雌に転換することが有利になる。雄から雌に性転換するホッコクアカエビについて，さまざまな漁場で性転換すべきサイズの違いを比較した研究があるが，ごく簡単なモデルでかなり正確に説明することができる (Charnov, 1982)。

珊瑚礁の魚には，逆に小さいときには雌で，大きくなると雄に変わるものが多い．第3章で説明した縞の体表パターンをもつ熱帯魚もその例である．雌のときには体表に模様がないが，性転換をして雄になると縞が現れてくる．これらの種ではどうして雄が後なのだろうか．

　それはこれらの種の配偶様式の違いに理由がある．先に雄になり後で雌になるタイプの配偶様式は乱婚型であり，その場合には精子を作りさえすれば小さな雄でも排除されないで繁殖に寄与できる．それに対して，先に雌になって後で雄になるタイプの配偶様式は，雄が産卵場所になわばりを確保して，産卵に来る雌を独占するといったもの，もしくは未成熟段階から雄が雌を囲い込んでハレムを作り，雌が成熟したら受精するものである．このような状況では雄の間で闘争があり，体の大きな個体が戦いに勝って多数の雌を独占する．中途程度のサイズでは雄になっても繁殖に成功できないが，最大の個体が雄になると非常に有利なのだ（図 **8.1c**）．

　この場合でもおかれた社会的状況で個体の性がかわる．珊瑚礁の魚がグループでなわばりを防衛しているときに，一番大きな個体が雄で，数匹の雌がいてそれらの間に順位があり，さらにそのほかにもっと小さな未成熟の個体がいる．雄がいなくなると，非常に短い時間で雌のうちの一番順位の高いものが雄の行動をとりはじめる．パトロールをしてほかの雄がなわばりに入ってくると追い出すのだ．短い時間のうちに産卵をやめて，精子を生産するようになり，体表の縞模様がでて雄に性転換する（第3章参照）．この雄になったばかりの個体を除去すると，その次の順位にいた雌個体が性転換をする．これらの魚は生理的にはいつでも雄になれるが，視覚的情報などによってほかの自分より大きな個体がいることの心理的影響で，雌のままにとどまっていたのである．

8.2　性比のゲーム：寄生蜂

　生涯を通じて雄もしくは雌に決まっている動物では，母親が産卵するときの雄と雌の比率が，ほぼ1：1になっている．それはどうしてなのかを考えるのが性比の理論だ．これが進化の結果として，ゲーム理論によって説明できること

第 8 章　性の進化

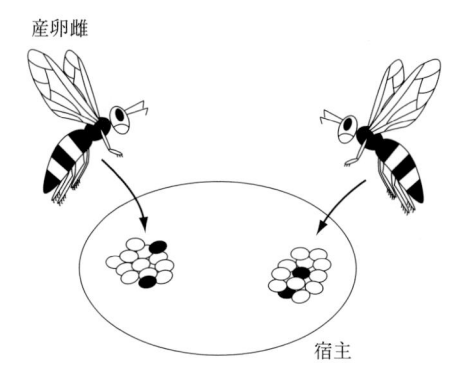

図 8.2　寄生蜂。ほかの昆虫を宿主とし，その体に産卵する。卵からかえると幼虫は宿主体内で育ち，さなぎを経て羽化する。そのときに同じ宿主で育つ個体の雌雄の間でだけ交尾が行われる寄生蜂があり，それらでは雄卵の比率が少なくなる。ここでは同じ宿主に複数の母親が産卵する場合には，雄卵の比率が高まる。

を最初に考えたのは R. A. フィッシャーである (Fisher, 1930)。

どうして雌雄の比率が 1:1 なのかを理解するには，むしろそれから大きくずれた性比をもつ動物に注目するとよい (Hamilton, 1967)。そこで寄生蜂という小さなハチがいる。それはほかの昆虫の幼虫やさなぎを宿主として，そこに卵を産む。生まれたハチの卵は宿主の体を栄養として育ち，羽化して出てくる。雌は雄と交尾をして精子を貯精嚢に蓄えておき，産卵のときに使うのである (図 **8.2**)。

ハチの子どもの性は母親が決める。雌は遺伝子を 2 セットもつ 2 倍体だが，雌が減数分裂によって作った卵に雄からの精子をつけて産卵すると，それらの子はすべて娘になる (図 **8.3**)。産卵するときに精子をつけないでそのまま産むと，それは未受精のまま発育して雄に育つ。雄は雌の半分，つまり 1 セットしか遺伝子をもっていない。このような性決定様式のために，ハチにおいて子どもの性は産卵するときに母親が自由自在に選ぶことができる。実際大きな宿主には娘を，小さな宿主には息子をと産み分ける寄生蜂も知られている。

さて，1 つの宿主に n 匹の母親が産卵するとしてみよう。それらの息子や娘は混ざりあって互いにランダムに交尾をする。それぞれの母親は N 個の卵を産みつけるが，それらの雌雄の割合 (性比) を自由に選べるとする。性比 x_1 で雄の割合を表そう。1 番めの母親は全部で N 個の卵を産むがそのうち $N(1-x_1)$ が娘，Nx_1 が息子とする。母親の繁殖成功度，つまり適応度は次のようになる。

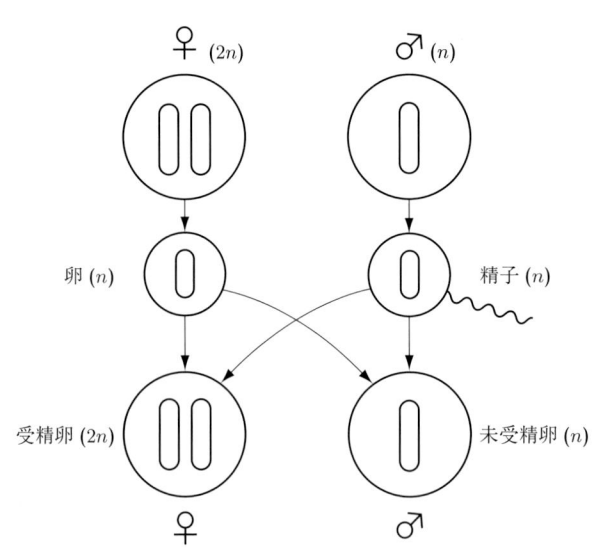

図 8.3 半倍数性決定。ハチやアリなどでは，雄は半数体（ゲノムを1組もつ）で雌は2倍体（ゲノムを2組もつ）である。母親から減数分裂してできた卵は精子に受精されるとすべて娘になる。卵が未受精のままで発育すると息子になる。この性決定様式のために，母親が子どもの性を決めることができる。

$$\phi_1 = N(1-x_1) + Nx_1 \frac{N(1-x_1) + \cdots + N(1-x_n)}{Nx_1 + \cdots + Nx_n} \tag{8.1}$$

ここで右辺第1項はこの母親が産んだ娘の数 $N(1-x_1)$ である。第2項は息子の数 Nx_1 に集団中の性比が掛かる。性比の分子が集団中の雌の総数，分母が集団中の雄の総数である。この比率は平均的にみて雄1匹がどれだけの数の雌と交尾ができるかを表す。よって (8.1) 式の第2項は，息子が交尾できる雌の数の期待値である。

第1の母親は自らの適応度 ϕ_1 を一番高くするように，その産卵性比 x_1 を選ぶ。(8.1) 式と同様な式をほかの $n-1$ 個体の母親についても書くと，i 番めの母親はその産卵性比 x_i を自らの適応度 ϕ_i が最大になるような値に選ぶ。これは n 匹の母親がプレイヤーでそれぞれに ϕ_i を利得関数として戦略 x_i を選ぶ非協力ゲームである。そのときに実現する最終状態では，対称性から全員が共通の性比を使う，$x_1 = \cdots = x_n = x^*$ となる。これが進化の最終状態であるためには，他個体がこの性比を採用しているときに，1匹だけ異なる性比で産卵した

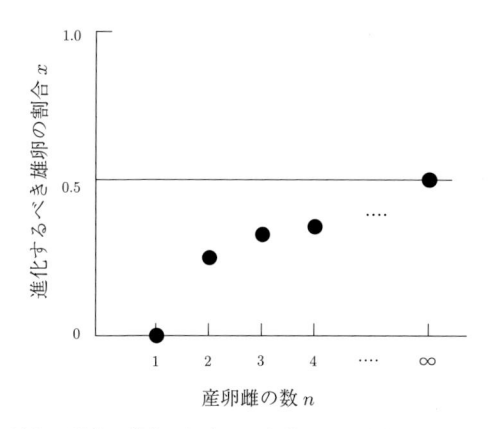

図 8.4 ハミルトン性比。縦軸は雄卵の比率で，横軸は同じ宿主に産卵する雌の数。産卵雌は同数の卵を産み，それらから産まれた雌雄の間で交尾が生じるときに，進化の平衡状態で期待される性比。産卵雌の数が少ないと雄卵の比率が低下する。産卵雌数が非常に多い極限で，1:1 の性比が期待される。

母親が有利にならないことが必要である。x_i が ϕ_i を最大化していることから，

$$\frac{\partial \phi_1}{\partial x_1} = \cdots = \frac{\partial \phi_n}{\partial x_n} = 0 \tag{8.2}$$

が成立するはずだ。ここで，偏微分は $x_1 = \cdots = x_n = x^*$ で計算する。これから次の式が得られる。

$$x^* = \frac{n-1}{2n} \tag{8.3}$$

これはハミルトン性比という（**図 8.4**）。こうして求めた性比は皆がこの値で雄を産むかぎり，ある 1 個体が別の性比をとっても本人にとって有利にはならないのでそのような突然変異は広がらないという性質がある。このような性質をもつ状態のことを進化的に安定な戦略 (Evolutionarily Stable Strategy, ESS) という (Maynard Smith & Price, 1973)。(8.3) 式の性比は ESS の例である。

進化すべき性比は母親の数 n によって変わる。$n = 1$ のときには，$x^* = 0$ となる。これは 1 匹の母親が宿主を独占し，その娘と息子との間でだけ交尾が行われる場合を表している。息子にはほかの母親が産んだ雌と交尾するチャンスはない。このような場合には息子をできるだけ少なくするほうが望ましい，ということを $x^* = 0$ が示している。実際にこのような寄生蜂では，100 個の卵のうち 1 個か 2 個だけが雄卵で，ほかはすべて雌となっている (Hamilton, 1967)。

しかし1つの宿主に複数の母親が産卵をしてそれらの子どもたちの間で交尾が行われる場合には，息子をある程度の割合で産むことに価値がでてくる。宿主における雄がごく少数のときには，雄は非常に多数の雌と交尾をしている。孫の数で母親の繁殖成功度を測ると，息子1匹を通じての孫の数は，娘1匹を通じての孫の数よりもずっと大きい。そのため息子を多数作る突然変異の母親が現れると，その遺伝子が広がる。その結果，雄を多数作るように進化してしまう。(8.3)式によると2匹の母親からの子どもがランダムに交配する場合($n=2$)にはESSでは$x^* = 1/4$，つまり1/4が息子で3/4が娘（1 : 3の性比）が進化すると予想される。また3匹の母親の子どもが混ざりあって交配するときには$x^* = 1/3$，4匹の母親からの子どもが交配するならば$x^* = 3/8$。このように，より多数の母親が繁殖集団に寄与するにつれて，進化すべき性比は雄をより多く作るものへと変化する。そして広い範囲での交配が生じて，nが大きいときには，ESS性比は$x^* = 1/2$で，雌雄が同じ数だけ生まれる状態が進化する（図 **8.4**）。

集団の増殖から考えると雄は無駄な存在である。鳥類やヒトなどを除くと雄は交尾だけをして子どもの世話はしない。仮に雄は1％しか産まずほとんどすべてを雌にしたと想定してみよう。するとその少数の雄は多数の雌と交尾をするが，それは通常十分可能である。無駄な雄が減るので集団の増殖率は世代あたり2倍近くに増大する。その結果，集団の絶滅率もかなり低下するはずである。にもかかわらず多くの動物が50％近い数の雄を作り続けているのだ。

現在見られる生物の挙動は，種の存続や集団の増殖率を改善するように進化した結果ではなく，各個体の遺伝子の広がり方の優れたものがほかのタイプを押しのけてはびこった結果だと考えられている。それによって進化した結果，生物種が滅びやすくなることも決してまれではない。この考えを利己的遺伝子というスローガンでよぶが，その見方のもっとも強力な証拠は性比理論である(Dawkins, 1976)。

8.3　なぜ雄と雌があるのか？

異なる個体の遺伝子を混ぜ合わせて子どもを作ることが有性生殖の目的だとすれば，配偶相手が自分と遺伝的に同一であってはわざわざそうする意味がない。だから有性生殖の相手として自分と似たものは避けるように工夫されている。

ゾウリムシなどの原生動物，淡水にすむ藻類，カビ・キノコなどの菌類には，卵と精子という大きさの区別がなく，同じ形をした配偶子の間で有性生殖が起きる（同型配偶）（図 8.5）。しかし形は同じでもどれとでも自由に有性生殖できるわけではない。同じ種に属する系統はいくつかのグループに分かれていて，有性生殖は同じグループのなかでは起きずに，必ず違うグループの間で行われるようになっている（図 8.6）。つまり形は同じでも配偶子には性分化があるのだ。そのことによって，自分と遺伝的に同一である個体と遺伝子を交換する無駄が避けられる。このグループ（性もしくは配偶型という）の数が 2 つの場合もあるが，それ以上に多数の場合もある。たとえば原生動物には 48 もの性をも

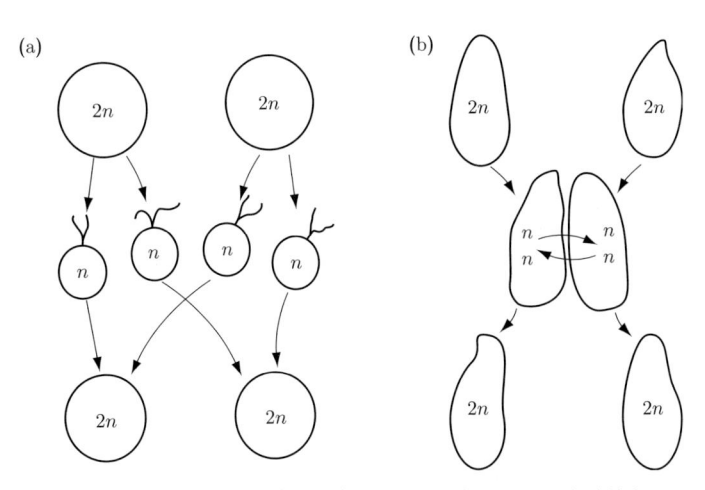

図 8.5　同型配偶。(a) 半数体の細胞（配偶子）が融合するもの。(b) 2 細胞接合しそれぞれが減数分裂をして核を交換するもの。いずれも配偶や接合する細胞間には形態上の違いは見られないが，多くの場合互いに異なる性（配偶型）をもつものとしか有性生殖は行わない。

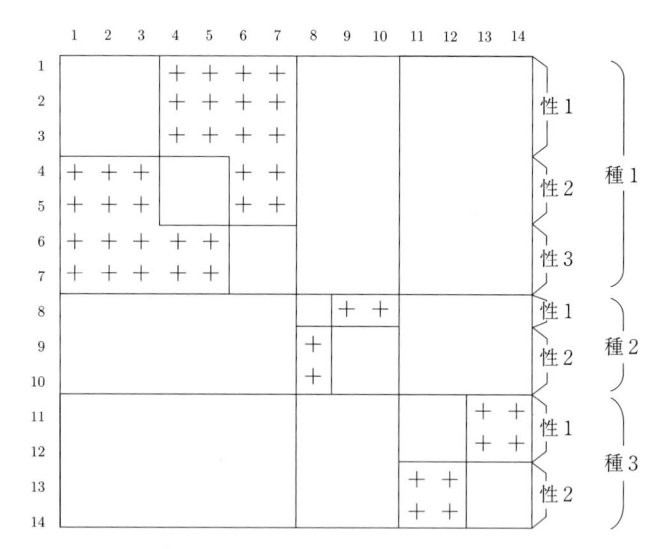

図8.6 性と種との関係。多数の系統を確立し，有性生殖が生じうる環境を与えたとき，接合や配偶が生じる場合をプラス，生じない場合をマイナスとして結果を整理したもの。系統はいくつかの種（シンジェンともいう）に分かれ，同じ種のなかでしか接合しない。種間では遺伝的交換は行わない。次に種のなかは複数の性（配偶型ともいう）に分かれ，接合は異なる性の間でだけ生じる。この性の数は2つが最小だが，48など多数のものが見られることもある。

つものが知られている。菌類では，数え方によっては数千にもおよぶ性をもつものが数多くある。

　しかしこのような同型配偶は生物界では少数派である。より一般的なものは，先ほどもいったように「卵」とよばれる大きな配偶子と「精子」という小さくてよく動く配偶子とが融合する異型配偶だ（図 8.7）。

　では卵と精子の分化はどのようにして始まったのだろうか。これもゲーム理論にもとづいて説明されている。最初は同じ大きさの配偶子が融合する集団があったとしよう。そのなかに数回余分に分裂して数を増やしてから有性生殖に入る突然変異タイプが現れたとする。それらからできた子ども（接合子）は栄養のもちより分が小さくなるので生存率が下がる。しかし1つひとつの生存率が下がっても子の数が増えるので突然変異タイプはもとのものよりもよく増えて広がってしまう。このような小さな配偶子を多数作る系統が広がってしまうと，子どもの必要とする栄養を相手には頼らずに自分がもちよる大きな配偶子，つ

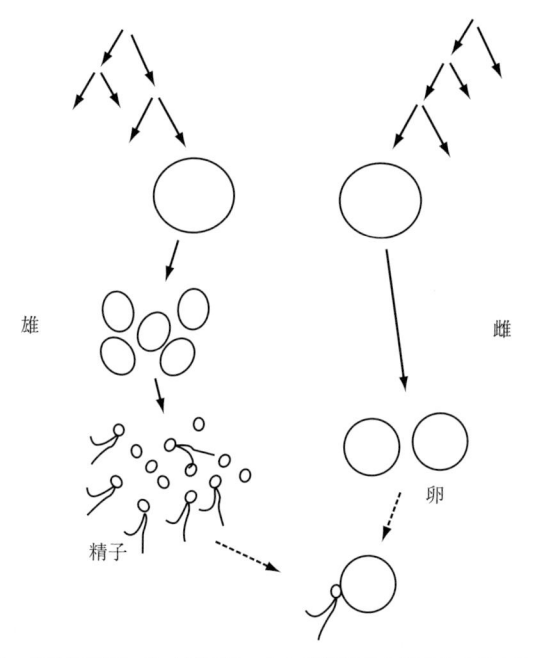

図 8.7 異型配偶。有性生殖が，サイズに違いのある配偶子の間で生じる生物が多い。このとき小さな配偶子（精子や花粉）と大きな配偶子（卵）のように極端に分化したときに，前者を作ることを雄としての繁殖機能，後者を作ることを雌としての繁殖機能という。異型配偶や同型配偶がどのような状況で一般的なのかを説明するゲーム理論モデルがある。

まり「卵」が進化する。このようにして中間型を作らずに両極端の大きさをもった 2 種類の配偶子を作るようになったと考えられている (Parker *et al.*, 1972)。

8.4 個体ごとに雄と雌に分かれるのか兼業するのか

　卵と精子の 2 型が現れると，その後は雄の機能と雌の機能の区別ができる。つまり，自ら卵や種子を作る雌としての繁殖と，精子や花粉を生産して，他個体が作る卵や種子の父親になる雄としての繁殖である。いずれも子どもには同じだけの遺伝子が伝わる。というのも，どの子どもにも母親と父親が 1 人ずつ

いるからだ。

　多細胞生物では，この2つの繁殖機能の現れ方は大変多様である。ヒトや哺乳類・鳥類などを念頭におくと，個体ごとに雄と雌とが分かれる雌雄異体が通常のように思える。しかし動物でも，巻貝などには，1個体が同時に雄でも雌でもあるという雌雄同体のものがいる。先に述べた珊瑚礁の魚やエビには，1つの個体が成長するにつれて一方の性から他方へと切り換わる性転換が見られる。

　多くの植物は雌雄同体である。そのなかにはサクラのように1つの花に雄しべと雌しべが備わっているものもあるが，雄および雌に特化した花，雄花と雌花を1つの個体が咲かせる場合も雌雄同体である。一方では，雄花しか咲かせない雄専門の個体と，雌花しか咲かせない雌専門の個体とに分かれている，アオキのような植物もある。

　雄と雌を兼業するか，雄および雌にそれぞれに専業する個体に分かれるかは，その生物が高等か下等かで決まるのではない。それぞれの種の生活様式のなかで，両者の効率のよさが結果を決めるのだ。

　他個体からの花粉を受け取るためにも，自分の花粉をほかに運んでもらうにも，花を咲かせて匂いを出し，蜜を分泌して送粉昆虫をよばねばならない。とすれば，雄花と雌花を別々につけるよりも，1つの花に雄しべと雌しべを兼ね備えていたほうが効率がよいだろう。しかしそれには欠点もある。自分で作った花粉が自分の雌しべについてしまい自分の卵を受精させる「自殖」が起きるからだ。自殖でできた子どもには，隠れていた有害遺伝子が現れてしまうために，異なる個体による花粉を使った他殖の子どもと比べて生存率が低い。個体ごとに雄と雌とに分かれることは，自殖をうまく避ける方法になっている。植物の性表現がどのタイプが進化するのかは，これらの効果にも大きく影響される（矢原，1995）。

　多様な性の表現は，それぞれの個体が自らの繁殖成功，つまり次世代への遺伝子の残し方を高くするよう努めた結果として理解することができよう (Charnov, 1982)。

8.5　雌雄の違い

　個体ごとに雄と雌とに分かれている生物において，それらの違いは卵と精子という配偶子の大きさだけにはとどまらない．体の大きさ，体色，活動季節，移動率などから寿命までさまざまな面で雌雄には違いがある．例として，動物の子どもの世話についての雌雄の違いを考えてみよう．

　ヒトのことを考えると，両親が協力して子どもの世話をするのが当然のように思えるかもしれない．たしかに鳥類では多数の種で両親が子どもの世話をする．しかし哺乳類では，ヒトやキツネなどは例外であって，雌だけが子どもの世話をするものがほとんどである．これに対して淡水産の魚類には雄だけが子どもの世話をするものが多い．典型的な例では，雄が砂を掘り返して産卵場所を作り，そこに雌を呼び寄せるものがある．雌は産卵し終わるとすぐに出ていってしまうが，卵がかえるまで雄がほかの魚から食べられないように保護し水送りや掃除をする．ずっと多くの動物では子どもは産みっぱなしである．

　このような子どもの世話のさまざまなパターンが，どのような状況で進化するのかを説明する簡単なモデルがある（図 **8.8**）．雄と雌の 2 個体がプレイヤーであり，産まれた子を世話するかどうかをそれぞれが選ぶ．その選択は自らの繁殖成功を高めるようになされる．子の世話の効果はパートナーが世話に加わっているかどうかで変わるので，単純な最適化問題ではなくゲームである (Maynard Smith, 1977)．

　子の生存率は両性から世話されると S_2，一方の親からだけだと S_1，世話されないと S_0 とすると，$S_2 > S_1 > S_0$ である．その一方で，子の世話にはコストが伴う．子を世話する雌は産卵後しばらくは次の繁殖に入れないので，生産する卵の数 v は，産みっぱなしにする雌の産卵数 V よりも小さい（$v < V$）．雄は，子を世話していると別の雌を獲得して交尾する機会を逃してしまい，次の繁殖に参加できる確率 P が減少して p となる（$p < P$）．雌雄それぞれにとっての利得，すなわち繁殖成功度は図 **8.8** のように書くことができる．

　たとえば両性が子の世話する集団を考えると，雌の利得は産卵数と子の生存率との積で vS_2 であり，雄の利益は別の雌を獲得して交尾する可能性 p を考

		雌が子の世話を	
		する	しない
雄が子の世話を	する	vS_2 / $vS_2(1+p)$	VS_1 / $VS_1(1+p)$
	しない	vS_1 / $vS_1(1+P)$	VS_0 / $VS_0(1+P)$

図 8.8 雌雄に分かれている動物において，子の世話をいずれの親が（もしくは両方）が行うのかを説明するためのゲーム理論モデル。父親と母親は産まれた子の世話をするかしないかを選ぶとする。その組合せで，両親ともが世話，片親が世話，世話なしという状況が4つのコマに対応する。それぞれのなかでは，父親への利得，母親への利得が書かれている。親による世話によって生存率が改善されることが世話の利益であるが，父親にとっては次の雌を獲得する機会を逃すことが損失，母親にとっては餌を食べることができず次に産卵できる数を減らすことが損失である。2者のプレイヤーの世話の利得は他のプレイヤーが世話をするかどうかで変わるため，単なる最適化ではなくゲーム理論になる。記号の意味は本文を参照。

えて $vS_2(1+p)$ となる。さてこのような集団に，雄に子の世話を放棄させる突然変異が生じたとしよう。その雄の利得は $vS_1(1+P)$ になる。これが子の世話をする雄の利得より大きいと突然変異体は集団中で頻度が増加してしまい，しばらくすると集団中の雄は世話をやめるように進化してしまうだろう。よって雄の世話行動が進化のうえで維持されるためには，$vS_2(1+p) > vS_1(1+P)$ が必要である。同様にして，雌による世話が維持されるという条件は，世話をやめる雌が繁殖のうえで有利にならないことであり，$vS_2 > VS_1$ である。これら両方の不等式が成立しているときは，両性が世話をする状態が進化的に安定な戦略，つまり ESS となっている。そこでは相手がその戦略を取り続ける限り自らの戦略を変えると損をする。ヒナが飛べるようになるまで親が餌をやり続ける鳥類では，片親では子の世話が十分に行き届かず，両親による世話が必要であるために S_2 が S_1 に比べてずっと大きく，これらの不等式が満たされやすい。

図 8.8 ではこのほかに，「雄だけが子の世話をする」，「雌だけが子の世話をする」，そして「子の世話はしない」の3つの状態があり，それぞれが進化的に安定になるための条件を求めることができる。しかしパラメータが決まっても進化すべき状態が1つに定まるとは限らない。たとえば，子の世話はいずれか一方の親だけで十分だが，世話がないと生存率がひどく下がるという場合を考

えてみると，$S_2 \approx S_1 \gg S_0$ である．すると，「雄だけが子の世話をする」と，「雌だけが子の世話をする」の両方ともが進化的に安定になる．いずれの状態もいったん進化するとその後はそこにとどまるのだから，どちらに進化するかは歴史的経緯によって決まることになる．

雄と雌がそれぞれのおかれた状況でベストを尽くして一番繁殖成功度の高い行動を選んだ結果が野外で見られるのだという説明は，子の世話だけでなく体の大きさや移住率，活動季節など行動や生活史のすべての側面について性による違いを説明するために役立つ．

雌雄の違いを拡大するもう1つの機構として，配偶者選択がある．たとえばクジャクやゴクラクチョウのような派手な色や形をもった雄が進化したのは，雌がそのような雄を好んで配偶するように進化したからだと考えられている．これについては，進化生態学のなかでももっとも活発な研究分野の1つで，理論的な研究も実証研究も盛んになされている (Andersson, 1994; Iwasa *et al.*, 1991)．

8.6 性：なぜ遺伝子を混ぜ合わせるのか

このように性にまつわるさまざまな現象は，すべて有性生殖，つまり子どもを作るのに異なる個体の遺伝子を混ぜる必要性から派生して進化したものである．では，そもそも遺伝子を混ぜて繁殖するのはどうしてなのだろう．

私たちに親しい生物のなかにも性を失ってしまったものが多数いて，それらも結構栄えているように見える．たとえばセイヨウタンポポがそうである．ほかの有名な例ではアメリカの砂漠にすむムチオトカゲの仲間も無性生殖を行い，子どもは母親と同じ遺伝子セットをもつ．

このような親と同じ遺伝子のセットをもつ子を作る無性タイプのほうが，他個体の遺伝子と混ぜて繁殖する有性生殖よりもはるかに効率的に増殖できる．簡単なモデルで計算すると，もし生存率・出産率に違いがなければあっというまに有性タイプは負けてしまう（第8章：付録参照）．それは有性生殖では増殖率に寄与しない雄を半数近く作るのに，無性生殖ではそのような無駄がないからである．逆にいうと，性を維持するには大変大きなコストを支払わねばなら

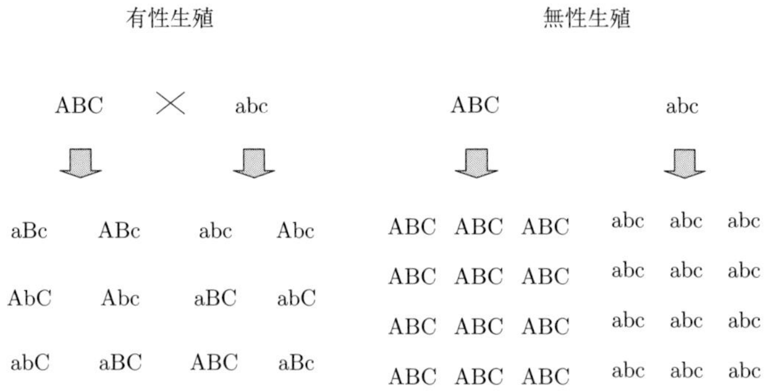

有性生殖	無性生殖
ABC × abc	ABC abc
⇩ ⇩	⇩ ⇩

```
aBc  ABC  abc  Abc      ABC ABC ABC    abc abc abc
AbC  Abc  aBC  abC      ABC ABC ABC    abc abc abc
abC  aBC  ABC  aBc      ABC ABC ABC    abc abc abc
                        ABC ABC ABC    abc abc abc
```

図 8.9 遺伝的組換えの効果。半数体のゲノムを考え 3 つの遺伝子座があるとする。無性生殖は有性生殖の 2 倍の数の子を残すが，それらは親と同一の遺伝子の組をもつ。有性生殖では，同じ親からできた子どもにも多様性があり，親と子どもの間も違っている。さまざまなプロセスによって，このような多様性や変異をもつことが，有性生殖が残せる子どもの数が少なくても無性生殖にまさると考える理論がある。

ない。とすれば，現在多くの生物種で採用されている有性生殖には，その大きな不利を上回る有利さがあるはずだ。

図 8.9 にあるように遺伝子座が 3 つあるとすると無性生殖ならば ABC という親からできた子はすべて ABC であり，abc の親からできた子どもはすべて abc である。ここでは遺伝子は 1 セット（2 倍体ではなく半数体）をもつと考えている。これに対して有性生殖をすると，ABC と abc の両親から，ABc，aBc，abC などいろいろなタイプの子が遺伝的組換えによって作り出される。有性生殖は，子の数からいえば不利であっても多様なタイプの子どもを作り出すことができるために有利なのではないだろうか。この組換えがもたらすさまざまな効果が調べられた。現在までの研究をまとめると，性の有利さを考える説としては，以下の 2 つのものがもっとも有力である。

微生物などがもたらす病原体による被害は，作物のように人為的な集団だけでなく野外の生物集団でも甚大なものである。病原体は，感受性のある宿主の頻度が高いと集団内に急激に広がって大きな害をもたらす。その場合，現在流行っている病気に対して抵抗性のある宿主の遺伝子型は，うまく生き残って次世代に数を増やせるかもしれない。ところがその遺伝子型が増えると，今度はそれを特異的に攻撃する病原体が広がる。無性生殖の場合，今の世代に生存率の高かったタイプが次の世代で増えるが，その宿主タイプをねらう病原体に必ず

やられてしまう．これに対して有性生殖では，今の世代で適応していたタイプとは別のタイプを作り出す．子どもの数が少なくても多様な遺伝子型をもつ子を作ることは，病原体に対抗するうえで有利になるのだ．病原体と宿主との対抗進化を数理モデルにして解析すると，一定状態には落ち着かず，宿主にも病原体にも次から次へと新しいタイプが現れ，永続的な進化が続くという (Hamilton et al., 1990)．

もう 1 つの有力な説は，故障した遺伝子を集団から効率よく排除するためだとするものである．複製のミスによって機能を失った有害遺伝子が毎世代生じる．それらは自然淘汰によって排除されるが，すぐにはなくならずに集団中に低い頻度で蓄積してしまう．個体は非常に多数の遺伝子をもつので，誰もがどれかの遺伝子について不具合をもっている．ヒトだけでなく動物，植物，微生物を問わず，「完璧なゲノム」をもった個体というのはありえない．有性生殖をすることによって，そのような有害遺伝子が効率よく排除でき，それは進化のうえでかなりの効果をもつと試算されている (Kondrashov, 1988)．

これらの 2 つの仮説は今のところともに有力であって，いずれがどれだけ重要なのかについてはわかっていない．異なる個体に由来する遺伝子が混ぜ合わされることの有利さは，大きな動物や植物を調べていてもなかなか決着がつかない．性の進化に関わる基本原理は，近い将来にバクテリアやウイルス，酵母といった微生物を用いた実験によって明らかにされるのかもしれない．

第 8 章：演習問題

演習問題 8.1

ハミルトン性比 (8.3) を導け．

演習問題 8.2

親による子の世話のゲームについて，4 つの状態の ESS 条件を求めよ．パラメータの値によっては同時に 2 つが ESS になる可能性があることを確認せよ．

● 参考文献の追加

性の進化全般については，巌佐 (1992)，有性生殖のコストについては Maynard Smith (1978)，淡水産藻類や原生動物において性もしくは配偶型の数が最小の 2 になるか，より多数になるかの進化については Iwasa & Sasaki (1987)，陸上植物の繁殖戦略の研究については矢原 (1995) を参照のこと．

生物学でのゲーム理論の入門書は Maynard Smith (1982) がよい．古典的なゲーム理論のよい教科書は岡田 (1996)，さまざまな方向への展開については今井・岡田 (2002)，ゲームを最適化ではなく微分方程式として定式化する「進化ゲーム理論」についてはホッフバウアー・ジグムント (2001) がよい．これらは数学的すぎると感じるかもしれない．Nowak (2006) は進化ゲームの観点で基礎理論とともに HIV と免疫系との宿主体内でのダイナミックスや発癌過程を扱っていて魅力的である．

第8章：付録　有性生殖の2倍のコストについて

今，トカゲのように個体ごとに雌雄に分かれている動物を想定する。有性生殖をし，雌は N 個の卵を産む。産卵性比は1対1とすると，その半数が雌である。それらが成熟までに生き残る率を S とする ($0 < S < 1$)。すると1匹の成熟雌が作り出す次世代の成熟雌は $\frac{1}{2}NS$ である。

そこでこの有性生殖集団に，減数分裂をしないで卵を作る単為生殖の突然変異が現れたとする。その成熟雌は有性型と同じく N 個の卵を産むとすると，それらは親と同じゲノムをもつ。もしそれらの卵が成熟までに生き残る率がもとのタイプと同じ S であるとすると，1匹の成熟雌が作り出す次世代の成熟雌は NS である。つまり1世代の集団の個体数には，2倍の違いがでてくる（図 **8.10**）。2倍の違いを10世代繰り返すと1000倍以上の違いとなる。

だから有性生殖をしている集団に無性生殖（単為生殖）の突然変異が現れて同じ産卵数と生存率をもてば，あっというまに広がりもとの有性生殖タイプを打ち負かすと考えられる。今は個体ごとに雌雄に分かれている場合を考えたが，1個体が両方の機能をもつ雌雄同体の場合でも，やはり同様に無性生殖が有利になる。このことを有性生殖のコストという (Maynard Smith, 1978)。

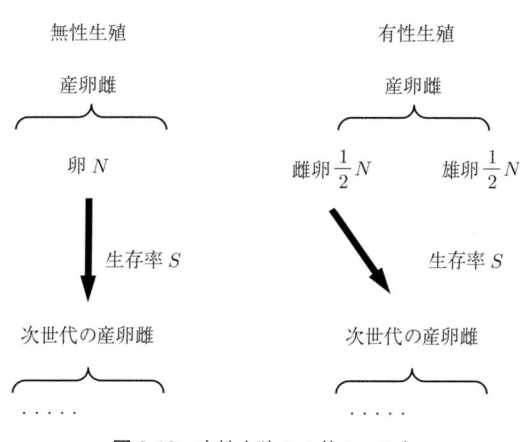

図 8.10　有性生殖の2倍のコスト

このことは，基本的に子に対しては遺伝子を与えるだけで，子の生存率に寄与するような栄養物を与えない雄がいることから生じたものである。しかし異型配偶子は同型配偶子から自然に進化してしまい，そのため雄機能はどうしても出現する。また多細胞生物では性比は1対1に進化し，生産に寄与しない雄を半数も作るようになる。この有性生殖のコストが生じないのは，雌雄の形態の区別がない同型配偶子生物か，もしくは雄が雌と同じように子の世話に大きな寄与をする動物の場合である。しかしこれらは例外的である。
　有性生殖にはこのような大きなコストがかかり，無性生殖にすることで子の数が増えるということから，現在多くの動植物において有性生殖が維持されているのはどうしてなのかということは未解決の問題である。

第 9 章
哺乳類のゲノム刷り込みの進化

これまで第7章，第8章においては，現在見られる生物の挙動を，長い進化プロセスの結果，到達した最終状態と考える理論を説明した。そのためには最適化の数学やゲーム理論が役立つ。しかし生物の環境が改変されたばかりのときや，生物が新しい生息地に飛び込んだ場合には，生物の性質が世代とともにどんどんと変化することがある。

本章ではそのような進化による生物の性質の変化を追跡する方法について説明する。育種学では収量の多い作物やミルクがよく出るウシを選抜したときに，何世代選抜すると生物の性質がどのように変化するのかを知るために量的遺伝学が発展した (Falconer & Mackay, 1996)。その理論はたとえば遺伝子調節領域の配列が変わり，発現の量やタイミングが変化する状況に対しても用いることができる。その応用例として，哺乳類におけるゲノム刷り込みの進化の取り扱いを説明する。

9.1　適応進化のダイナミックス

ここでは適応的な進化を表現するもっとも簡単なダイナミックスの式を説明してみよう。体長や羽化日といった，生物が示す連続的変量のことを量的形質という。それらは遺伝するものとする。一番簡単な場合を考えて，形質に関しては異なるいくつかのタイプが存在し，それぞれのタイプは繁殖時には自分と同

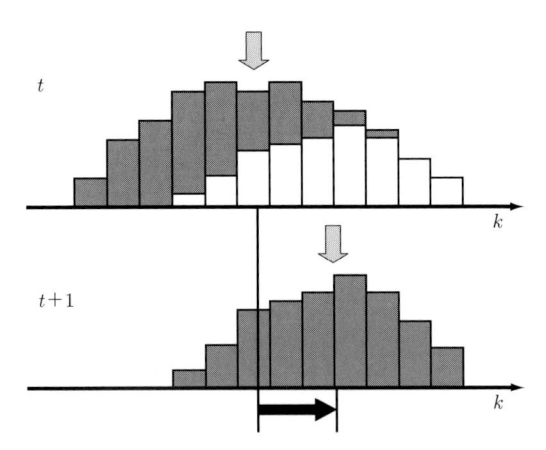

図 9.1 自然淘汰の説明。黒の分布に示すように集団中に形質 k の値が異なる個体が含まれている。ここで白抜きの部分が示すように k の大きな個体がよく生存し繁殖に成功するとする。もし親の形質 k がそのまま子に受け継がれるとすると，次世代の分布は k の大きいほうにシフトする。これが自然淘汰による集団の応答である。

じタイプの子を作るとしよう。つまり体長の大きな個体は大きな子を，小さな個体は小さな子を残すとする。

　タイプによって生存率や出産率に違いがある。いろいろな齢での生存率と出産率を総計する量として，生涯を通じて平均的にどれだけの子を残すか，すなわち適応度を考える。多くの昆虫のように，親になって一度繁殖すると死んでしまうという場合には，適応度は繁殖齢に達するまでの生存率と繁殖齢に達した個体が残す子の数とを掛けたものになる。生物の同種内や異種間の相互作用を考えているときには，適応度は本人の挙動によるだけでなく，集団中の他個体や他種の個体の振る舞いによっても変わることになる。

　図 9.1 にあるように，集団には形質 k の値が異なる個体が混ざっているとしよう。そのうち k が大きいもののほうが生存や繁殖の意味で有利で次の世代に寄与しやすいとする。図 9.1 では白抜きのところが生き残って次の世代に寄与した個体とする。すると次の世代の平均値は k が大きい方向にシフトするだろう。これが自然淘汰による進化である。

　集団のなかには，n 個のタイプが混ざっているとし，タイプ i の頻度（集団内での割合）を x_i としておく。ここで $i = 1, 2, \ldots, n$ である。そこでタイプ i の適応度を w_i とすると，次の世代におけるタイプ i の頻度は，

第 9 章　哺乳類のゲノム刷り込みの進化

$$x_i^{next} = \frac{w_i x_i}{\sum_j w_j x_j}$$

である。頻度の1世代での変化量は，

$$\Delta x_i = x_i^{next} - x_i = \frac{w_i x_i}{\sum_j w_j x_j} - x_i = \frac{w_i - \bar{w}}{\bar{w}} x_i \tag{9.1}$$

となる。ここで，$\bar{w} = \sum_j w_j x_j$ は平均適応度である。(9.1) 式によると，適応度 w_i が集団の平均値 $\bar{w}$ よりも大きいタイプは次の世代で頻度が増え，適応度 w_i が $\bar{w}$ より小さいタイプは減る。

　もし注目している形質によって適応度が影響されるならば，適応度を高くできるような形質をもつタイプの頻度が増え，集団全体としての平均形質も適応度を改善する方向へと移動するだろう。そこで，k_i をタイプ i が示す形質とする。それは体長，剛毛数，羽化日，親切度など，何でもかまわない。形質の集団平均値は $\bar{k} = \sum_i k_i x_i$ である。(9.1) 式をもとに計算すると，この値の1世代での変化は，次のプライスの公式

$$\Delta \bar{k} = \frac{\text{Cov}[k_i, w_i]}{\bar{w}} \tag{9.2}$$

に従うことがわかる（演習問題 9.1）。$\text{Cov}[k_i, w_i] = \sum_i k_i w_i x_i - \bar{k}\bar{w}$ は形質の値と適応度との共分散を表す。もし体長の大きな個体が平均的に見て適応度が高いならば，共分散は正になり，1世代での変化は正である。つまり体長はしだいに大きな方向へとシフトする。逆に体長が小さいほど適応度が高いとすれば，共分散は負で，$\Delta\bar{k}$ も負となる。つまり平均形質は世代を経るとしだいに小さくなる。

　このような力学の結果，形質の平均値はしだいに適応度が高い方向へと変化し，その結果集団の平均適応度が改善されていく。このイメージをもっとわかりやすく表すために，適応度が形質の関数として

$$w_i = W(k_i)$$

となっている場合を考えてみる（**図 9.2**）。集団の個体のもつ形質の値 k_i が平均値 $\bar{k}$ の近くにあるとして，適応度 $W(k_i)$ を平均値 $\bar{k}$ の周りでテイラー展開し，これを先の (9.2) 式に代入して共分散を計算する。そこで一番大きな項は，

$$\Delta \bar{k} = \text{Var}[k_i] \frac{d \ln W}{dk} \tag{9.3}$$

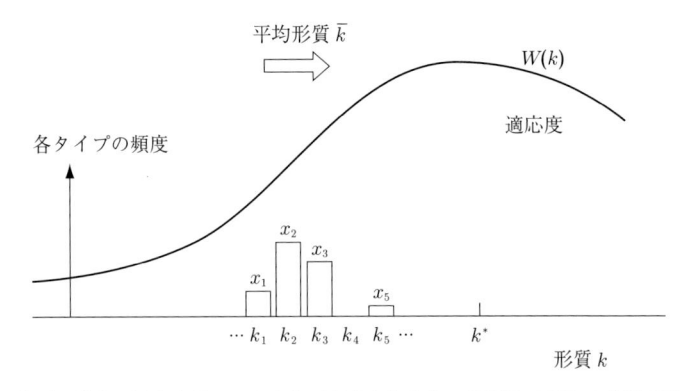

図 9.2 集団の進化。適応度が $W(k)$ として与えられると，集団は $W(k)$ の曲線の高い方向へと移動し，最終的にはそのピークに到達してそこにとどまる。この移動のスピードは (9.3) 式に示されるように集団内のばらつきと $W(k)$ の勾配とで決まる。

である（演習問題 9.1）。この式は，形質の進化のスピードが集団のなかの形質のばらつき $\mathrm{Var}\,[k_i]$ と適応度の勾配 $\frac{d\ln W}{dk}$ との積であることを示している。つまり，

[形質の進化のスピード] = [形質の変異の大きさ] × [淘汰の強さ]

となるのだ。この式から，形質の変異が少しでも残っている限り集団の平均形質は適応度が高い方向へと移動し，ついには適応度の関数を最大にする値に収束することがわかる（図 **9.2**）。

9.2 量的遺伝学について

　前節では単純化した仮定をおいたが，実際には生物の形質は遺伝子だけで決まるものではない。たとえば体長を考えると，遺伝的傾向に加えて発育時に十分に栄養をとれたかどうかが大きな影響をもつ。実現される体長（表現型）は，遺伝的な効果と環境による効果の両方によって決まる。遺伝的効果と環境の効果が独立である場合には，集団の表現型の変化方向は前節の議論と基本的には同じである。ただし，進化を示す (9.3) 式において，集団中の形質値のばらつき $\mathrm{Var}\,[k_i]$ とあるところを遺伝的成分のばらつきに置き換えておく必要がある。

ヒトなど多くの生物は2倍体で,各個体が2セットのゲノムをもっている。そのため1つの遺伝子座に通常2つのアレル(対立遺伝子)がある。たとえば体長を高くする傾向のあるアレルをA,低くするアレルをaとすると,AA, Aa, aaという3つの組合せがある。もしAAが高く,aaが低く,Aaがそれらの平均値であるとすると,先述の計算と同じように進化が計算できる。

遺伝的な効果でも,そのすべてが進化に寄与するわけではない。極端な例としてAaは適応度が高く,AAとaaはともに低い場合を考えてみよう。Aaは単独では集団を占められない。Aaどうしの掛け合わせからAAとaaとが毎世代作り続けられるからだ。このとき適応度の遺伝的な違いがあっても,世代とともに適応度の高いタイプが広がるようにはならない。一般的には,3タイプの形質値を,個々の遺伝子の効果による部分(相加遺伝効果)と,それには寄与しない部分との和として表現することができる。そして前者の相加遺伝効果だけが進化のスピードに寄与することが示せる。形質の進化の式についてはやはり (9.3) 式が成立するが,そこでの $\mathrm{Var}\,[k_i]$ は,相加的成分のばらつき,つまり相加遺伝分散 (additive genetic variance) に置き換える必要がある。

このような議論を整理するのは,量的遺伝学とよばれる分野である (Falconer & Mackay, 1996)。それは野外の動植物の進化を考える場合にも,作物や家畜で選抜によってより優れた品種を作り出すときの基礎理論としても重要である。20世紀初頭にR. A. フィッシャーは,以上に説明した統計的な分離方法を提唱して,メンデル遺伝学とダーウィンの自然淘汰による進化というアイデアが矛盾なくつながることを示した (Fisher, 1918)。

9.3 血縁個体への利他的行動の進化

自分が見つけてきた餌を他個体に分け与える,他人の子を保護して育てる,捕食者が近づいてきたことを叫んで他個体に知らせるといった行動は,自分がコストを支払い危険をおかして他個体を助けるものである。このように自らの適応度を低下させて他個体の適応度を改善する行動は利他行動という。ヒト以外の動物においては,利他行動は血縁のある個体の間で起きている場合が多い。

血縁個体の間では，血縁の薄い個体の間でよりも協力行動や利他行動が進化しやすいのは，血縁淘汰 (kin selection) が遺伝子にはたらくためである (Hamilton, 1964)。そのことを説明してみよう。

　鳥には擬傷という行動がある。捕食者が巣に近づいてくると，親鳥はケガをして飛び立てないような仕種をしながら，巣から離れる方向へと跳ねていく。捕食者が親に気をひかれて追いかけていくと，さっと逃げてしまう。これは，ヒナを守るために危険を冒す自己犠牲的行動である。このような親の行動が進化した理由は，適応の尺度が生涯繁殖成功度であることを考えるとよくわかる。捕食者の注意をヒナからそらせる擬傷行動は，少々の危険をおかしても親自身の繁殖成功度を改善するので進化したのだ。

　自らの繁殖を止めてしまって他個体の繁殖を助ける行動がある。もっとも有名な例はミツバチ，アシナガバチ，アリなどの社会性昆虫であろう。働き蜂や働き蟻などのワーカーがさかんに餌を運び巣を守り子を育てる。女王とよばれる個体は餌をもらって卵を産み続ける。自分で子を残すことがダーウィン適応度であるから，ワーカーの適応度はゼロである。そのような利他行動はどうやって進化できたのだろう。

　ワーカーは女王と血縁の近い個体であり，しばしば女王の娘である。アシナガバチの例では，春に新女王が1個体で巣を作り卵を産む。それらはすべて雌卵で，羽化した後も独立せずに母親の巣にとどまってワーカーとなる。餌や水を運び子の世話をしていると，自ら産卵して子を育てるチャンスを逃す。しかしその結果作られるのは女王の娘，つまりワーカーから見れば妹である。擬傷行動の場合は親が自分の生存率低下というコストを払って子の生存率を改善したのだが，アシナガバチのワーカーは自分自身で作る子の数を減少させるコストを払って妹の生存率をあげている。妹とはワーカー自身の遺伝子を共有しているのだから，妹を育てることは，自らが産んだ子を育てるのと同じように遺伝子の広がりを助けることになるはずだ。しかしダーウィン適応度は育て上げた子の数と定義されているので，妹の生存率をあげることはダーウィン適応度には貢献しない。

　さてここで，他個体に対して利他行動をとる程度，もしくはそのような行動をとる確率を，「親切度」と名づけることにする。

　今ある個体を i と名づけ，それと相互作用をする相手を j としよう（図 **9.3**）。

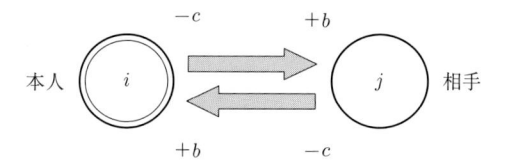

第 9 章 哺乳類のゲノム刷り込みの進化

図 9.3 個体 i が他個体 j と相互作用をする。矢印は相手を助ける行為を表す。その結果，自らは $-c$ というコストを支払って相手の適応度が b だけ改善される。(9.5) 式で表される血縁度が正だと，2 個体の形質が相関する。その結果，よく他人を助ける個体は，自らが助けられることも多くなる。

すると，個体 i の適応度は本人が親切にすることによって減少し，相手が親切にしてくれることによって増大する。たとえば，個体 i の適応度は相手の親切度 k_j と自分の親切度 k_i との関数として，

$$w_i = \lambda + bk_j - ck_i \tag{9.4}$$

と表せるとする。右辺第 1 項の λ は，相互作用がまったくないときの適応度である。第 2 項は，相手が与えてくれる親切の利益で，b は親切行動の効果を表す。第 3 項は自分が親切にすることによって失うコストを表している。c が単位親切度のコストである。そして，次の量を血縁度 (relatedness) とよぶ。

$$r = \frac{\mathrm{Cov}\,[k_i,\ k_j]}{\mathrm{Var}\,[k_i]} \tag{9.5}$$

これは相互作用している 2 個体の間での親切度の共分散と分散の比である。この量を用いると，個体は親切度が高くなるように進化するのか低くなるように進化するのかが，次のように導ける（演習問題 9.2）。

$$\begin{aligned} rb > c &\iff \Delta \bar{k} > 0 \\ rb < c &\iff \Delta \bar{k} < 0 \end{aligned} \tag{9.6}$$

つまり親切の効果の r 倍がコストよりも大きいときは親切度が高くなるよう進化し，そうでないと進化しない。この進化条件の不等式をハミルトン則という。

r は親切を与える個体と受ける個体との親切度の相関の程度を表現している。親切度が高い個体どうし，低い個体どうしで相互作用することが一般的ならば，r は正であり自己犠牲的に相手を助ける行動も進化できる。

ではどうして r のことを血縁度とよぶのだろう。それは，親切度の高い個体

どうしが相互作用をする理由として一番考えやすいのが血縁個体の場合だからである。2個体の母親が同じで父親が異なるとすれば、2個体からランダムにとった遺伝子がともに母親からきた同じ遺伝子のコピーである可能性がでてくる。2倍体生物を考え、片方の個体にある遺伝子をランダムに選ぶと、ほかの個体にそのようなコピーがある可能性は1/4である。(9.5)式のk_iとk_jとは1/4の確率で同一であり、3/4の確率で集団からランダムにとった2つの遺伝子の値と見なせる。そのため、(9.5)式のrは1/4となる。もし母親だけでなく父親も共通であるとすれば、rは1/2になる。このように上記の(9.5)式で定義した血縁度は、血縁関係を示す系図から計算した血縁度と等しい。よってrが大きな、血縁の繋がった相手の受ける利益を重視して行動を選ぶ結果になり、利他行動が進化しやすい。これに対して集団からランダムに選んだ個体に対する利他行動は$r=0$であるため進化できない。

多細胞生物で繁殖能力をもっているのはごく一部の生殖系列の細胞だけである。大多数の体細胞は同じだけの情報をもつゲノムを1セットもっているにもかかわらず、繁殖をあきらめ、栄養を得ることや捕食者や病原体との戦いに特化している。これは細胞の利他行動である。生殖細胞と体細胞はもともと同一の受精卵から出発してできたものであるために$r=1$であり、そのため自己犠牲的行動が進化しやすいのだといえる。

9.4 ゲノム刷り込み

2倍体の生物では、両親から1コピーずつの対立遺伝子（アレル）を受け取り、それらは同等に発現される。このメンデル遺伝学の基本からずれた例が、マウスやヒトの胚の少なくとも数十の遺伝子で見つかっている。それらでは、父親由来のアレルと母親由来のアレルのうち一方だけが発現し、他方は不活性である。どちらが発現されるのかは遺伝子ごとに決まっている（図9.4）。この現象を「ゲノム刷り込み」とよぶ。

一般的に、母親からの栄養を得るための器官である胎盤の発達を促したり胚の成長を高める遺伝子では父親由来アレルが発現し、母親由来アレルが休む。

第 9 章　哺乳類のゲノム刷り込みの進化

通常の遺伝子

父親由来だけが発現

母親由来だけが発現

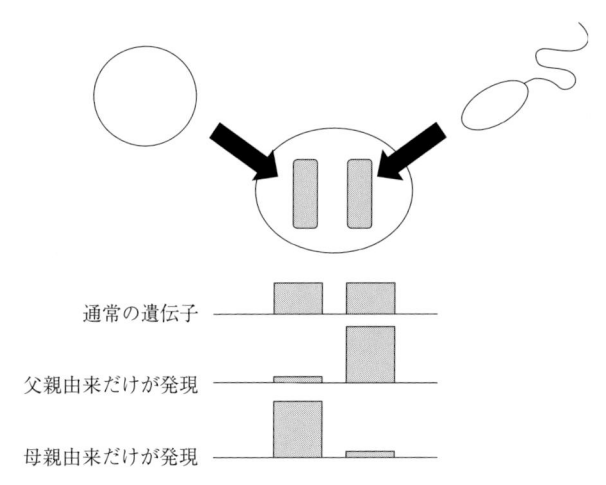

図 9.4　ゲノム刷り込み。2 倍体生物の通常の遺伝子は，父親からきたアレルと母親からきたアレルが同等に発現する。哺乳類の一部の遺伝子には，父親からきたときだけ発現し，母親からきたときにはしないもの（PEG という）と，逆に母親からきたときだけ発現するもの（MEG という）がある。これらは親の由来によって発現が変わるため，ゲノム刷り込みとよばれる。DNA メチル化のパターンの違いによって区別がなされている。ゲノム刷り込みを受ける遺伝子には，胎盤の成長に影響を与えて，母親からの栄養の供給量を変えるものもある。

逆に胚の成長を抑えるような遺伝子では母親由来アレルだけが発現し，父親由来アレルは不活性という傾向がある。方向性を一言でいえば，父親由来の遺伝子が栄養を得るのに積極的なのだ。

これらのアレルの DNA 塩基配列は同じであるが精子と卵の形成過程によってメチル化のパターンが異なり，その情報にもとづいて親の由来による遺伝子発現の違いが生じている。遺伝子発現調節機構の詳細については，分子遺伝学者が現在次々と明らかにしつつある。

ではどうして一部の遺伝子だけでゲノム刷り込みが生じているのだろうか？ D. ヘイグは，遺伝子の間で利害の対立（コンフリクト）があり，そのために自動的に進化してしまったという説を唱えた (Haig & Graham, 1991)。胚の中の遺伝子にとってできるだけ多くの栄養と世話を母親から引き出すことがよいかといえば，そうではない。というのも，同じ母親から生まれる兄弟姉妹の数が減ってしまうからである（**図 9.5**）。このような母親の資源消費を控えめにする傾向は，父親由来のアレルより母親由来のアレルで強い。というのも，雌が生

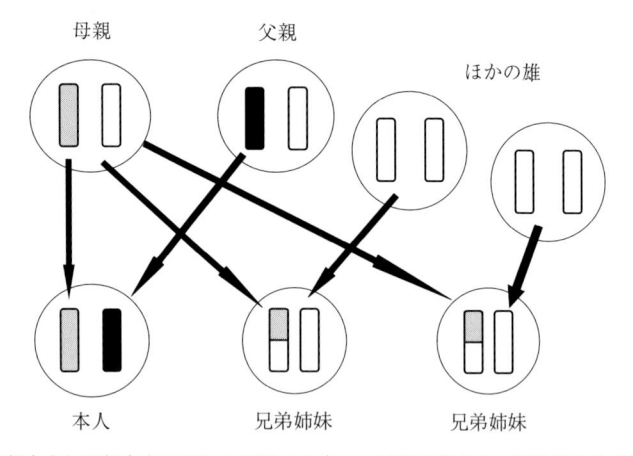

図 9.5 母親由来と父親由来のアレルの間での違い。同じ母親をもつ兄弟姉妹は共通の資源を巡って競争することになる。雌は生涯を通じて複数の雄と交尾する可能性がある。そのため同じ母親をもつ兄弟との遺伝子の共有率は、母親由来のアレルでよりも、父親由来のアレルの間で低くなる。このため、父親由来のアレルは母親由来のものよりも、より多くの資源を母親から受け取ることが有利になる傾向がある。そのため両者の間で利害の違い（コンフリクト）が生じる。

涯を通じて1匹以上の雄と交尾する可能性があるからだ。そのため同じ母親から生まれる子の間では母親由来のアレルは必ず50％の確率で共有されているのに、父親由来のアレルにとっては共有率はそれよりも低くなる。父親由来のアレルは母親由来のアレルよりもより多くの栄養供給をよしとする状況で、先に見られるゲノム刷り込みが進化したと論じられた。

このような考えは、同じ個体がもつ異なる遺伝子の間で利害の違いがあり互いに闘争（コンフリクト）をしているとする、ゲノム内闘争とよばれる現象の一例である。

9.5 遺伝子発現量の進化

このような一見擬人的とも見える議論が成立するには、どの程度の複雑な機構が必要なのだろうか。この疑問に答えるために、単純な仮定のもとで予想さ

第 9 章 哺乳類のゲノム刷り込みの進化

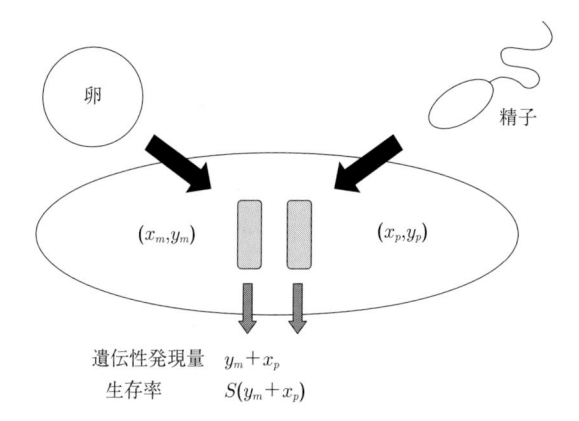

図 9.6 遺伝子発現調節領域のモデル。父親由来と母親由来の違いによって発現量が異なるために，1つのアレルの遺伝子発現調節領域の状態はそれぞれの場合の遺伝子発現量を並べて (x, y) として記述できる。父親由来のアレルが (x_p, y_p) だと，それは x_p だけの成長因子を作る。同様に母親由来のアレルが (x_m, y_m) だと y_m だけの成長因子を作る。細胞全体では $x_p + y_m$ の成長因子が作られ，胚の生存率はこの増加関数 $S(x_p + y_m)$ となる。

れる進化が生じるかどうかを数理モデルをたてて調べてみよう (Mochizuki *et al.*, 1996b; Iwasa, 1998)。

次のようなモデリングを行った。まず胚の成長因子を考え，それが多く生産されると母親はより多くの栄養を供給するので，その胚の成長は速く生存率が高くなるとする。成長因子をコードする遺伝子の上流部にあって，発現の量やタイミングを規定している調節領域の塩基配列の進化を考える。一般に父親由来か母親由来かによって2つの異なるレベルで発現できるものとしておくと，1つのアレルが (x, y) という2つの量のペアで調節領域の状態を表すことができよう。ここで x はこのアレルが父親由来であるときの発現量，y は母親由来であったときの発現量である。

それぞれの細胞には2つの対立遺伝子がある。父親由来のものを (x_p, y_p)，母親由来のものを (x_m, y_m) とする。細胞での成長因子遺伝子の発現量は上記の定義によって $x_p + y_m$ となる。その結果，胚の生存率はこの増加関数なので $S(x_p + y_m)$ となる（図 9.6）。

集団は (x, y) の異なる遺伝子の集まりである。もし x が大きいものが平均的に見てより多くのコピーを残せるとすれば，次の世代には x の集団平均値はわ

ずかながら大きいほうへとずれることになろう。このような平均値の変化は，先に説明した量的遺伝モデルによって表すことができる。基本的には (9.3) 式に対応したものになるが，ここでは形質が 1 つではなく 2 つ考えること，適応度が集団中の他個体の挙動によって変化すること，遺伝子が父親由来か母親由来かの立場で挙動が変わることなどの変更が必要になる。進化のダイナミックスは，

$$\Delta \bar{x} = G_x \beta_x \tag{9.7a}$$

$$\Delta \bar{y} = G_y \beta_y \tag{9.7b}$$

となる。ここで G_x は，形質 x に影響している遺伝子の効果のうちで進化に反応できる部分の大きさ，つまり相加的遺伝分散である。G_y は形質 y についての相加的遺伝分散である。ここでは，遺伝共分散はないものとした。β_x は x に対してはたらく 1 世代あたりの淘汰の強さを表す。ゲノム刷り込みの進化を考えるときには，雄の体にある遺伝子が受ける自然淘汰と雌の体になる遺伝子が受ける自然淘汰は異なる。どの遺伝子を見ても系図をたどると半数の世代は雄の体に，半数の世代は雌の体にいる。そのため雄の世代と雌の世代にそれぞれはたらく淘汰を考え，それらの平均値を β_x とすればよい。その結果，次の式が成り立つ。

$$\beta_x = \frac{1}{2}\left(\frac{\partial}{\partial x}\ln\phi_m + \frac{\partial}{\partial x}\ln\phi_f\right) \tag{9.8a}$$

$$\beta_y = \frac{1}{2}\left(\frac{\partial}{\partial y}\ln\phi_m + \frac{\partial}{\partial y}\ln\phi_f\right) \tag{9.8b}$$

ここで，$\phi_m(x,y;\bar{x},\bar{y})$ は雄の適応度関数で，形質 (x,y) のアレルが雄の体にあるときに，それが平均的に次の世代に残すコピー数の期待値である。ここで集団中のほかの雄の平均形質 $(\bar{x},\bar{y})$ によって考えている雄の成功度が変わるため，その依存性も明示した。同様に雌の体にあるアレル (x,y) が平均的に次世代に残すコピー数，つまり雌の適応度関数を $\phi_f(x,y;\bar{x},\bar{y})$ と書く。(9.8) 式は，それぞれの形質にはたらく自然淘汰の力について世代あたりの平均値を表すものである（第 9 章：付録参照）。

ここで大事なステップは，あるアレル (x,y) が次の世代で平均的にいくつのコピーを残せるのか，つまり適応度関数をきちんと計算することである。このときに，母親の共通な子どもたちがどれだけの確率で遺伝子を共有するのか，限

られた資源を巡って子どもたちがどのように競合するのかに関する仮定を明確にしなければならない。

ここで，母親が限られた量 T の資源を繁殖に使えるとする。子のそれぞれがより多くの資源を要求すると，作れる子の数は減ってしまう。子の体内で発現される成長因子の量 z が多いほど，母親から多くの資源を受け取ることができ，自らの生存率は高まるとし，それを $S(z)$ と表す。これは z の増加関数だが，飽和する曲線である。

このような状況で，母親のもつアレル (x, y) のコピー数の期待値は計算の結果

$$\phi_f(x, y; \bar{x}, \bar{y}) = \frac{T}{a\left(\bar{x} + \dfrac{y + \bar{y}}{2}\right)} \frac{1}{2} S(\bar{x} + y) \tag{9.9a}$$

となる (Mochizuki et al., 1996b)。この式は 3 つの因子の積になっている。最初の因子は母親が産む子の数の期待値を表す。母親のもつアレルは 2 つある。そのアレルも，また父親由来のアレルも集団の平均値 $(\bar{x}, \bar{y})$ と考える。すると分母は平均的な子が要求する資源量を表し，母親がもつ繁殖のための資源総量 T を平均的な子の要求量で割った値が，作れる子の数となる。2 番めの因子 1/2 は，母親にあるアレルのコピーが子のそれぞれに入っている期待数で，母親と子との血縁度である。母親は 1 つのアレルをもちそのいずれかが入るため確率は 1/2 である。3 番めの因子は，こうしてできた子の生存率を表す。

雄の適応度関数は，もう少しややこしい。というのも雄の子の残し方は，雌が何匹の雄を受け入れるかによって変わるからだ。ここで雌は $1-g$ の確率でただ 1 匹の雄だけと交尾するが，g の確率で 2 匹の雄と交尾するとしよう。そして後者の場合には 2 匹の雄は同等に寄与すると仮定する。すると計算の末に次の式が得られる。

$$\phi_m(x, y; \bar{x}, \bar{y}) = M\frac{T}{a}\left[\frac{(1-g)\dfrac{1}{2}}{\left(\bar{y} + \dfrac{x + \bar{x}}{2}\right)} + \frac{2g\dfrac{1}{4}}{\left(\bar{y} + \dfrac{x + 3\bar{x}}{4}\right)}\right] S(x + \bar{y}) \tag{9.9b}$$

もし雌が生涯を通じて 1 匹の雄しか受け入れない $g = 0$ だと，ϕ_m と ϕ_f とは x と y を入れ換えることと同じになる。つまり 2 つのアレルの立場はまったく同等であり，両者に利害の対立（コンフリクト）はない。しかしいったん繁殖したあと雄が死んでしまったとき，雌は別の雄と繁殖することもある。また雌

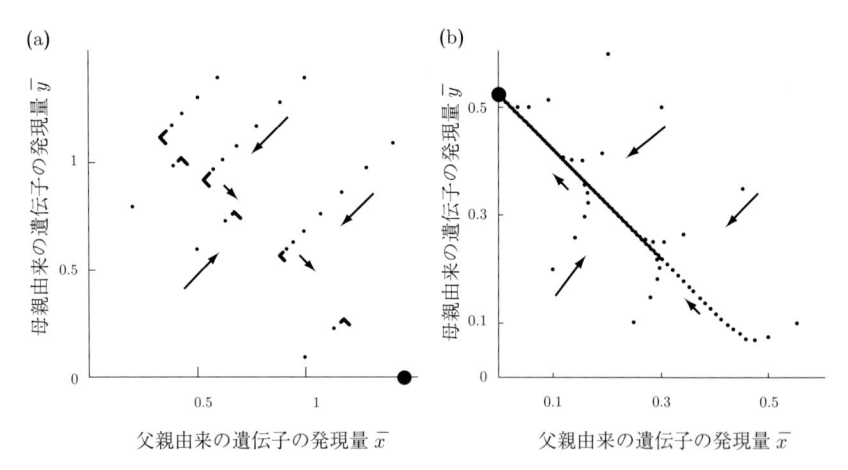

図 9.7 進化の軌跡。量的遺伝モデル (9.7) 式が予測する集団の平均形質の変化。(a) 成長因子の生産にかかわる遺伝子については、最初は両方のアレルが等量発現していて $\bar{x} = \bar{y}$ であっても、しだいに $\bar{x}$ が増大して $\bar{y}$ が減少し、最終的には母親由来のアレルは発現せず ($\bar{y} = 0$)、父親由来のアレルがすべてを生産するゲノム刷り込みの状態 PEG が進化する。(b) 逆に、母親からの栄養供給を抑制する遺伝子については、しだいに $\bar{x}$ が減少して $\bar{y}$ が増大し、最終的には母親由来のアレルがすべてを生産するゲノム刷り込み状態 MEG が進化する。矢印は進化に伴う移動方向を示す。(Mochizuki *et al.*, 1996b *Genetics*; Fig. 2B, Fig. 6B)

がつがい雄以外の雄と交尾するペア外交尾もかなりの頻度で生じている。雌が複数の雄を受け入れる可能性があると、子どもたちは母親が同じでも父親が異なる可能性がでてくる。$g > 0$ のときには、2 つのアレルの間に利害の対立が生じるのだ。

(9.9) 式を量的遺伝学の式 (9.7) に代入すると、進化の軌跡を描くことができる。はじめは $\bar{x} = \bar{y}$、つまりゲノム刷り込みがなくて親の由来に関係なく同じだけの発現をする状態からスタートし、しだいに $\bar{x}$ が増え $\bar{y}$ が減るように進化し、ついには $\bar{y} = 0$ となる（図 **9.7a**）。つまり胚の成長因子はすべて父親由来のコピーで作られ母親由来のアレルは不活性になると結論できる。

逆に成長を抑制する作用のある遺伝子についてモデルを作ってみると、母親由来のアレルが発現、父親由来のアレルは不活性となるように進化する（図 **9.7b**）。

これらが途中で止まることはなく、母親がわずかの確率でも複数の雄を受け入れる可能性があればゲノム刷り込みは必ず進化してしまう。そのためには、複雑な機構が必要がない。母親からの栄養供給や世話の量が増大する方向には

たらく遺伝子であれば必ずゲノム刷り込みが進化し，その方向は父親由来アレルだけが発現するものである．逆にそれを抑えるはたらきのある遺伝子では母親由来アレルだけが発現するように進化するはずである．これはマウスやヒトのゲノム刷り込みの遺伝子についての大まかな傾向をうまく説明しているといえる．

ところが，よく調べるといくつかの問題点が浮び上がってくる．次節以降におもなものをあげて，基本モデルに別のプロセスを加えることで，これらに答えていこう．

9.6 ゲノム刷り込みの進化をとどめる力

前節までの簡単なモデルでは，胚の成長や胎盤の形成にかかわる遺伝子は必ず刷り込みが進化するはずだと予想される．しかしそれらの重要な遺伝子であっても刷り込みを受けず，両方のアレルが発現するものが見られる（たとえば Igf1）．またマウスでは刷り込みを受けるがヒトでは受けていない遺伝子もある (Igf2r)．ということは，ゲノム刷り込みを進化させる力とともに逆にゲノム刷り込みの進化をとどめる力があり，これらの両者の相対的強さによって刷り込みが進化するかどうかが決まるのではないだろうか．

ゲノム刷り込みを不利にするプロセスとして，成長因子をコードしている領域に生じた劣性有害突然変異を考えてみた (Mochizuki *et al.*, 1996b)．生物は毎世代複製の過程でわずかながらミスをし，それが突然変異となるが，そのような機能不全遺伝子は自然淘汰で排除されながら低い頻度で集団中に隠れている．このように劣性有害遺伝子が集団中にあると，片方のアレルだけの遺伝子発現は危険が高い．刷り込みがなく2つとも発現していれば，一方が機能不全でも他方がカバーしてくれるからである．そのため劣性有害遺伝子はゲノム刷り込みの進化を押しとどめる作用があるといえる．このことは，遺伝子の適応度をきちんと計算することにより同じモデルによって示すことができる（図 9.8）．

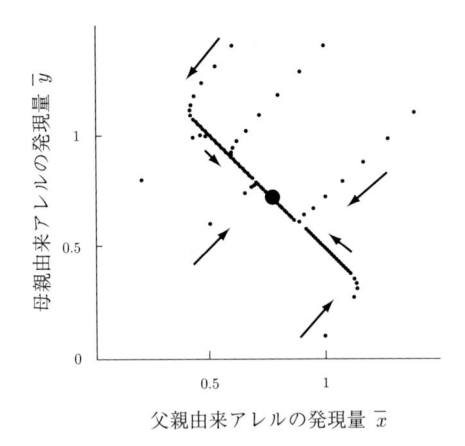

図 9.8　劣性有害遺伝子が存在するときのゲノム刷り込みの進化。成長因子をコードする部分に突然変異により機能不全のものしか作れない劣性有害遺伝子が，集団中にごくわずかな頻度混ざっているとする。このときゲノム刷り込みの進化は押しとどめられ，両方のアレルの発現する状態が進化する。矢印は進化による変化方向を示す。(Mochizuki et al., 1996b Genetics; Fig.3)

9.7　組織の配分比率に影響する遺伝子のインプリンテイング

　父親由来の遺伝子を 2 組もち母親由来のものはもたないような胚「父性ダイソミー」を作ると，ゲノムの総量は同じでも正常胚とはかなり違った表現型をもつことがあり，それは刷り込みの証拠とされる。コンフリクト説が正しければ父親由来の遺伝子のほうがより積極的に成長を促進するはずなので，これは正常胚よりも大きくなるはずである。実際 Igf2 などの刷り込み遺伝子を含む染色体領域について父性ダイソミーを作ると正常胚よりも大きくなるので，コンフリクト説の有力な証拠と考えられている。しかしよく調べてみると父性ダイソミーが正常胚よりも小さくなる例も見られる。これはどう考えたらよいのだろうか。

　ゲノム全体を父親由来とするという極端なことをすると，胎盤は大きく母体の中に食い込んでいくが，胚そのものは貧弱になる。逆に母性ダイソミー（母親由来のゲノムが 2 組で父親由来のものがない）は，胚は正常に見えるのに胎

盤の成長が極端に悪くて死んでしまう。これからゲノム刷り込みを受けている遺伝子が胎盤と胚自身との間での配分に影響すると示唆される。

ある遺伝子の発現量が胎盤への配分比率を増加させるとすると，その遺伝子についての発現量の進化をモデルで解析することができる (Iwasa, 1998)。それは細胞の発生運命の決定にかかわる遺伝子かもしれない。すると母親由来アレルは不活性で，父親由来だけが発現する刷り込みの進化が示される。そこで父性ダイソミーにすると通常の 2 倍量の遺伝子発現があるので，極端に大きな胎盤比率が実現されることになる。しかし母体から栄養をとるには胎盤も胚自身もともに大きくなければならないと考えると，あまりに極端に胎盤サイズを強調しても速く成長できるわけではない。このようなときには父性ダイソミー胚のサイズは正常胚よりも小さくなる可能性があるのである。

9.8　X 染色体上の遺伝子の刷り込みと子の性による違い

マウスの胚の大きさに関するデータによると，雌 (XX) に比べて雄 (XY) のほうが大きい。さて実験的に X 染色体を 1 本だけもち Y 染色体をもたない XO という個体（常染色体は正常）を作ると，これは Y 染色体にある性決定遺伝子をもたないので雌になる。ところが，この 1 本だけある X 染色体が父親由来 (X_p) か母親由来 (X_m) かで胚の大きさがかなり異なることがわかっている。どちらが大きかったのだろうか。コンフリクト説が正しければ父親由来の遺伝子は積極的に母親から栄養をとろうとするのだから，父親由来の X をもつ X_pO のほうが大きいと予想される。ところが事実は逆で，母親由来の X をもつ X_mO は雄とほぼ同じ程度大きく，父親由来の X をもつ X_pO は正常な雌よりもさらに小さかった（図 9.9）(Thornhill & Burgoyne, 1993)。これはどのように理解すればよいのだろう。

X 染色体は常染色体とは違って，父親由来と母親由来とで息子と娘への伝わり方に偏りがある（図 9.10）。母親由来の X_m は息子と娘に同等に入るが，父親由来の X_p は娘にだけ伝わる。この非対称性のために，息子と娘での胚サイズの違いを親由来の違う X によって実現することが可能になるのだ (Iwasa, 1998;

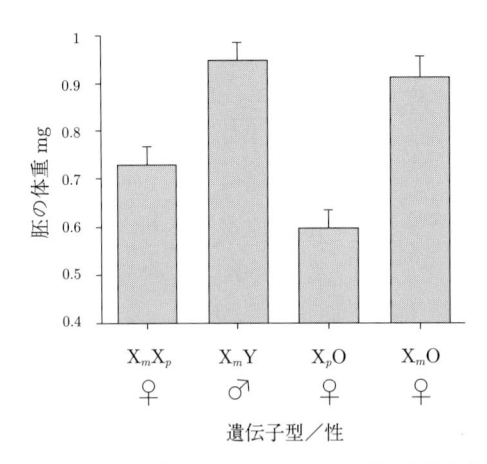

図 9.9 発生初期のマウス胚のサイズ。X 染色体を 1 本だけもち常染色体は正常であるものについて，この X 染色体が母親由来である胚のほうが父親由来である胚よりも大きい。これは父親由来の遺伝子がより多くの資源を胚に引きつけるように振る舞うとするコンフリクト説の予測とは逆である。(Thornhill & Burgoyne, 1993 *Development*)

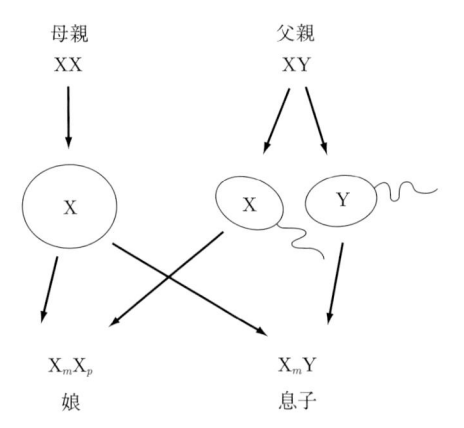

図 9.10 X 染色体の遺伝様式。X 染色体は父親には 1 本しかなく，母親には 2 本ある。これらは子の性によって行き先が異なる。父親由来の X 染色体は娘にだけ渡される。息子は母親由来の X しかもたない。娘は父親由来の X と母親由来の X を両方もつ。真獣類では，染色体のランダム不活性化が生じて，細胞ごとに父親由来の X か母親由来の X かのいずれかだけが発現され，個体としてはモザイク状になる。常染色体とは異なり，父親由来の X と母親由来の X とでは，行き先の子の性に違いがあるため，子の性による違いをもたらすべく，X 染色体の由来した親の性によって異なる胚サイズをもたらすように進化する。

Iwasa & Pomiankowski, 1999, 2001)。たとえば一番簡単なモデルとして母親由来の X_m は胚サイズ m をもたらし，父親由来の X_p は胚サイズ p をもたらすとしよう．息子は $X_m Y$ なので（Y 染色体は性決定遺伝子以外ほとんど空である），サイズは m になる．これに対して娘は $X_m X_p$ だが，X 染色体のランダム不活性化のために体の半数の細胞で X_m が発現，ほかの半数の細胞で X_p が発現するため，結果としては $(m+p)/2$ となるだろう．息子のサイズが娘のサイズよりも大きいとすると，m は雄胚のサイズを実現するように進化し，両者の平均値 $(m+p)/2$ が雌胚のサイズになるようになるならば，p は雌胚よりもさらに小さなサイズに進化してしまうはずである（図 **9.11**）．ここで，XO の個体を見ると，$X_m O$ は息子 $X_m Y$ と同じ大きなサイズ，$X_p O$ は娘よりもさらに

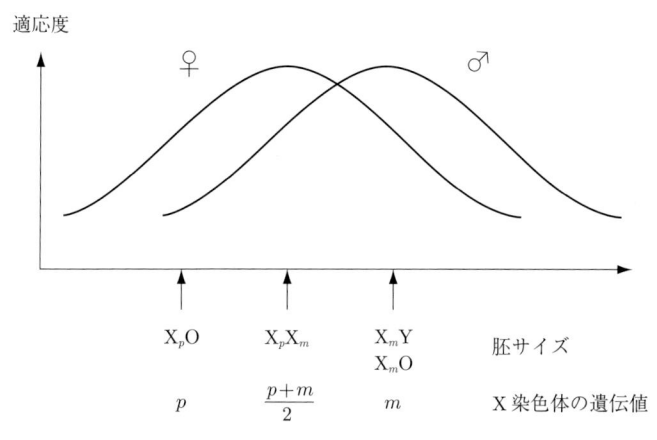

図 9.11 雌雄の胚にとっての性差と X 染色体のゲノム刷り込み．雄胚にとっての最適サイズは雌胚のものより大きいとする．この違いが X 染色体の刷り込みによって実現される．正常雄は母親からの X 染色体 (X_m) だけをもつ．その結果 X_m は大きな胚サイズを実現するようになる．正常雌は父親由来と母親由来の X 染色体を 1 本ずつ受けとる ($X_m X_p$)．雄胚の最適サイズは雌胚には大きすぎるとすると，父親由来の X_p は母親由来の X_m との効果をずらしてより小さなサイズを実現するようになる．両者の効果が相加的とすると，X_p だけで実現するものは正常雌よりもさらに小さな胚サイズで，X_m だけで実現されるものは雄胚と同じ大きな胚サイズで，正常雌は両者の中間となるはずである．そのため進化の平衡状態においては，$X_m O$ という母親由来の X 染色体 1 本だけをもつ胚は正常雄と同じ大きなサイズになり，$X_p O$ という父親由来の X 染色体 1 本をもつ胚は正常雌よりさらに小さくなると予測される．これは図 9.9 にある観測結果と一致している．この議論が成り立つことは量的形質の遺伝モデルにより確かめられている．(Iwasa, 1998 *CTDB*; Fig. 7)

小さなサイズを示すことになる。これがまさに観測されていることと一致するのである（図 **9.7**）。

このように X 染色体はゲノム刷り込みによって息子と娘の胚サイズの違いをコードすることができ，そのためにコンフリクト説とは正反対の結果をもたらすことになる。

以上の議論をまとめると次のようになる。常染色体上の遺伝子の刷り込みについてはコンフリクト説が基本的に正しく，問題点とされてきたことも基本モデルのわずかな変更で説明することができる。これに対して，X 染色体上の遺伝子のゲノム刷り込みについては，雌雄の違いが刷り込みを引き起こすために，コンフリクト説はあてはまらない。

第 9 章：演習問題

演習問題 9.1

プライスの公式を次のように導け。(9.1) 式より

$$\Delta \bar{k} = \sum_i k_i \Delta x_i = \frac{\sum_i k_i w_i x_i - \bar{w} \sum_i k_i x_i}{\bar{w}}$$

となる。これを計算すると，(9.2) 式となる。

これを簡単にして (9.3) 式を導け。

演習問題 9.2

プライスの公式 (9.2) に相互作用のあるときの適応度の式を代入し，さらに「親切度」の平均値の変化を求めると，

$$\Delta \bar{k} = \frac{\mathrm{Cov}\,[k_i,\ w_0 + bk_j - ck_i]}{\bar{w}}$$
$$= \frac{1}{\bar{w}} \left[b\mathrm{Cov}\,[k_i,\ k_j] - c\mathrm{Var}\,[k_i] \right]$$

となる。これからハミルトン則 (9.6) が導かれることを確かめよ。

第 9 章　哺乳類のゲノム刷り込みの進化

● **参考文献の追加**

　集団がある環境におかれると形質によって適応度が異なるために何らかの淘汰圧を受ける。また突然変異や遺伝的組換えによってに形質がばらつく。これらを理解するための量的遺伝学が整っている。ファルコナー (1996) はよい教科書である。この定式化は遺伝子の発現量に対してはたらく自然淘汰の影響を考えるときにも用いることができる。個々の遺伝子を追跡するのではなく，集団の平均や分散に注目するのが特徴である。生態モデルで構成種に突然変異が生じるとするシミュレーション手法は適応ダイナミックスとよばれる。突然変異の形質が親と近いという仮定のもとで進化的分岐などの現象が見られる (Geritz et al., 1997)。

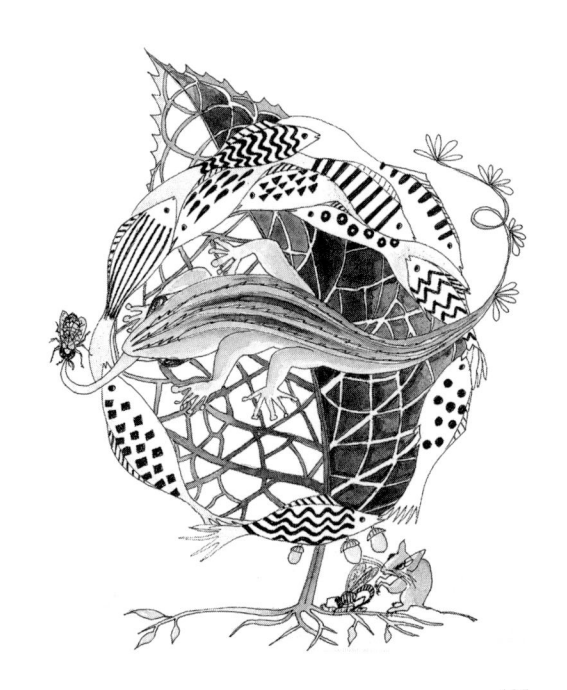

第9章：付録　複数の形質の進化について

　今考えている形質が1つではなくて2つだとする。たとえば雄と雌の体サイズでもよいし，鳥の雄の尾の長さと，それに対する雌の好みでもよい。これらでは片方の形質の進化が他方の形質の値によって変わるので，同時に生じる両者の進化を追跡する必要がある (Iwasa *et al.*, 1991b)。適応度は $w(x,y)$ というように2つの形質の関数として表されるとしよう。すると，

$$w(x,y) = w(\bar{x},\bar{y}) + (x-\bar{x})\frac{\partial w}{\partial x} + (y-\bar{y})\frac{\partial w}{\partial y} + \cdots \tag{9.10}$$

というように表される。これから平均をとると

$$\bar{w} = w(\bar{x},\bar{y}) + \cdots$$

となる。また (9.10) 式と x との共分散を計算すると，定数との共分散は 0，同じ変量の共分散は分散に等しいことから

$$\mathrm{Cov}\,[x,\,w(x,y)] = \mathrm{Var}\,[x]\frac{\partial w}{\partial x} + \mathrm{Cov}\,[x,y]\frac{\partial w}{\partial y} + \cdots$$

となる。あとは (9.1) 式より，

$$\Delta\bar{x} = \mathrm{Var}\,[x]\frac{\partial \ln w}{\partial x} + \mathrm{Cov}\,[x,y]\frac{\partial \ln w}{\partial y} \tag{9.11}$$

となる。これが x の平均値 $\bar{x}$ の 1 世代での変化を表す式である。ここで第 1 項は本文の (9.3) 式と同じものだが，第 2 項は新たに加わったものである。それは第 2 形質 y に対して淘汰がはたらくことによって第 1 形質 x が引きずられて変化する効果を表す。それは，x と y という 2 つの形質の間に遺伝相関があると，y が増加する状況では間接的に x の大きなものが広がってしまうという効果を現している。

　同様な計算をすることにより，y の平均値の進化，

$$\Delta\bar{y} = \mathrm{Cov}\,[x,y]\frac{\partial \ln w}{\partial x} + \mathrm{Var}\,[y]\frac{\partial \ln w}{\partial y} \tag{9.12}$$

が得られる。(9.11) 式と (9.12) 式を合わせることによって，次の行列表現が得

られる。

$$\begin{pmatrix} \Delta \bar{x} \\ \Delta \bar{y} \end{pmatrix} = \begin{pmatrix} \mathrm{Var}\,[x] & \mathrm{Cov}\,[x,y] \\ \mathrm{Cov}\,[x,y] & \mathrm{Var}\,[y] \end{pmatrix} \begin{pmatrix} \frac{\partial \ln w}{\partial x} \\ \frac{\partial \ln w}{\partial y} \end{pmatrix} \quad (9.13)$$

ここで3点ほど注意しておきたい。第1に (9.13) 式の行列は分散・共分散行列だが，相加遺伝分散と相加遺伝共分散の行列にせねばならないことだ。というのも，まず形質が完全には遺伝子にもとづかないで生育環境の違いを反映しているために，環境分散の影響を除去する必要があること。次に，遺伝的変異のうちでも相加的な成分だけが形質の進化に寄与するので，遺伝的変異から同じ遺伝子座のアレルの間の非相加的な影響（優性）や異なる遺伝子座の非相加的な影響（エピスタシス）などを除去して考える必要があるためである。ただし (9.13) 式の後ろにかかっている適応度の勾配を表すベクトルは，表現型において適応度の表現型の x と y に対する勾配を計算すればよい。

第2に，ここでの議論は適応度が $w(x,y)$ というように本人が示す表現型の値によって決まるとしていることである。しかし資源の消費に関連したり，社会的相互作用に関連すると，本人の形質 (x,y) だけでなく，集団の他個体の形質値 $(\bar{x},\bar{y})$ が本人の適応度 w に強く影響する状況が多々ある。そのときには，適応度は $w(x,y;\bar{x},\bar{y})$ と書ける。そして (9.13) 式はそのままで成立する。ただし淘汰勾配の偏微分を計算するときには集団の平均値 $(\bar{x},\bar{y})$ はとめて計算をする。哺乳類のゲノム刷り込みの本文中 (9.7) 式と (9.8) 式を計算するには，この拡張が必要である。

第3に，考えている形質は雄もしくは雌のときだけ発現されるものである場合がある。配偶者選択の理論では，雄の尾の長さとそれに対する雌の好みを考える。またゲノム刷り込みでも雄の体にある遺伝子が受ける自然淘汰と雌の体にある遺伝子が受ける自然淘汰は異なる。どの遺伝子も系図をたどると半数の世代は雄の体に，半数の世代は雌の体にある。そのため雄の世代と雌の世代にそれぞれはたらく淘汰の平均値を考えるとよい。

本文に説明したように，適応度の関数は W というように雌雄共通のものではなく，雄の世代および雌の世代について別々に考える必要がある。雄の適応度を $\phi_m(x,y;\bar{x},\bar{y})$，雌の適応度を $\phi_f(x,y;\bar{x},\bar{y})$ と書く。(9.13) 式にある自然淘汰の項（淘汰勾配）の $\beta_x = \frac{\partial}{\partial x}\ln w$ を $\beta_x = \frac{1}{2}\left(\frac{\partial}{\partial x}\ln\phi_m + \frac{\partial}{\partial x}\ln\phi_f\right)$ と変更

するのは，形質 x にはたらく自然淘汰の力を，雄の世代で経験するものと雌の世代での自然淘汰との平均値に置き換えていることになる。同じことは第 2 形質 y についても成り立つ。その結果，

$$\begin{pmatrix} \Delta \bar{x} \\ \Delta \bar{y} \end{pmatrix} = \begin{pmatrix} G_x & B \\ B & G_y \end{pmatrix} \begin{pmatrix} \beta_x \\ \beta_y \end{pmatrix}$$

で淘汰勾配が本文中の (9.8) 式で与えられる。本文の (9.7) 式は遺伝共分散がない $B = 0$ の場合にあたる。

第 10 章
発癌プロセス

　癌は，自分の体を構成している細胞が限りなく分裂をして増えることである。通常の細胞は，勝手に分裂し続けたりしないように，細胞分裂装置に何重ものチェック機構がかかっている。ここ 20 年間の分子生物学の進歩で，細胞分裂を制御する分子メカニズムの基本はすっかり解明された。そのチェック機構が壊れて分裂し続けるようになるのが癌細胞で，ついには組織を離れても増殖するようになる。上皮組織でも血液組織でも，生涯にわたって分裂し続ける細胞，幹細胞をもっている。しかし幹細胞の遺伝子の 1 つに突然変異が生じたものがただちに癌になるわけではない。癌になるまでには，通常は，癌遺伝子，癌抑制遺伝子といったいくつもの突然変異が蓄積することが必要である。さらにコロニーに血管を誘導する血管新生，組織から離れてほかの組織に定着して分裂できるようになる転移などの能力を獲得してはじめて，悪性の癌になる。
　癌の発症についてはさまざまな確率的モデルが提出されてきた。

10.1　癌発症年齢の分布

　多くの上皮性の癌の発症は高齢で生じる。この年齢分布を説明するために，同じ患者にいくつかの事象が生じることによって癌が発症するとするモデルが提出された (Armitage & Doll, 1954)。たとえば，ランダムな「事象」が時間あたり一定の頻度で生じるとする。これは遺伝子の突然変異やメチル化状態の間

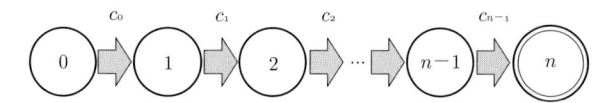

図 10.1 ある個体に n 個の確率事象が生じたときに癌が発症するとするモデル。最初は左端にある 0 という状態にいる。ランダムな時点に生じる事象により 1 に遷移する。この速度が c_0 で，待ち時間は平均値 $1/c_0$ をもつ指数分布をする。次に速度 c_2 で生じる事象により 2 に遷移する。同様なプロセスが続いて，n に至ると癌が発症すると仮定し，その年齢依存性などを調べる。これは純粋出生モデルとよばれる確率過程である。

違いなどによって細胞の性質がほぼ不可逆的に変化することと考えられる。同じ人に n 個の事象が生じると，その人は癌になるとする（図 **10.1**）。最初に生じる事象が時間あたり c_0，その人に次の事象が起きる速度が c_1，というふうに速度が決まっているとする。$p_x(t)$ は，ある人がこれらの事象のうち最初の x 個が生じた状態にある確率とする。すると

$$\frac{dp_0}{dt} = -c_0 p_0 \tag{10.1a}$$

$$\frac{dp_x}{dt} = c_{x-1} p_{x-1} - c_x p_x, \quad x = 1, 2, 3, \ldots, n-1 \tag{10.1b}$$

が成立する。最初は全員がこれらの事象を 1 つも経験していないので $p_0(0) = 1$ で $p_2(0) = p_3(0) = p_4(0) = \cdots = 0$ である。これは純粋出生過程とよばれるモデルである。癌になるのは，$n-1$ 個の事象が済んだ状態から，もう 1 つ生じるときなので，t 歳で癌が発症する人の数は $c_{n-1} p_{n-1}(t)$ となる。これを年齢とともに積分した値は「t 歳までに癌になった人の数」を表す。この累積値は，t が小さいときに t^n に比例する（演習問題 10.1）。このとき n はステップ数という。

10.2 癌抑制遺伝子

発癌機構についてより明確に考えたモデルとしては，A. G. クヌッドソンによる 2 ヒット説がある (Knudson, 1971)。それは子どもの目に生じる癌である，網膜芽細胞腫についての研究から得られた。家族歴があり本人に素質が受け継

第 10 章 発癌プロセス

```
正常細胞
              2u              u+p_0
  TSG^{+/+}  ─→  TSG^{+/-}  ─→  TSG^{-/-}

                               ┌──────────────┐
                               │ 癌のイニシエーション │
                               └──────────────┘
                                アポトーシスから
                                逃れられる
```

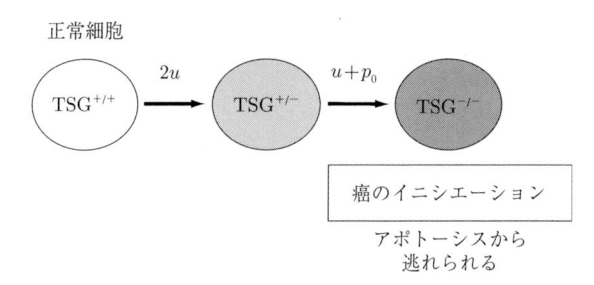

図 10.2 癌抑制遺伝子。癌抑制遺伝子はゲノムに異常がある場合に細胞分裂を止めたりアポトーシスを起こしたりする。これによってほかの遺伝子に生じた異常をもつ細胞が除去されて発癌が防がれる。そのため発癌への最初の一歩は癌抑制遺伝子自身が突然変異などにより細胞内にある 2 つの対立遺伝子の両方が失われることである。図では，左端が正常細胞で癌抑制遺伝子 (TSG) を 2 コピーもつ。1 つが壊れれば中央にあるヘテロ細胞になるが，正常に機能する。残りの 1 つが，突然変異や染色体不安定によるヘテロ接合喪失によって失われると右端に移る。この細胞はアポトーシスを起こさないために，ほかの突然変異を蓄積していく。癌イニシエーションを起こしたといえる。

がれていると推定される遺伝性の患者と，家族歴がなく本人に病気が突然現れた非遺伝性の患者とに分けたところ，遺伝性患者の累積数は年齢 t とともに t に比例して増大し，非遺伝性患者の累積数は t^2 に比例して増えることがわかった。そのことからクヌッドソンは，1 つの遺伝子座にある 2 つのアレル（対立遺伝子）の両方が機能不全になったときに癌が発症すると考えた。産まれたときに両方とも正常だと，癌になるには 2 つの突然変異が蓄積する必要があるので累積カーブは 2 ステップとなる。それに対して家族性の患者は産まれたときにすでに片方の対立遺伝子が突然変異で機能しなくなっているが，他方が機能するので最初は正常にはたらいている。その機能しているアレルに突然変異が生じたら，癌が発症する。そのため家族性の患者については年齢依存性が 1 ステップとなる。このことから，クヌッドソンは癌抑制遺伝子 (tumor suppressor gene) の存在を予想した。

生物は癌を避けるためのさまざまな工夫をしているが，その一番重要なものが癌抑制遺伝子といえる。癌抑制遺伝子には，p53，Rb などがあるが，それらが関与する系は体細胞分裂に際してゲノムが正常かどうかをチェックし，異常があると細胞分裂を止め，さらにはアポトーシスによる細胞死を引き起こす。しかも癌抑制遺伝子は細胞にある 2 つのアレルのうち片方でも正常であるかぎり機能を保っている（図 10.2）。そのため，発癌の最初のステップは，多くの

場合，癌抑制遺伝子の2つを喪失することである。たとえば大腸癌では，APC (adenomatous polyposis coli) とよばれる癌抑制遺伝子の喪失が最初に起こることが知られている (Michor *et al.*, 2005a)。

10.3 進化としての発癌過程

ところで生物は長い進化の過程を経てしだいに選び抜かれてきたものである。生物の進化プロセスの基本は，繁殖を繰り返している個体の集団に，突然変異によって親とは異なるタイプが現れ，そのなかで増殖能力のより高いものが元のタイプと置き換わることである。突然変異と置換が繰り返し生じることによって生物の性質がしだいに変化する。このような進化過程は，繁殖する単位が個体でなく細胞であってもあてはまる。癌は細胞に突然変異が蓄積していくミニ進化過程といえる。これは単なるアナロジーではない。生物の進化を理解するために作り出された集団遺伝学の数理モデルが適用でき，発癌の本質に迫る見通しを与えてくれる (Michor *et al.*, 2004)。

イメージをはっきりさせるために，一番よく研究がすすんでいる癌の1つ，大腸癌を例にとってみよう。大腸はクリプト（陰窩）とよばれる単位に分かれている（図 **10.3**）。それぞれ 1000〜4000 個の細胞を含み，大腸全体では 10^7 個程度のクリプトがある。それぞれに1個から4個の幹細胞があり，ほぼ7日の間隔で一生の間分裂し続ける。幹細胞から分化した細胞は，その後も何回か分裂するが，数日たつとクリプトの上まであがってくる。そしてアポトーシスをして腸管内へ捨てられる。

7日に1度の細胞分裂というのは結構頻繁である。40歳の人では大腸のすべての細胞が 2000 回も分裂を経験していることになる。だから 10^7 個もあるクリプトの中には，細胞分裂の制御装置にいくつか突然変異をもった細胞を含むものがあったとしても当然といえるだろう。こう考えると癌は，細胞分裂し続ける組織をもつ多細胞生物には避けられない宿命という気がしてくる。

先に述べた癌抑制遺伝子をはじめとするさまざまな仕組みは，発癌リスクを抑えるように作られているのではないか。また癌がそれらのチェックをやぶっ

第 10 章　発癌プロセス

クリプトの上部で
アポトーシスが生じる

クリプトは
1000〜4000個
の細胞を含む

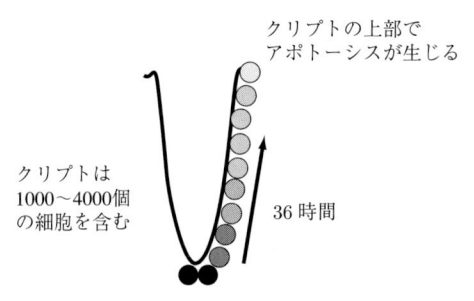

36 時間

少数の幹細胞がクリプト全体
の細胞を供給し続ける

図 10.3　大腸はクリプトとよばれる多数のコンパートメントからなる．全部で 1000 万個以上のクリプトがあり，それぞれのクリプトには 1000〜4000 個の細胞が入っている．少数の幹細胞は週に 1 度程度の頻度で分裂して分化細胞を作り，分化細胞は有限回の分裂ののちにクリプトの上まであがると，アポトーシスを起こす．ヒトの一生の間分裂をし続けて細胞を供給する必要がある上皮性組織は，大腸に限らず同様なコンパートメントからなっている．

て発生するプロセスはどのようなものか．以下ではミニ進化としての視点から発癌過程を調べた理論的研究を紹介しよう．

10.4　突然変異の固定確率

モランプロセス

　分裂をし続ける幹細胞の集団に突然変異細胞が現れてそれが集団全体に広がる過程を計算するには，現れた突然変異が集団全体にまで広がる確率，つまり固定確率を知ることが重要になる．そのため次のような連続時間モランプロセス（モランモデル）を考える（図 10.4）．集団ではランダムに選んだ 1 つの細胞が分裂し，同時にほかのもう 1 つの細胞が取り除かれる．ここで N 個の細胞があり，それぞれランダムに分裂し死んでいくとしよう．細胞数は一定に保たれ，毎日少しずつ細胞が入れ換わる．両方のタイプが混ざっている状態からスタートすると，それらの頻度は変動しながら最終的にはいずれかが全体を示すようになる．最初に 1 細胞だった突然変異細胞が全体を占めるようになる確

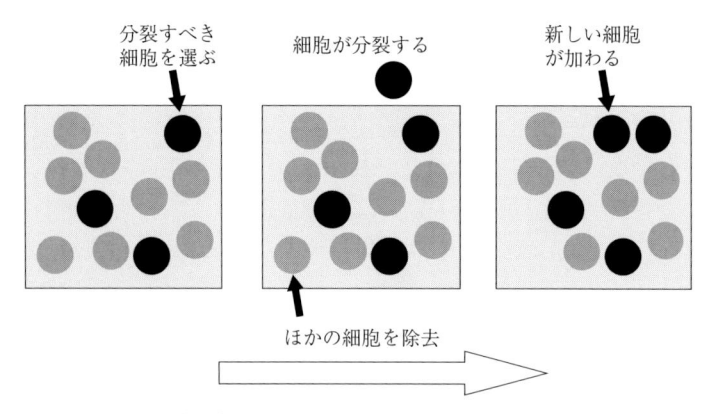

図 10.4 細胞の分裂と置き換えのモデル。モランプロセス。ランダムに選ばれた細胞が分裂し，同時にランダムに取られた細胞が除去されることで，細胞数は一定に保たれながら入れ換えが生じる。とくに突然変異細胞が分裂すべきものに選ばれる確率が正常細胞とは異なるときに，淘汰がはたらく。

率が固定確率である。

このとき，分裂する細胞に選ばれる確率が突然変異細胞と正常細胞とで違っているとすれば，増殖率の違いを考慮することができる。具体的に，突然変異細胞は分裂する候補に選ばれる率が正常細胞に比べて r 倍としよう。進化生物学では突然変異の相対的な増殖率である r は適応度 (fitness) という。以下では細胞の適応度（増殖率）が高いものを有利，低いものを不利な突然変異というが，これは細胞の増殖についていったもので，「有利」な突然変異は宿主個体にとってはより危険である。

確率過程の計算から，突然変異細胞が 1 個からスタートとして 100％になる確率，つまり固定確率は，

$$\rho(r) = \frac{1 - \dfrac{1}{r}}{1 - \dfrac{1}{r^N}} \tag{10.2}$$

である（第 10 章：付録 A 参照）。**図 10.5a** には，固定確率が突然変異の適応度 r とともに増大することを明示するため r の関数として表した。相対的な増殖率が正常細胞とまったく同じである中立な場合 ($r = 1$) には $\rho(1) = \frac{1}{N}$ となる。それは，N 個の細胞集団のなかの 1 つが突然変異だが，それが将来に子孫を残す期待値はすべての細胞で等しいはずであるから 1 細胞の子孫の固定確率は $\frac{1}{N}$

(a) N が小さい　　(b) N が大きい

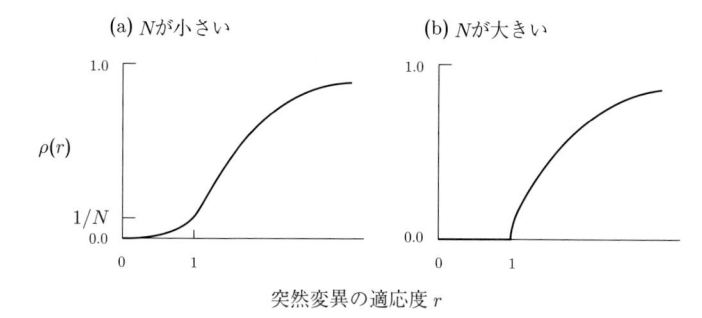

図 10.5 固定確率。モランプロセスにおいて，正常細胞ばかりのなかに突然変異細胞が 1 つ生じたとする。その子孫が最終的に集団全体を占める確率を固定確率という。突然変異細胞の適応度が正常細胞と同じ，つまり中立のときには $1/N$ である。適応度が高い（細胞の増殖率が高く死亡率が低い）と固定確率は高くなるが 1 にはならない。それは確率性のためである。同様に適応度が元のタイプより低くても固定してしまうことが生じる。(a) 小さな集団ではこの確率性がとくに重要で，適応度が低くても頻繁に固定する。(b) 大きな集団では，適応度がもとのものより高くないと広がることができない。

になるのだ。

　正常細胞に比べて適応度（増殖率）が高い突然変異であればその子孫が全体を占めるようになる確率は $1/N$ よりも大きく，逆に適応度の低い突然変異では $1/N$ よりも小さい。図 **10.5a** にあるように，突然変異の適応度 r とともに固定確率は増大するものの，かなり有利な突然変異でも 1 ではなく，たまたま失われる可能性がある。また逆に適応度がもとのタイプよりも低い突然変異 ($r < 1$) であっても，たまたま固定する確率がある。だから進化で適応度の高いものに置き換わるとは必ずしもいえないのだ。このように偶然に増殖率の低いほうのタイプが固定することは，細胞の数が少ないときにとくに重要である。

　集団サイズ N が大きくなると，適応度が低いものや中立のものでは固定確率はごく小さく，突然変異の適応度がもとより改善されたものしか広がることができない（図 **10.5b**）。だから大きな集団では，進化の結果は，必ず適応度が高いものへと置き換わるといってよい。これに対して小さな集団では自然淘汰に反したランダムな進化が生じうる。

トンネリング

　先述のように癌抑制遺伝子の喪失の過程のとおり，正常細胞に2つの突然変異が重なって生じるとアポトーシスを逃れた細胞ができる。それは急速に分裂して集団を占拠してしまう。ここで正常細胞（タイプ0）から中間状態の突然変異（タイプ1）ができ，それから高い増殖率をもタイプ2細胞ができると考えてみよう。タイプ0の集団にタイプ1が広がって全体を占め，その次にタイプ2が広がる，というのが通常の集団遺伝学での進化のイメージである（図 **10.6a**）。

　発癌のシミュレーションを行うと，これとは違った進化プロセスがしばしば現れる。図 **10.6b** では，中間状態の突然変異細胞は適応度がもとのものと同じ（中立という）か，もしくは少し劣る。適応度が劣る細胞はもとの正常細胞に競争で負けるために，この中間状態の細胞が集団全体にまで広がる確率はゼロで

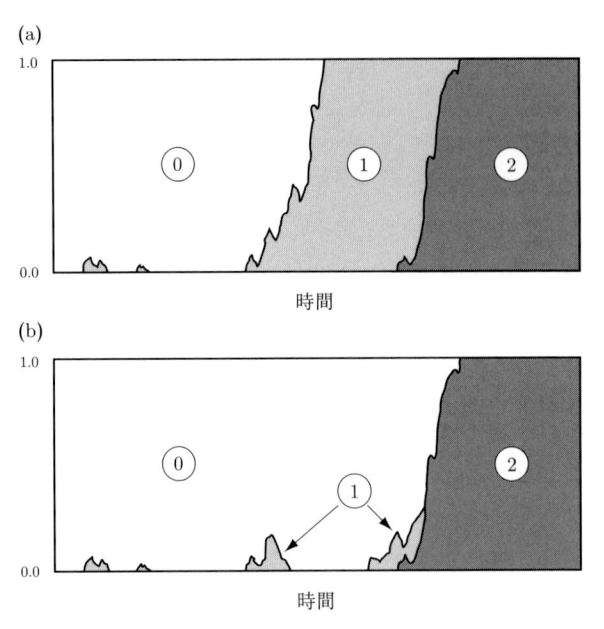

図 10.6　引き続いて突然変異が2つ生じるまでの経路。(a) まず最初の突然変異が広がり固定し，その後第2の突然変異がその子孫に生じて広がり固定する。(b) 最初の突然変異が適応度が低いか中立なために最終的には滅んでしまい，なかなか固定できない。その一時的な子孫のなかに第2の突然変異が生じると，それは適応度が高く，素早く広がってしまう。これをトンネリングという。第1の突然変異の適応度が低くて，集団サイズが大きいときには，とくに重要である。(Iwasa *et al*., 2004a)

はないとしてもごく小さい。この中間状態の細胞が広がらずに消えてしまう前に，タイプ 2 の突然変異が生じることがある。その細胞はアポトーシスを逃れることができるために正常型の細胞よりもずっと高い増殖率（適応度）をもち，すぐに広がって集団を占めてしまう（図 **10.6b**）。このとき全体を見ると，正常型の細胞がほとんどを占める集団が，2 ステップめの突然変異に突如として置き換わるように見える。このような，中間段階の突然変異が固定せず，タイプ 1 の段階を飛ばして進化がすすむことをトンネリングとよび，細胞数が大きくなり突然変異率が高くなるほど重要になる (Iwasa *et al.*, 2004a)。

10.5 染色体不安定

　多くの癌では細胞が染色体不安定 (chromosomal instability, CIN) を示す。染色体不安定は細胞分裂に伴う染色体の受け渡しを制御する機構に異常が生じるもので，細胞分裂あたり遺伝子あたり 1〜2％について，2 つあるアレルのうち片方しか娘細胞に受け渡されなくなる。また染色体の数異常や染色体の一部がちぎれてほかのものと融合することも生じる。大腸癌の場合には，85％の患者が CIN を示す。残りの 15％はマイクロサテライト不安定 (MIN) とよばれ，点突然変異率が約 10^3 倍になる異常を示す。CIN も MIN もともに細胞分裂において娘細胞にもととは違った染色体が渡される確率が高まるゲノム不安定の例である。

　癌細胞はさまざまな細胞機能を失なう。染色体不安定についても，それらの異常の一例と考えるのがもともとの見方であった。つまり細胞が癌化した結果として染色体不安定が生じたとするものである。それに対して最近提案されているのは，まず最初に染色体不安定などのゲノム不安定が生じ，それによって癌化のリスクが高められ，発癌のプロセスが促進されるとするものである。

　はたして染色体不安定が発癌の後に起きたのか，それとも先に染色体不安定が生じて，それが癌化を引き起こしたのかを考えるために，図 **10.7** にあるモデルを調べてみた (Michor *et al.*, 2003a)。

　左上にあるのが正常細胞の集団である。各細胞は癌抑制遺伝子の両方のアレ

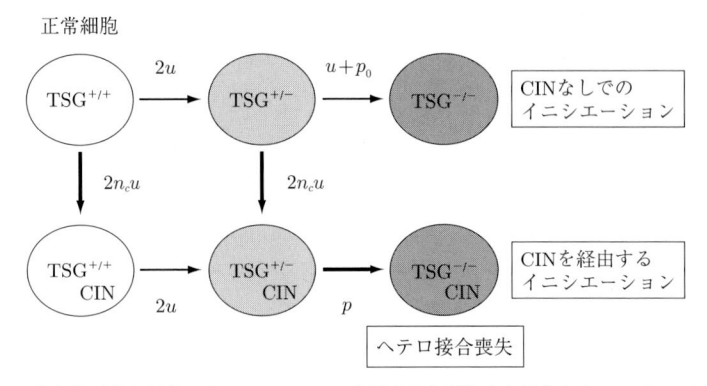

図 10.7 染色体不安定が癌のイニシエーションを早めるかどうかを扱うためのモデル。(Michor et al., 2003a *Curr. Biol.*)

ルが正常型であるので TSG$^{+/+}$ と記した。上の列の中央にあるのが1つのアレルが壊れたヘテロ接合細胞 TSG$^{+/-}$ である。その後もう1回突然変異を受け2つめのアレルの機能も失った状態が TSG$^{-/-}$ である。この細胞はアポトーシスを逃れることができるので正常の細胞よりも増殖率が高く，集団に現れるとほかのものを押しのけて広がってしまう。これは発癌の始まり，つまりイニシエーションといってよい。図の上部にある3つの状態を経て起きるのが染色体不安定を含まない発癌過程である。しかしこの経路はきわめて遅い。突然変異率は細胞分裂における遺伝子あたり $u = 10^{-7}$ 程度とされており，それが2ステップも生じる必要があるために，何十年もかかってしまう。

　図 **10.7** の下の列は染色体不安定(CIN)が生じた細胞である。左下が，TSG$^{+/+}$ で CIN，中央下が TSG$^{+/-}$ で CIN，最後に右下がそれから移行したもので TSG$^{-/-}$ で CIN である。染色体不安定をもつと癌抑制遺伝子についてヘテロの細胞は，分裂あたり 10^{-2} という高い確率で2つのアレルの片方しか渡されないことになるが，それによって正常なアレルを失うため TSG$^{-/-}$CIN という右下にある癌のイニシエーションの状態になる。通常の突然変異が細胞分裂あたり $u = 10^{-7}$ というきわめて小さな確率であることから，分裂あたり $p = 10^{-2}$ というのはその10万倍も速い。そのため中央下にある TSG$^{+/-}$CIN は直ちに右下に移行して TSG$^{-/-}$CIN になると見なすことができる。上の列から，図の左もしくは中央の下向き矢印にしたがって下の列におり，それから右に移行す

るのが染色体不安定を含んで生じた癌抑制遺伝子喪失プロセスである。この経路はゆっくりした突然変異を待つステップが1つしかないため上段の2ステップを含むプロセスよりずっと速そうだ。ところが一方で，染色体不安定を経由して発癌に至る過程には，正常細胞がまず染色体不安定の細胞に置き換わるステップが含まれているが，これはなかなかむずかしい。というのも染色体不安定の細胞は増殖の速度で正常細胞に劣るからである。そもそも増殖率の低い細胞が速い細胞にとって代わることはできるのだろうか。

このようにCINを経ないでゆっくりした突然変異を2ステップ蓄積する発癌の経路と，CINが関与して途中に増殖率の低い細胞を経るかわりに突然変異率の高いプロセスを経る経路のいずれが重要かを決めるには，定量的に比較することが必要である。ここに前節に説明したような数理モデルが登場することになる。

CINが広がることのできる理由には，2つある。1つは，幹細胞の数が小さいときには，たとえ適応度（細胞の増殖率）が下がった状態でも確率的効果で広がることができることがある。もう1つは，大きな集団については，トンネリングが効いてくることだ。先の図 **10.7** の例で，上列の中央にある $TSG^{+/-}$ のなかに，CINが生じて下列の $TSG^{+/-}CIN$ に移り，それから $TSG^{-/-}CIN$ となって発癌するという経路を考えてみる。中間状態の $TSG^{+/-}CIN$ は，適応度が低いために集団細胞数がある程度以上大きいと固定することはとても困難だ。しかしトンネリングのために，$TSG^{+/-}CIN$ が固定することなく適応度の高い $TSG^{-/-}CIN$ が固定するというプロセスが高い頻度で生じる。このように小さな細胞集団では確率的効果により，大きな細胞集団ではトンネリングによって，染色体不安定が発癌を速める効果は大きくなる。

さて，もとの大腸癌を例にとって染色体不安定の効果を推定してみた。細胞分裂に際して染色体が両細胞に均等に入るようにする分子機構に関わる多くの遺伝子が，その突然変異により染色体不安定をもたらすものである。それらのなかで2つのアレルの片方が壊れるだけで染色体不安定が生じる優性変異の数だけでも，酵母による推定では100以上もある。マウスやヒトはそれ以上あるだろうから，CIN突然変異率は通常の遺伝子のものよりもずっと大きい。

生まれたときにすでに1つのアレルが機能不全になっている遺伝性の患者を除いた推定では，CINなどのゲノム不安定性がない場合，100年程度のヒトの

寿命で大腸癌になるのはとても不可能という結果になった。現実にはかなりの率で非遺伝性の大腸癌が生じているから，ゲノム不安定が発癌に重要と結論できる (Michor *et al.*, 2005a)。

10.6 発癌のリスクを下げる組織デザイン

多細胞生物では皮膚や消化器官などの細胞は生涯を通じてはがれ落ちるので，常に新しい細胞を供給する必要がある。それらは非常に多数の細胞からなるために，長い年月の間には，突然変異をもった細胞が蓄積してしまう。そのため発癌リスクを低下させることはこれらの組織にとって重要な問題である。

コンパートメント化

先程述べたように，ヒトの大腸は 10^7 個もの数のクリプトとよばれるコンパートメントに分かれている（図 **10.3**）。では小さなコンパートメントに分かれることはどのような効果があるのだろう。先に議論したように，2 つの突然変異が蓄積して発癌が起きるまでの時間を考えてみる。

非常に多数の小さなコンパートメントに分かれている場合と，比較的少数の大きなコンパートメントに分かれている場合とを比較して，いずれの発癌が早いかを考えてみると（図 **10.8**）(Michor *et al.*, 2003b)，途中に挟まれる突然変異の適応度によってその答えが違ってくる。もし突然変異がもとの正常細胞よりも分裂速度が速かったとしよう。すると，1 つ生じた突然変異細胞は正常細胞との競争に勝って，コンパートメントのなかを席巻してしまうだろう。とすると，1 つしか突然変異が生じなくても早晩コンパートメント全体が突然変異細胞に変わり，次のステップの突然変異を待ち受けることになる。これに対して小さなコンパートメントに分かれているとするとどうだろうか。突然変異が生じたコンパートメントは突然変異細胞ばかりに占められるようになるのかもしれないが，コンパートメントの境目を超えて広がらないとすると大きなコンパートメントの場合よりはリスクをずっと下げることができる。

ところがこの結果は，中間状態の細胞が正常型よりも適応度が低い場合には

第 10 章　発癌プロセス

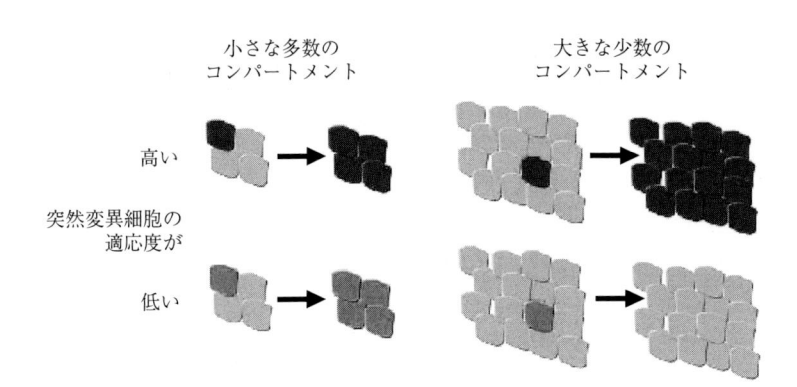

図 10.8　コンパートメントサイズと癌のリスク．全細胞数が一定でも，それがごく小さな多数のコンパートメントに分かれるときと大きなコンパートメントに分かれるときで癌のイニシエーションが生じるリスクは大きな影響を受ける．その影響は，中間状態の突然変異の適応度がもとより高いかもしくは低いかによって逆になる．中間状態の突然変異が有利であるときには，小さなコンパートメントがリスクを抑制できる．しかし中間状態の突然変異が有害な（細胞の増殖率が正常型より低い）ときには，リスクを上げることになる．

逆になる（図 10.8）．大きなコンパートメントだと，突然変異は正常型細胞との競争に勝てないために自動的に消えてしまうものが多い．ところが小さなコンパートメントだと，偶然の効果で固定することがあり，そうなるともとには戻らない．つまり突然変異の適応度が正常型よりも低いとすると，多数の小さなコンパートに分けることは発癌のリスクを上昇させる．染色体不安定は中間状態の適応度が高くないために，小さなコンパートメントに分かれているとより危険が増すことになる．

リニアプロセス：幹細胞とそのほかの細胞への分化

　上皮組織のもう1つの特徴は，コンパートメント（大腸の場合はクリプト）の中で少数の幹細胞とそれから分化した細胞に分かれていることである．つまり大腸の細胞として機能をもつほとんどの細胞は，永久に分裂をし続けることはできず，有限回の分裂の後にアポトーシスをして捨てられる．分裂し続ける細胞はクリプトの一番奥にあるごく少数の細胞に限られるのである．
　このような組織デザインは発癌リスクに対してどのような効果をもつだろうか．

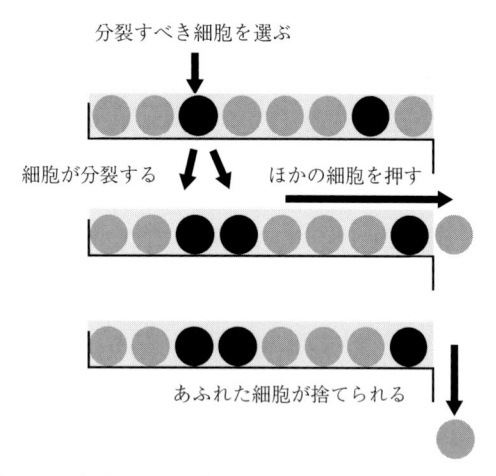

図 10.9 リニアプロセス。細胞が一列に並ぶ。ランダムに選んだ細胞が分裂するが，それより右側にある細胞が押しだされ，一番右にある細胞が捨てられる。左端の細胞が幹細胞としてはたらく。左端の細胞に起きた突然変異だけが将来に広がるが，ほかの細胞に生じた突然変異は，より左にある細胞の子孫によって押しだされるために発癌リスクには寄与しない。

リニアプロセスという図 10.9 にあるものを考えよう (Nowak *et al.*, 2003)。ここには，多数の細胞が並び，それぞれに分裂を繰り返している。細胞の数には上限があり N を超えるとあふれた細胞は右から捨てられるとする。このとき細胞に突然変異が蓄積して発癌に至るまでの時間はどのようになるだろうか。

中央付近にある細胞に突然変異が生じたとしよう。その子孫は増大していくけれども，それらの左にある細胞が増えるにつれて，右へと押しやられ，ついにはアポトーシスで捨てられてしまう。だからリスクにはほとんど寄与しない。これに対して一番左にある細胞がたまたま突然変異細胞になったとすると，集団にあるすべての細胞は遅かれ早かれその子孫になってしまう。つまり一番左にある細胞が突然変異を起こすと，その適応度に関わらず必ず全体に広がる。この場合細胞の間の増殖を巡る競争，つまり体細胞淘汰はまったくはたらかない。

このような構造，つまり一番底にある幹細胞とそれ以外とに分かれていることは，有利な突然変異の危険性を最低に下げることができる。逆に，染色体不安定が非常に重要になる。

10.7 慢性骨髄性白血病 (CML)

　集団生物学的な取り扱いが癌に対して有効であることを示すもう1つの例として血液の癌，慢性骨髄性白血病 (chronic myeloid leukemia, CML) について紹介しよう。血液組織は赤血球や血小板，さらにはマクロファージ，顆粒球など，さまざまな免疫細胞など多くの種類の細胞を含んでいる。これらはすべて，比較的少数の造血幹細胞から作り出される。

　血液細胞は上皮組織の細胞とは違い，機能を果たすには体中を巡り，すみずみまで入り込む必要がある。そのためコンパートメント化によってリスクを下げることが難しい。毎日膨大な数の血球細胞が作られ，短時間で取り換えられる。細胞の数と突然変異率を考えると，かなりの数の異常細胞が作られているはずである。骨髄にある少数の幹細胞を除けば，すべての血球細胞はそれぞれに限られた寿命をもっていて，永遠には分裂し続けることができないようになっているが，これには癌（つまり白血病）のリスクを下げるためのデザインという意味があると考えられる。

　CML には，イマチニブとよばれる特効薬があり，グリベックという名前で市販されている。これはきわめて特異的に効き，化学療法としては抜きんでて高い効果を示す。CML のほとんどは，22番染色体と9番染色体の相互転座によってできるフィラデルフィア染色体とよばれる突然変異による（図 10.10）。それはチロシンキナーゼをコードする遺伝子 BCR-ABL を作り出し，それが癌遺伝子としてはたらく。イマチニブはその遺伝子産物に結合し，チロシンキナーゼ活性を阻害する。

　図 10.11 にあるのが患者にイマチニブを投与してからの白血病細胞（フィラデルフィア染色体をもつもの）の数の推移である (Michor et al., 2005b)。縦軸は対数なので，ほぼ直線的につまり指数関数で減少する。最初の2〜3ヵ月間は速く，半年以降はゆっくりと減り，2つの異なる時定数をもつ指数関数に従う。

　副作用などを忌避して投薬をやめてしまった患者についての白血病細胞数を見ると，投薬を3年も続けたにも関わらず，投薬停止後ほんの2〜3ヵ月の間に白血病細胞は素早く増加し，もとのレベルを超えた高い密度になることが知ら

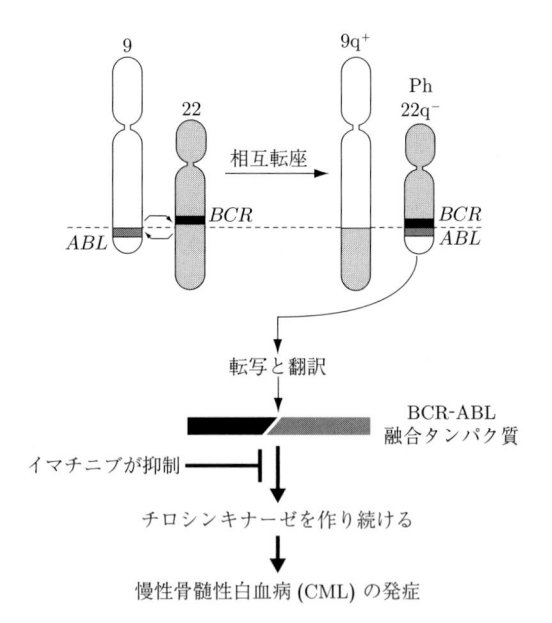

図 10.10 慢性骨髄性白血病 (CML) とイマチニブ。染色体の相互転座によって作られた遺伝子が，チロシンキナーゼを作り出し，それが CML を発症させる。イマチニブという特効薬は，このチロシンキナーゼに結合して CML を抑えることができる。

れている。もしイマチニブがすべての白血病細胞に効いているならば，それらの細胞が増殖して数が戻るのにはもっと時間がかかるはずである。これはどうしてだろうか。

血球細胞数のダイナミックス

これらの結果を理解するために 4 種類の細胞群からなる細胞数ダイナミックスを考えた（図 **10.12**）(Michor *et al.*, 2005b)。一番もとには，ゆっくりと分裂をする幹細胞のプールがある。それから分化した細胞は，次の前駆細胞のプールに移るが，このときに有限回の分裂によって数を増やす。それがまた次の分化細胞のプールに移って，最後には最終分化細胞に移る。次のプールに移動するごとに数が増え，最終分化細胞は 10^{12} 個といった膨大な数になる。一方，細胞の入れ換えの速度は，後のプールの細胞になるほど速くなる。幹細胞は約 1 年，前駆細胞は 125 日，分化細胞は 20 日，そして最終分化細胞はほぼ 1 日で入

第 10 章 発癌プロセス

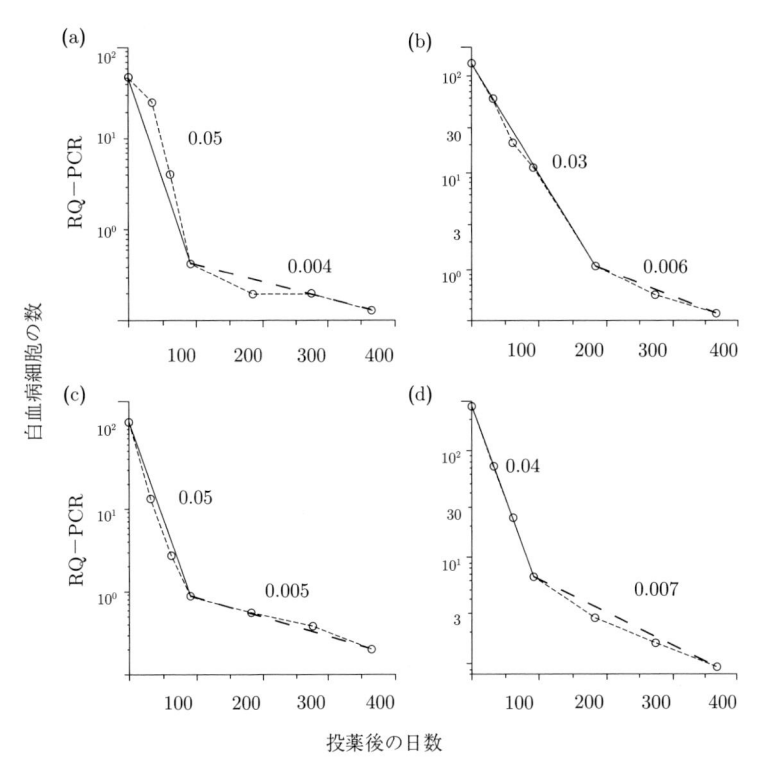

図 10.11 CML の患者にイマチニブを投与してからの血中の白血病細胞の数。縦軸は対数表示である。最初には速い指数的減少，後には遅い指数的減少で 2 つのフェーズをもって減少する。ここでは 4 人分を示したが，多数の患者すべてにこのようなパターンが見られる。(Michor *et al.*, 2005b *Nature*; Fig. 1)

れ換わる。

　白血病細胞は，突然変異によって幹細胞から低い確率で作られ，それが最終分化細胞として現れてはじめて検出される。イマチニブを処方したとき，白血病細胞のそれぞれの状態での死亡率は影響を受けないが，次のプールに移行するときの分裂回数が少なくなり，その結果細胞数が減少するとした。以上は現在知られている事実から考えられる一番単純な仮定をおいたものである。

　モデルと図 **10.11** のようなデータを比較すると，投薬開始後 2 つの指数関数で減少する理由について，それらの減少速度が分化細胞の死亡率および前駆細胞の死亡率にそれぞれ対応したものだとわかった。そのデータからそれぞれの

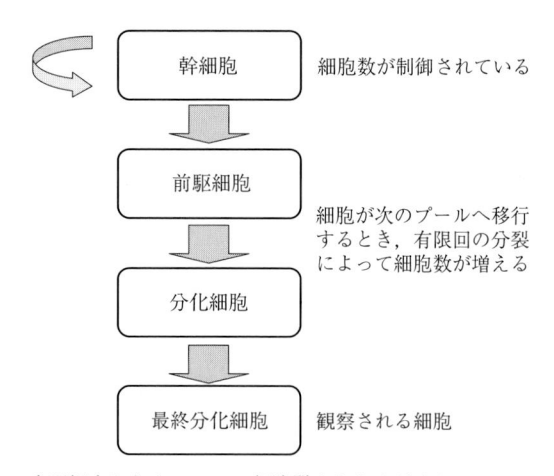

```
     ┌─────────┐
  ↻  │  幹細胞  │   細胞数が制御されている
     └────┬────┘
          ↓
     ┌─────────┐
     │  前駆細胞  │   細胞が次のプールへ移行
     └────┬────┘   するとき，有限回の分裂
          ↓        によって細胞数が増える
     ┌─────────┐
     │ 分化細胞  │
     └────┬────┘
          ↓
     ┌─────────┐
     │最終分化細胞│  観察される細胞
     └─────────┘
```

図 10.12 CML を理解するための 4 つの細胞群からなるダイナミックス。(Michor *et al.*, 2005b *Nature*)

入れ換え率が推定できる。また投薬を中止した患者の白血病細胞数が短期間で元のレベルに戻ったことから，幹細胞にはイマチニブが効かないと結論できる。

耐性細胞数を計算する

さて，イマチニブをずっと処方し続けていれば，白血病細胞が低いレベルにずっと抑え続けられるかといえば，残念ながらそうではない。たとえ投薬を続けていても，数ヵ月から数年後には，イマチニブが効かない耐性の幹細胞が出現してくる。DNA の塩基配列の解析結果から，それらの耐性癌細胞が作り出すチロシンキナーゼはイマチニブの結合部位に点突然変異による変化が生じていることがわかる。

それらの耐性細胞は白血病が発見された時点で，その幹細胞群にすでに含まれていたのか，それとも投薬後に出現したのだろうか。また耐性細胞をもつ患者は発見時点で平均いくつの耐性細胞をもつのだろうか。このような問いには確率過程のモデルによって答えることができる (Iwasa *et al.*, 2006)。

薬に感受性の（つまり抑えられる）癌幹細胞は，分裂と死亡をランダムに繰り返しながら指数的に増殖している。それから突然変異によって作られる耐性細胞は，増殖率が感受性細胞よりも高い場合も低い場合も考えられる。耐性細胞がいったん作られても，ランダムに滅びることもある。この確率は分枝過程と

いうモデルによって計算される（第10章：付録B参照）。そして両者の合計細胞数があるレベルに達したときに白血病と診断されるとして，そのときに耐性細胞がない確率や，あった場合にその平均数，分布などを計算できる。

　薬剤耐性の癌細胞の出現は，癌細胞が突然変異によって薬物療法を逃れる「エスケープ」現象である。エスケープは，癌だけではなくHIVなどのウイルスや一般の病原微生物にも見られ，医療の重大な脅威になっている。これは病原体が短い時間で進化することによってもたらされるものである (Iwasa et al., 2004b)。

　分子生物学の進歩によって，癌には非常に多数の遺伝子とその産物が関与していることが明らかになってきた。これらの分子機構の解明は癌を理解するうえで欠くことのできない重要な情報を与えてくれる。その一方で発癌現象には進化プロセスとしての側面がある。そのため突然変異細胞の適応度（増殖率），突然変異率，集団サイズについて定量的に知ることが必要になる。今後は，分子機構の解明とともに，これら集団生物学的側面についての解明，定量的な研究が重要になるだろう。

第10章：演習問題

演習問題 10.1
　本文中の (10.1) 式について，すべての速度定数が等しいときに $c_0 = c_1 = c_2 = \cdots = c_{n-1} = c$ として，次の式が解であることを確かめよ。
$$p_x = \frac{(ct)^x}{x!} e^{-ct}, \quad x = 0, 1, 2, \ldots, n-1$$

演習問題 10.2
　年齢 t に比べて速度定数が小さいときには，次のようになることを示せ。
$$p_x \approx \frac{c_0 c_1 \cdots c_{x-1}}{x!} t^x, \quad x = 0, 1, 2, \ldots, n-1$$
このとき，t 歳までに発癌が生じる確率は
$$\int_0^t c_{n-1} p_{n-1}(t') \, dt' \approx \frac{c_0 c_1 \cdots c_{n-1}}{n!} t^n$$
であることを示せ。

●● 参考文献の追加

　Nowak (2006) はその第 12 章をすべてあてて発癌のイニシエーションに対する染色体不安定の影響などを数理モデルによる解析結果によって説明している。

　Armitage & Doll (1954) 以降，癌発症の年齢分布や放射線被爆後の経緯などをもとに数理的に解析する分野が発展した (Moolgavkar & Venzon, 1979; Luebeck & Moolgavkar, 2002; Ohtaki & Niwa, 2001)。

　集団遺伝学に確率過程を本格的に導入し，分子進化学の基礎理論を築いたのは木村資生であった (Kimura, 1968, 1983; Kimura & Ohta, 1969)。この分野の現在のまとめとしては Ewens (2004) および Durrett (2002) がよい。

　確率過程については，Feller (1957, 1971) と Karlin & Taylor (1975, 1981) が標準的教科書である。

第10章：付録A　モランプロセスの固定確率

ある細胞がランダムに選ばれて分裂する。その後細胞数を一定にするように，もう1つの細胞が選ばれて取り除かれる。突然変異細胞と正常細胞とが混ざる集団において，このことが繰り返し行われるとする（図 **10.4**）。ここで最初の1個だけ出現した突然変異細胞の子孫が最終的に全体を占める確率を求める。

x 個の突然変異細胞と $N-x$ 個の正常細胞からスタートしたときに最終的に突然変異細胞が全体を占める確率を $V(x)$ と書く。$V(x)$ が満たす漸化式を考える。まず Δt の長さの時間に，突然変異数が x から $x+1$ に増える確率と，逆に $x-1$ に減る確率は

$$\Pr[x \to x+1] = (N-x)\,\Delta t \cdot \frac{rx}{rx + (N-x)} \tag{10.3a}$$

$$\Pr[x \to x-1] = x\Delta t \cdot \frac{N-x}{rx + (N-x)} \tag{10.3b}$$

となる。ここで細胞の平均寿命を時間の単位とした。Δt の区間には，それぞれの細胞が確率 Δt で死亡する。すると，(10.3a) 式は $(N-x)\,\Delta t$ の確率で正常細胞が死に，その後を突然変異細胞が埋める確率を表している。分裂する細胞は突然変異が r，正常型が 1 の重みづけでランダムに選ばれる。(10.3b) 式は同様にして，突然変異細胞が死んで正常型細胞が分裂する確率を表す。

ここで x 個の突然変異細胞がある状態から (10.3) 式で与えられる遷移確率によって，$V(x)$ の式が得られる。

$$V(x) = \frac{(N-x)\,x}{rx + (N-x)}\Delta t \cdot V(x-1) + \frac{(N-x)\,rx}{rx + (N-x)}\Delta t \cdot V(x+1) \\ + \left(1 - \frac{(N-x)\,x}{rx + (N-x)}\Delta t - \frac{(N-x)\,rx}{rx + (N-x)}\Delta t\right) V(x)$$

右辺第1項，第2項，第3項はそれぞれ，x が $x-1$ になる，$x+1$ になる，x のままにとどまるという事象に対応している。これから次の漸化式が導かれる。

$$V(x+1) - V(x) = \frac{1}{r}\{V(x) - V(x-1)\}$$

加えて，初期条件として $V(0) = 0,\quad V(N) = 1$ が成立する。以上のことを合

わせると，突然変異の固定確率は，$V(1) = (1-1/r)/(1-1/r^N)$ となる。

ここでこの公式と集団遺伝学で用いられる公式との対応関係を直観的に説明しよう。まず，適応度を淘汰係数 s を用いて，$r = e^s$ とする。モランプロセス（モデル）の固定確率は，$\rho_M = (1-e^{-s})/(1-e^{-Ns})$ となる。集団遺伝学では，ライト・フィッシャーモデルが標準である。ライト・フィッシャーモデルでは，世代が離散的で，ある世代が終わるとそれらの個体はすべて死んで，それらを親とする個体が次の世代を構成するとされる。そのときそれぞれの子は前世代のうちどれを親とするかをランダムに選ぶとする。逆に，それぞれの親が作る子の数はほぼポアソン分布に従う。これに対してモランプロセスでは，ランダムに選ばれた個体が死ぬため，寿命は同じではなく幾何分布をする。ある親が作る子の数もまた，幾何分布に近い。ポアソン分布と幾何分布を比べると，それらの平均が同じであれば，分散はポアソン分布よりも幾何分布が 2 倍である。そのため，ライト・フィッシャーモデルのほうがモランプロセスよりも，ランダムな効果が弱く，淘汰が 2 倍効く。これは公式のなかの s が 2 倍になることに相当する。よってライト・フィッシャーモデルに対応する固定確率は $\rho_{WF} = (1-e^{-2s})/(1-e^{-2Ns})$。さらに伝統的な集団遺伝学は 2 倍体生物を扱っているので，個体数が N だとゲノムでいえばその 2 倍存在することになる。そのため集団遺伝学にある固定確率の公式が，$\hat{\rho}_{WF} = (1-e^{-2s})/(1-e^{-4Ns})$ となる。

第10章：付録B　分枝過程における絶滅確率の計算

細胞が，ランダムな時刻に細胞分裂と細胞死を起こすとする。それらの事象の速度を時間あたり a と b とする。より正確には長さが Δt という短い時間たったときに，1 細胞が 2 つに分裂する確率は $a\Delta t$，死ぬ確率が $b\Delta t$，1 細胞のままの確率が $1 - a\Delta t - b\Delta t$ とする。こうして分裂した細胞は互いにまったく影響を与えないとする。このとき，1 個の細胞からできた子孫が長さ t の時間の後で，すべて滅びている確率を計算する。

第 10 章 発癌プロセス

この確率を $q(t)$ と書く。するとこれは次のような漸化式に従うことがわかる。

$$q(t) = a\Delta t q(t - \Delta t)^2 + b\Delta t \cdot 1 + (1 - a\Delta t - b\Delta t) q(t - \Delta t) \tag{10.4}$$

ここで左辺は 1 細胞が t 時間後に滅びている確率。右辺の 3 つの項は，Δt の期間に生じる事象で分けている。第 1 項は細胞分裂が生じて Δt 時間後に 2 細胞になっていることを示す。その場合には，2 つの細胞のそれぞれの子孫がすべて死滅しないと元の細胞の子孫が絶滅したことにならない。またそれぞれの子孫の絶滅確率は時間が少し短くなっているので $q(t - \Delta t)$ であり，2 細胞からスタートする子孫がともに滅ぶ必要から，それらの 2 乗になる。第 2 項は Δt の間に死亡する事象で，そのときは確実に（確率 1 で）絶滅する。第 3 項は数が変化しない場合で，これは単に時間が短くなる。

(10.4) 式を変形して，Δt の小さな極限を考えると，

$$\frac{dq}{dt} = aq^2 - (a+b)q + b$$

が得られる。これと時間が短いと絶滅確率がゼロであることから $q(0) = 0$ が成立する。上記の微分方程式を解くと，

$$q(t) = \frac{b\left(e^{(a-b)t} - 1\right)}{ae^{(a-b)t} - b} \tag{10.5}$$

となる。これから時間が十分たったときに絶滅する確率は $q(\infty) = \frac{b}{a}$ である。生き残る確率は，$1 - q(\infty) = 1 - \frac{b}{a}$ である。これはモランプロセスにおいて，集団サイズ N が無限に大きくなった場合の固定確率と等しい。

分裂の率は a で，死亡が b であるので，細胞数は $e^{(a-b)t}$ のように指数的に増加していくと考えられる。また細胞数の平均値（絶滅した場合や大きく数が増えた場合を平均したもの）は $e^{(a-b)t}$ に等しいことも証明できる。しかしかなりの確率で滅びるのだ。これは突然変異が最初に 1 細胞からスタートするために生じるランダムドリフトの影響である。

あとがき

　分子生物学の進歩により，免疫や発生といったさまざまな生理機能について，そこに関与する遺伝子群が特定され，それらの間の関係が明らかになってきた。かつては神秘的とさえ思えた現象について，どのような分子によってになわれているかがわかってきたのはすばらしいことだ。しかしその知識を総合すれば本当に生命機能が理解できるのだろうか，この問いに答えることが「ポストゲノム」時代の生命科学において数理的研究に期待される役割である。

　分子生物学によって得られた知識をコンピュータにそのまま入れて，遺伝子の発現レベルや遺伝子産物の量変化を記述するシミュレータの研究も精力的に進められている。他方でそのような複雑な系のなかで，基本になる反応はどれであってそのほかはそれを修飾しているものだ，といった見方が生命現象を理解するうえに重要であろう。21世紀の前半には，生体内のさまざまな現象について，本質を表す比較的単純な数理モデルを抽出し，その数学的性質をきっちりと明らかにするという数学研究が格段に進むであろう。

　本書では，生命科学にとってごく基本的な数理的アイデアを紹介した。全体として伝えたかったメッセージは2つある。1つはリズムが出現したり空間的なパターンが自律的に現れたりする背景には数理的な基礎があるということ。第2には，生物を進化過程の結果選び抜かれてきたものという視点で見ると，とてもよく理解できるということだ。進化過程によって適応的な挙動が残ってきたということから，制御理論が使える。利害の異なるプレイヤーのあいだの妥協の産物として理解する場合には，ゲーム理論が有効である。ウイルスが宿主のなかで始終変化し続けるものも，癌細胞がどんどん変化し続けるのも，ともに短い時間で生じる進化プロセスなのだ。

　神経系と脳についての理論，分子進化とゲノム科学，それに感染症動態などについては，体内の諸現象についての数理生物学のなかでも独自の分野として

あとがき

発展してきたが，本書では触れなかった。これらのテーマはそれぞれが大きな分野に発展しているために，教科書や参考書が多数書かれている。本書を読み終えた後，それらの参考書に取り組まれればと思う。

　これからの数理生物学は，爆発的に増大する生命科学の知識に対応するモデリングと情報科学の展開が1つの柱となり，他方で環境科学や経済学との連携を第2の柱として進むと思われる。遠からずして数理生物学は，統計物理学や複雑系科学，脳神経科学から認知科学，さらには社会科学にも深く関連するようになり，幅広い諸科学を統一する核となるだろうと私は期待している。

本書を読み終えた読者に

　本書を読み終えたあとの次のステップとしては，それぞれの研究対象についてモデリングやモデルの解析を進めるのが一番の近道であろう．その際に役立つよう学会や専門誌を紹介したい．

数理生物学の学会
　数理生物学の学会としては日本数理生物学会がある．1989年に創立され毎年大会を開催し，会員数は伸び続けている．アメリカを中心にした数理生物学の学会組織としては，Society for Mathematical Biology (SMB) があり，ヨーロッパには European Society for Mathematical and Theoretical Biology (ESMTB) がある．日本数理生物学会は数年に一度，これらの学会と合同大会を開催して交流を深めてきた．そのほか韓国，中国をはじめそれぞれの国に数理生物学会ができている．

数理生物学の専門誌
　ここで数理生物学の研究成果が発表される専門誌について説明しておきたい．自然科学の一般的な専門誌としては，*Nature*, *Science*, *Proc. Natl. Acad Sci. USA* などにも掲載されることがある．また *Proc. Royal Soc. Lond. B* も理論研究がよく掲載される．以下にはとくに数理生物学や理論生物学に関連した分野の専門誌を紹介する．ただこの分野は拡張期にあるため，次々と新しい専門誌が発刊されつつある．

- *Journal of Theoretical Biology*（Elsevier，年に24冊発刊）
  理論生物学の中心的専門誌である．
- *Bulletin of Mathematical Biology*（Springer，年に6冊）
  SMBが所有する専門誌として発行されている．数理生物学では長い歴史がある．

- *PLoS Computational Biology*（Public Library Sci. 年 12 冊）
  新しくできた理論生物学の専門誌だが，データ解析に加えとくに生化学や細胞生物学の分野で理論のよい論文を掲載している．
- *Journal of Mathematical Biology*（Springer，年 8 冊）
  もともとは反応拡散方程式などの数学的な論文が中心であった．最近は生物学的な意義を強調した論文も掲載される．
- *Mathematical Biosciences*（Elsevier，年 12 冊）
  数理生物全般が掲載されるが，どちらかといえば医学関連の分野が強い．
- *Biological Cybernetics*（Springer，年 11 冊）
  伝統のあるサイバネティックスやバイオニクスの雑誌で，神経系や脳，心臓などの非線形解析の論文が掲載される．
- *Theoretical Population Biology*（Elsevier，年 6 冊）
  集団遺伝学，進化学，生態学の理論では一番の専門誌．
- *Mathematical Biosciences and Engineering*（Amer. Inst. Mathematical Sci. 年 4 冊）
- *Biophysical Journal*（Biophysical Society，12 冊）
  生物物理学の専門誌．細胞内現象の数理生物学が掲載される．
- *Genetics*（Genetics，年 12 冊）
  遺伝学の伝統的な専門誌．分子進化学や集団遺伝学だけでなく，発癌のモデル，遺伝子組換えの分子機構に関するモデルも掲載される．

このほか，生態学関連では理論が中心に掲載される専門誌がいくつかある．たとえば，• *Ecological Modelling*，• *Evolutionary Ecology Research*，• *Ecological Complexity*，• *Theoretical Ecology*，などである．

統計物理学，複雑系科学，人工生命などの分野の専門誌にも理論生物学の論文がよく掲載される．たとえば，• *Physical Review Letters*，• *Physical Review E*，• *Physica D* である．これらのなかでは非線形現象の物理学の分野として扱われている．また，• *Artificial Life*，• *BioSystems* などは，生命システムや複雑系に関する理論生命科学の議論が掲載される．

応用数学分野では，生物学のモデルを数理的に解析する論文が掲載されることがある．

謝　辞

　本書に紹介した内容は多数の共同研究者との成果を含んでいる。代表的なものを以下にあげる。第2章：黒澤元・望月敦史・合原一幸，第3章：昌子浩登・望月敦史・近藤滋・今山修平，第4章：望月敦史・遠矢周作・武居明男・Francois Feugier・森下喜弘，第5章：原田祐子・佐藤一憲・江副日出夫・久保拓弥・佐竹暁子・Steve Hubbell・Robert Schlicht・箱山洋・松田博嗣・中丸麻由子・松田裕之・Simon A. Levin，第6章：佐竹暁子，第7章：Dan Cohen, J. Roughgarden, J.A. Leon, Tom de Jong, Peter Klinkhamer, Nicole van Dam, 久保拓弥・首藤絵美・入江貴博，第8章：佐々木顕・Patsy Haccou・Daniel Falush，第9章：望月敦史・武田裕彦・Andrew Pomiankowski・Sean Nee，第10章：C. Lengauer, Franziska Michor, Martin A. Nowak, Steve A. Frank, 波江野洋, Natasha L. Komarova, Robert M. May, B. Vogelstein, Dominik Wodarz。

　そのほか，いちいちは述べないが多くの人々からさまざまな影響を受けた。名前をあげられないがとても感謝している。とくに，九州大学の数理生物学研究室の教員・研究員・大学院および学部の学生諸君は日頃からの議論によって研究を進めるうえで大きな力になった。またベルリン高等研究所(Wissenschaftskolleg zu Berlin)，プリンストン高等研究所(Institute for Anvanced Study Princeton)，進化動態研究所(Program for Evolutionary Dynamics, Harvard University)などの機関では長期に滞在する機会を与えられ，本書に取り上げた研究を遂行することができた。

　東京大学の生物情報科学プログラムで4年間にわたって行った講義，また九州大学大学院理学府，広島大学大学院理学研究科，岡山大学大学院環境理工学研究科，筑波大学大学院生命環境科学研究科をはじめとしたいくつかの大学で行った集中講義，Leiden大学，Montpellier大学などでの講義を通じて，学生諸君から受けたレスポンスはとても参考になった。

謝辞

　本書をまとめるにあたっては，共立出版の取締役の信沢孝一さんと編集部の松本和花子さんにお世話になった。体の内部の生物学についての数理生物学を入れた本を書きたいという希望を信沢さんにお話してすぐに賛成していただいたのに，それから何年も経ってしまった。その間にいくつかの章の研究内容が進んだのも確かなのだが，忍耐強く待ってくださったことにとても感謝している。最後になったが，妻の純子と2人の娘，鈴奈と葵の励ましにも感謝の意を表したい。純子には表紙や挿入絵を描いてもらった。

引用文献

合原一幸 編 (2000)『カオス時系列解析の基礎と応用』産業図書.
甘利俊一 (1978)『神経回路網の数理―脳の情報処理様式』産業図書.
Andersson, M. B. (1994) *Sexual Selection*. Princeton University Press: Princeton.
Armitage, P. & R. Doll (1954) The age distribution of cancer and a multistage theory of carcinogenesis. *British J. Cancer* **8**: 1–12.
Bellman, R. (1957) *Dynamic Programming*. Princeton University Press: Princeton.
Chao, L. & B. R. Levin (1981) Structured habitats and the evolution of anticompetitor toxins in bacteria. *Proc. Natl. Acad. Sci. USA* **78**: 6324–6328.
Charnov, E. L. (1982) *The Theory of Sex Allocation*. Princeton University Press: Princeton.
Cohen, D. (1971) Maximizing final yield when growth is limited by time or by limiting resources. *J. Theor. Biol.* **33**: 299–307.
Dawkins, R. (1976) *The Selfish Gene*. Oxford University Press: Oxford.［ドーキンス 著, 日高敏隆・岸 由二・羽田節子 訳『利己的な遺伝子』紀伊國屋書店.］
Dieckmann, U., R. Law & J. A. J. Metz, eds. (2000) *Geometry of Ecological Interactions*. Cambridge University Press: Cambridge.
Durrett, R. (2002) *Probability Models for DNA Sequence Evolution*. Springer.
Durrett, R. & S. A. Levin (2004a) The importance of being discrete (and spatial). *Theor. Popul. Biol.* **46**: 363–394.
Durrett, R. & S. A. Levin (2004b) Stochastic spatial models — a use's guide to ecological applications. *Phil. Trans. Royal. Soc. Lond. ser B* **343**: 329–350.
Ewens, W. J. (2004) *Mathematical Population Genetics*. Springer.
Falconer, D. S. & T. F. C. Mackay (1996) *Introduction to Quantitative Genetics*. (4th ed.)［ファルコナー 著, 田中嘉成・野村哲郎 訳『量的遺伝学入門』(旧版の訳) 蒼樹書房.］
Feller, W. (1957) *An Introduction to Probability Theory and Its Applications*. vol. 1 John Wiley & Sons: New York.［河田龍夫ほか 訳『確率論とその応用 1』(上, 下) 紀伊國屋書店.］
Feller, W. (1971) *An Introduction to probability theory and its applications*. vol. 2 John Wiley & Sons: New York.［国沢清典ほか 訳『確率論とその応用 2』(上, 下) 紀伊國屋書店.］
Feugier, G. F. & Y. Iwasa (2006) How canalization can make loops: a new model of

reticulated leaf vascular pattern formation. *J. Theor. Biol.* **243**: 235–244.

Feugier, F. G ., A. Mochizuki & Y. Iwasa (2005) Self-organizing formation of vascular system of plant leaves: co-orientation between auxin flux and pump proteins. *J. Theor. Biol.* **236**: 366–375.

Fisher, R. A. (1918) The correlation between relatives on the supposition of Mendelian inheritance. *Trans. Roy. Soc. Edinb.* **52**: 399–433.

Fisher, R. A. (1930) *The Genetical Theory of Natural Selection.* Clarendon.

Fujita, H. & A. Mochizuki (2006) The origin of the diversity of leaf venation pattern. *Dev. Dyn.* **235**: 2710–2721.

Gantmacher, F. R. (2000) *Theory of Matrices. vol. II* (trans.) AMS Chelsea Publ. Providence.

Geritz, S. A. H., J. A. J. Metz, D. Kisdi & G. Meszena (1997) Dyanmics of adaptation and evolutionary branching. *Physical Rev. Lett.* **78**: 2024–2027.

Goel, N. S. & A. G. Leith (1970) Self-sorting of anisotropic cells. *J. Theor. Biol.* **28**: 469–482.

Goel, N., R. D. Campbell, R. Gordon, R. Rosen, H. Martinez, & M. Ycas (1970) Self-sorting of isotropic cells. *J. Theor. Biol.* **28**: 423–468.

Goldbeter, A. (1995) A model for circadian oscillations in the Drosophila PERIOD protein (PER). *Pro. Roy. Soc. Lond. ser B* 261 (1362): 319–324.

Graner, F. & J. A. Glazier (1992) A two-dimensional extended Potts model for cell-sorting. *Phys. Rev. Lett.* **69**: 2013–2016.

Graner, F. & Y. Sawada (1993) Can surface-adhesion drive cell rearrangement. 2. Geometrical model. *J. Theor. Biol.* **164**: 477–506.

Haig, D. & C. Graham (1991) Genomic imprinting and the strange case of the insulin-like growth factor II receptor. *Cell* **64**: 1045–1046.

Hamilton, W. D. (1964) Genetical evolution of social behaviour. I & II. *J. Theor. Biol.* **7**: 1–16, 17–52.

Hamilton, W. D. (1967) Extraordinary sex ratios. *Science* **156**: 477–488.

Hamilton, W. D., R. Axelrod & R. Tanase (1990) Sexual reproduction as an adaptation to resist parasites (a review). *Proc. Natl. Acad. Sci.* **87**: 3566–3573.

Harada, Y. & Y. Iwasa (1994) Lattice population dynamics for plants with dispersing seds and vegetative propagation. *Res. Popul. Ecol.* **36**: 237–249.

Hassell, M. P., H. M. Comins & R. M. May (1991) Spatial structure and chaos in insect population dynamics. *Nature* **353**: 255–258.

Hodgukin, A. L. & A. F. Huxley (1952) A quantitative description of membrane current and its application to conduction and excitation in nerve. *J. Physiol. Lond.* **117**: 500–544.

ホッフバウアー・ジグムント 著，竹内康博ほか 訳 (2001) 『進化ゲームと微分方程式』 [原著名：*Evolutionary Games and Population Dynamics.* (2nd ed.)] 現代数学社.

Honda, H. (1971) Description of form of trees by parameters of tree-like body — effects of branching angle and branch length on shape of tree-like body. *J. Theor. Biol.*

31: 331–338.

本多久夫 編 (2000)『生物の形づくりの数理と物理』共立出版.

Honda, H. & J. B. Fisher (1978) Tree branch angle - maximizing effective leaf area. *Science* **199**: 888–890.

Honda, H., M. Tanemura & T. Nagai (2004) A three-dimensional vertex dynamics cell model of space-filling polyhedra simulating cell behavior in a cell aggregate. *J. Theor. Biol.* **226**: 439–453.

Hubbell, S. P. & R. B. Foster (1986) Canopy gaps and the dynamics of a neotropical forest. In: *Plant Ecology* (Crawley, M. J., ed) pp.77–96. Blackwell Publ. Co.: Oxford.

今井晴雄・岡田 章 編 (2002)『ゲーム理論の新展開』勁草書房.

Irie, T. & Y. Iwasa (2004) Optimal growth model for the latitudinal cline of shell morphology in cowries (genus *Cypraea*). *Evol. Ecol. Res.* **5**: 1133–1149.

Irie, T. & Y. Iwasa (2005) Optimal growth pattern of defensive organs: the diversity of shell growth among Molluscs. *Am. Nat.* **165**: 238–249.

Isagi, Y., K. Sugimura, A. Sumida & H. Ito (1997) How does masting happen and synchronize ? *J. Theor. Biol.* **187**: 231–239.

巌佐 庸 (1992) 進化における性の役割.『生態学からみた進化』(講座「進化」) 第 7 巻 pp. 125–171. 東京大学出版会.

巌佐 庸 (1998)『数理生物学：生物社会のダイナミックスを探る』共立出版.

Iwasa, Y. (1998) The conflict theory of genomic imprinting: how much can be explained ? *Curr. Topics Dev. Biol.* **40**: 255–293.

Iwasa, Y. (2000) Dynamic optimization of plant growth. *Evol. Ecol. Res.* **2**: 437–455.

Iwasa, Y. & D. Cohen (1989) Optimal growth schedule of a perennial plant. *Am. Nat.* **133**: 480–505.

Iwasa, Y. & T. Kubo (1997) Optimal size of storage for recovery after unpredictable disturbances. *Evol. Ecol.* **11**: 41–65.

Iwasa, Y. & A. Pomiankowski (1999) Sex specific X chromosome expression caused by genomic imprinting. *J. Theor. Biol.* **197**: 487–495.

Iwasa, Y. & A. Pomiankowski (2001) The evolution of X-linked genomic imprinting. *Genetics* **158**: 1801–1809.

Iwasa, Y. & J. Roughgarden (1984) Shoot/root balance of plants: Optimal growth of a system with many vegetative organs. *Theor. Popul. Biol.* **25**: 78–105.

Iwasa, Y. & A. Sasaki (1987) The evolu tion of the number of sexes. *Evolution* **41**: 49–65.

Iwasa, Y., K. Sato & S. Nakashima (1991a) Dynamic modelling of wave regeneration (Shimagare) in subalpine Abies forests. *J. Theor. Biol.* **152**: 143–158.

Iwasa, Y., A. Pomiankowski & S. Nee (1991b) The evolution of costly mate preferences. II. The "handicap" principle. *Evolution* **45**: 1431–1442.

Iwasa, Y., T. Kubo, N. van Dam & T. J. de Jong (1996) Optimal level of chemical defense decreasing with leaf age. *Theor. Popul. Biol.* 50: 124–148.

Iwasa, Y., M. Nakamaru & S. A. Levin (1998) Allelopathy of bacteria in a lattice population: competition between colicin-sensitive and colicin-producing strains. *Evol. Ecol.* **12**: 785–802.

Iwasa, Y., F. Michor & M. A. Nowak (2004a) Stochastic tunnels in evolutionary dynamics. *Genetics* **166**: 1571–1579.

Iwasa, Y., F. Michor & M. A. Nowak (2004b) Evolutionary dynamics of invasion and escape. *J. Theor. Biol.* **226**: 205–214.

Iwasa, Y., F. Michor & M. A. Nowak (2006) Evolution of resistance in clonal expansion. *Genetics* **172**: 2557–2566.

Kaneko, K (1984) Period-doubling of kink-antikink patterns, quasi-periodicity in antiferro-like structures and spatial intermittency in coupled map lattices toward a prelude to a "Field theory of chaos." *Prog. Theor. Phys.* **72**: 480–486.

Kaneko, K. (1989) Pattern dynamics in spatiotemporal chaos. *Physica* D **34**: 1–41.

Kaneko, K. (1990) Clustering, coding, switching, hierarchical odering, and control in network of chaotic elements. *Physica D* **41**: 137–172.

Karlin, S. & H. M. Taylor (1975) *A first Course in Stochastic Processes*. Academic Press: New York.

Karlin, S. & H. M. Taylor (1981) *A Second Course in Stochastic Processes*. Academic Press: New York.

Kawasaki, K., A. Mochizuki, M. Matsushita, T. Umeda & N. Shigesada (1997) Modeling spatio-temporal patterns generated by *Bacillis subtilis*. *J. Theor. Biol.* **188**: 177–185.

川人光男 (1991) 時間生物学.『現代数理科学事典』(広中平祐ほか 編) pp.235–244. 大阪書籍.

川人光男 (1996)『脳の計算理論』産業図書.

Kermack, W. O. & A. G. McKendrick (1927) A contribution to the mathematical theory of epidemics. *Proc. Roy. Soc. Lond.* **115**: 700–721.

Kimura, K. (1968) Evolutionary rate at molecular level. *Nature* **217**: 624–626.

Kimura, M. (1983) *Neutral Theory of Molecular Evolution*. Cambridge University Press.［木村資生 著，向井輝美・日下部真一 訳 (1986)『分子進化の中立説』紀伊國屋書店.］

Kimura, M. & T. Ohta (1969) Average number of generations until fixation of a mutant gene in a finite population. *Genetics* **61**: 763–771.

King, D. & J. Roughgarden (1983) Energy allocation patterns of the california grassland annuals *Plantago-erecta* and *Clarkia-rubicunda*. *Ecology* **64**: 16–24.

Klinkhamer, P. G. L., Y. Iwasa, T. Kubo & T. de Jong (1997) Herbivores and the evolution of the semelparous perennial life-history of plants. *J. Evol. Biol.* **10**: 529–550.

Knudson, A. G. (1971) Mutation and cancer—statistical study of retinoblastoma. *Proc. Natl. Acad. Sci. USA* **68**: 820–823.

Kondo, S. & R. Asai (1995) A reaction-diffusion wave on the skin of the marine angelfish Pomacanthus. *Nature* **376**: 765–768.

Kondrashov, A. S. (1988) Deleterious mutations and the evolution of sexual reproduction. *Nature* **336**: 435–440.

Kubo, T., Y. Iwasa & N. Furumoto (1996) Forest spatial dynamics with gap expansion: total gap area and gap size distribution. *J. Theor. Biol.* **180**: 229–246.

蔵本由紀 編 (2005)『リズム現象の世界』(非線形・非平衡現象の数理シリーズ) 東京大学出版会.

Kurosawa, G. & A. Goldbeter (2006) Amplitude of circadian oscillations entrained by 24-h light-dark cycles. *J. Theor. Biol.* **242**: 478–488.

Kurosawa, G. & Y. Iwasa (2002) Saturation of enzyme kinetics in circadian clock models. *J. Biol. Rhythms* **17**: 568–588.

Kurosawa, G. & Y. Iwasa (2005) Temperature compensation in circadian clock models. *J. Theor. Biol.* **233**: 453–468.

Kurosawa, G., A. Mochizuki & Y. Iwasa (2002) Processes promoting oscillations — comparative study of circadian clock models. *J. Theor. Biol.* **216**: 193–208.

La Salle, J. & S. Lefschetz (1961) *Stability by Liapunov's direct method, with applications.* Academic Press: New York.

Leloup, J. C. & A. Goldbeter (1998) A model for circadian rhythms in Drosophila incorporating the formation of a complex between the PER and TIM proteins. *J. Biol. Rhythms* **13**: 70–87.

Leloup, J. C. & A. Goldbeter (2003) Toward a detailed computational model for the mammalian circadian clock. *Proc. Natl. Acad. Sci. USA* **100**: 7051–7056.

Leon, J. A. (1976) Life history as adaptive strategies. *J. Theor. Biol.* **60**: 301–335.

Luebeck, E. G. & S. H. Moolgavkar (2002) Multistage carcinogenesis and the incidence of colorectal cancer. *Proc. Natl. Acad. Sci. USA* 99: 15095–15100.

正木 隆・柴田銃江・田中 浩・種生物学会 編 (2006)『森林の生態学——長期大規模研究からみえるもの』文一総合出版.

Matsuda, H., N. Ogita, A. Sasaki & K. Sato (1992) Statistical mechanics of population — the lattice lotka-Volterra model. *Prog. Theor. Phys.* **88**: 1035–1049.

松田裕之 (2000)『環境生態学序説』共立出版.

松下貢編 (2005)『生物に見られるパターンとその起源』(非線形・非平衡現象の数理シリーズ) 東京大学出版会.

Maynard Smith, J. (1977) Parental investment — prospective analysis. *Anim. Behav.* **25**: 1–9.

Maynard Smith, J. (1978) *The Evolution of Sex.* Cambridge University Press: Cambridge

Maynard Smith, J. (1982) *Evolution and the theory of games.* Cambridge University Press. [寺本 英・梯 正之 訳 (1985)『進化とゲーム理論』産業図書.]

Maynard Smith, J. & G. R. Price (1973) Logic of animal conflict. *Nature* **246**: 15–18.

Meinhardt, H. (1982) *Models of Biological Pattern Formation.* Academic Press.

Michor, F., Y. Iwasa, N. L. Komarova & M. A. Nowak (2003a) Local regulation of homeostasis favors chromosomal instability. *Curr. Biol.* **13**: 581–584.

Michor, F., S. A. Frank, R. M. May, Y. Iwasa & M. A. Nowak (2003b) Somatic selection for and against cancer. *J. Theor. Biol.* **225**: 377–382.

Michor, F., Y. Iwasa & M. A. Nowak (2004) Dynamics of cancer progression. *Nature Reviews Cancer* **4**: 197–205.

Michor, F., Y. Iwasa, B. Vogelstein, C. Lengauer & M. A. Nowak (2005a) Dynamics of colorectal cancer. *Seminars in Cancer Biology* **15**: 484–493.

Michor, F., T. P. Hughes, Y. Iwasa, S. Branford, N. P. Shah, C. L. Sawyers & M. A. Nowak (2005b) Dynamics of chronic myeloid leukemia. *Nature* **435**: 1267–1270.

箕口秀夫 (1995) ブナの masting はどこまで解明されたか．『個体群生態学会会報』**52**: 33–40.

三村昌泰 編 (2006) 『パターン形成とダイナミクス』（非線形・非平衡現象の数理シリーズ）東京大学出版会．

Mimura, M., H. Sakaguchi & M. Matsushita (2000) Reaction-diffusion modelling of bacterial colony patterns. *Physica A* **282**: 283–303.

Mochizuki, A. (2002) Pattern formation of the cone mosaic in the zebrafish retina: A cell rearrangement model. *J. Theor. Biol.* **215**: 345–361.

Mochizuki, A., Y. Iwasa & Y. Takeda (1996a) A stochastic model for cell sorting and measuring cell-cell adhesion. *J. Theor. Biol.* **179**: 129–146.

Mochizuki, A., Y. Takeda & Y. Iwasa (1996b) Evolution of genomic imprinting: why are so few genes imprinted ? *Genetics* **144**: 1283–1295.

Mochizuki, A., N. Wada, H. Ide & Y. Iwasa (1998) The cell-cell adhesion in the limb-formation, estimated from photographs of cell sorting experiments based on a spatial stochastic model. *Dev. Dyn.* **211**: 204–214.

Moolgavkar, S. H. & D. J. Venzon (1979) 2-event models for carcinogenesis—incidence curves for childfood and adult tumors. *Math. Biosci.* **47**: 55–77.

Morishita, Y. & Y. Iwasa (2008) Growth based morphogenesis in vertebrate limb bud. *Bull. Math. Biol.* **70**: 1957–1978.

Murray, J. D. (2003) *Mathematical Biology* (2nd eds.) Springer.

根井正利・S. クマー 著，太田竜也・竹崎直子 訳 (2006) 『分子進化と分子系統学』[原著名： *Molecular Evolution and Phylogenetics*] 培風館．

Nowak, M. A. (2006) *Evolutionary Dynamics: Exploring Equations of Life*. Harvard University Press: Cambridge. [ノヴァック 著，竹内康博ほか 訳 (2008) 『進化ダイナミクス』共立出版．]

Nowak, M. A. & R. M. May (2000) *Virus Dynamics: Mathematical Principles of Immunology and Virology*. Oxford University Press: Oxford.

Nowak, M. A., F. Michor & Y. Iwasa (2003) The linear process of somatic evolution. *Proc. Nat. Acad. Sci. USA* **100**: 14966–14969.

Ohtaki, M. & O. Niwa (2001) A mathematical model of radiation carcinogenesis with induction of genomic instability and cell death. *Radiation Res.* **156**: 672–677.

岡田 章 (1996) 『ゲーム理論』有斐閣．

太田隆夫 (2000)『非平衡系の物理学』裳華房.

Parker, G. A., V. G. F, Smith & R. R. Baker (1972) Origin and evolution of gamete dimorphism and male-female phnomenon. *J. Theor. Biol.* **36**: 529–553.

Peskin, C. S. (1972) Flow Patterns Around Heart Valves: A Numerical Method, *J. Comput. Phys.* **10**: 252–271.

Pontryagin, L. S., V. G. Boltyanski, R. V. Gamkrelidze & E. F. Mischenko (1962) *The Mathematical Theory of Optimal Processes*. (K. N. Trirogoff, trans.) Interscience Pub. John Wiley: New York.

Sachs, T. (1975) The control of the differentiation of vascular networks. *Ann. Bot.* **39**: 197–204.

Sachs, T. (1981) The control of the patterned differentiation of vascular tissues. *Adv. Bot. Res.* **9**: 152–262.

Sakai, S., K. Momose, T. Yumoto, T. Nagamitsu, H. Nagamasu, A. A. Hamid & T. Nakashizuka (1999) Plant reproductive phenology over four years including an episode of general flowering in a lowland dipterocarp forest, Sarawak, Malaysia. *Am. J. Bot.* **86**: 1414–1436.

Sasaki, A. & Y. Iwasa (1991) Optimal growth schedule of pathogens within a host: switching between lytic and latant cycles. *Theor. Popul. Biol.* **39**: 201–239.

Satake, A. & Y. Iwasa (2000) Pollen-Coupling of forest trees, forming synchronized and periodic reproduction out of chaos. *J. Theor. Biol.* **203**: 63–84.

Satake, A. & Y. Iwasa (2002a) Spatially limited pollen exchange and a long range synchronization of forest trees. *Ecology* **83**: 993–1005.

Satake, A. & Y. Iwasa (2002b) The synchronized and intermittent reproduction of forest trees is mediated by the Moran effect, only in association with pollen coupling. *J. Ecol.* **90**: 830–833.

Satake, A., T. Kubo & Y. Iwasa (1998) Noise induced regularity of spatial wave patterns in subalpine Abies forests. *J. Theor. Biol.* **195**: 465–479.

Satake, A., Y. Iwasa, H. Hakoyama & S. P. Hubbell (2004) Estimating local interaction from spatio-temporal forest data, and Monte Carlo Bias Correction. *J. Theor. Biol.* **226**: 225–235.

Sato, K. & Y. Iwasa (1993) Modelling of wave regeneration in subalpine Abies forests. *Ecology* **74**: 1538–1550.

Sato, K., H. Matsuda & A. Sasaki (1994) Pathogen invasion and host extinction in lattice structured populations. *J. Math. Biol.* **32**: 251–268.

Shoji, H. & Y. Iwasa (2005) Labyrinth versus straight-stripes generated by two-dimensional Turing systems. *J. Theor. Biol.* **237**: 104–116.

Shoji, H., Y. Iwasa, A. Mochizuki & S. Kondo (2002) Directionality of stripes formed by anisotropic reaction-diffusion models. *J. Theor. Biol.* **214**: 549–561.

Shoji, H., A. Mochizuki, Y. Iwasa, M. Hirata, T. Watanabe, S. Hioki & S. Kondo (2003a) Origin of directionality in the fish stripe pattern. *Dev. Dyn.* **226**: 627–633.

Shoji, H., Y. Iwasa & S. Kondo (2003b) Stripes, Spots or Reversed Spots in Two-dimensional Turing Systems. *J. Theor. Biol.* **224**: 339–350.

Shudo, E. & Y. Iwasa (2001) Inducible defense against pathogens and parasites: optimal choice among multiple options. *J. Theor. Biol.* **209**: 233–247.

Shudo, E. & Y. Iwasa (2002) Optimal defense strategy: storage versus new production. *J. Theor. Biol.* **219**: 309–323.

Shudo, E. & Y. Iwasa (2004) Dynamic optimization of defense, immune memory, and post-infection pathogen levels in mammals. *J. Theor. Biol.* **228**: 17–29.

Sieburth, L. E. (1999) Auxin is required for leaf vein pattern in Arabidopsis. *Plant Physiology* **121**: 1179–1190.

鈴木良次 (1991)『生物情報システム論』朝倉書店.

Tanaka, S. (1991) Theory of ocular dominance column formation. *Biol. Cybernetics* **64**: 263–272.

寺本英 (1998)『数理生態学』朝倉書店.

Thornhill, A. R. & P. S. Burgoyne (1993) A paternally imprinted X chromosome retards the development of the early mouse embryo. *Development* **118**: 171–174.

Tohya, S., A. Mochizuki, S. Imayama & Y. Iwasa (1998) On rugged shape of skin tumor (Basal cell carcinoma). *J. Theor. Biol.* **194**: 65–78.

Tohya, S., A. Mochizuki & Y. Iwasa (1999) Formation of cone mosaic of zebrafish retina. *J. Theor. Biol.* **200**: 231–244.

Tohya, S., A. Mochizuki & Y. Iwasa (2003) Random cell rearrangement can form cone mosaic patterns in fish retina and explain the difference between zebrafish and medaka. *J. Theor. Biol.* **221**: 289–300.

Turing, A. M. (1952) The chemical basis of morphogenesis. *Phil. Trans. Roy. Soc.* **237**: 37–72.

Ueda, H. R., M. Hagiwara & H. Kitano (2001) Robust oscillations within the interlocked feedback model of Drosophila circadian rhythm. *J. Theor. Biol.* **210**: 401–406.

van Dam, N., T. J. de Jong, Y. Iwasa & T. Kubo (1996) Optimal distribution of pyrrolizidine alkaloids in rosette plants of Cynoglossum officinale L.: are plants smart investors ? *Func. Ecol.* **10**: 128–136.

von Neumann, J. & O. Morgenstern (1944) *The Theory of Games and Economic Behavior*. Princeton University Press: Princeton.［フォンノイマン・モルゲンシュテルン 著, 銀林 浩 訳『ゲームの理論と経済行動』東京図書.］

Warner, R. R. (1975) Adaptive significance of sequential hermaphroditism in animals. *Am. Nat.* **109**: 61–82.

Winfree, A. T. (2000) *Geometry of Biological Rhythm*. Springer.

矢原徹一 (1995)『花の性：その進化を探る』東京大学出版会.

吉川研一 (1992)『非線形科学：分子集合体とかたち』学会出版センター.

索 引

●欧数字

2 ヒット説　190
2 変数モデル　15, 19
3 変数モデル　15, 16, 21
4 変数モデル　15, 21
50 ha プロット　83, 84, 88
AER (apical ectodermal ridge)　70, 72
Cynoglossum officinale　135, 137
DNA　4
DNA の塩基配列　iv, 5
DNA メチル化　173
FGF　70
Genicanthus 属　36, 41
HIV　162
Igf2　180
MEG　173
PEG　173
period　13, 21
Routh-Hurwitz 条件　19, 32, 50
SHH　71
timeless　21
X 染色体　181, 183
ZPA (zone of polarizing activity)　70

●あ行

アイソクライン法　93
青色感受性細胞　64
アオキ　156
赤色感受性細胞　64
アカパンカビ　13, 27
亜高山帯　78, 82

アシナガバチ　170
アポトーシス　191, 202
アマエビ　146
アミノ酸　4
網目状の葉脈　69
アメフラシ　139
アラン・チューリング　37
アリ　170
アルカロイド　136
アレロパシー　91
安定性　22
安定な戦略 (Evolutionarily Stable Strategy, ESS)　151
安定 (stable) な平衡状態　3
安定ノード　17, 18, 31
安定フォーカス　17, 18, 31
医学　iv
異型配偶　154, 155
維管束植物　66
育種学　165
位相　27
位相反応曲線 (phase response curve)　27, 28
一年生草本　123, 124, 130
一斉開花・結実現象　99, 104, 116
遺伝子　4
遺伝子系図　iv
遺伝子発現量　174
遺伝的組換え　160
イニシエーション　198
イネ科植物　132
異方性　41, 42

イマチニブ　203, 204, 206
インマースドバウンダリー法　75
インループ反応　15, 23
ウイルス　138
牛　132, 134
運搬タンパク質　67–69
栄養器官　125
栄養器官のサイズ　124
栄養分の濃度　45
液体培地　91
エビ　156
エルニーニョ　114
エンジェルフィッシュ　36, 41
エントレインメント（引き込み）　27
オーキシン　67–69
オオシラビソ　78
オオマツヨイグサ　131
温度依存性　27
温度感受性　25
温度補償性　24

● か 行

開花時期　126
開花のタイミング　126
貝殻　139
概日リズム（サーカディアンリズム）　13, 24, 29
カエデ　130
カオス　99, 103, 106, 109, 110
花芽形成　119
核　14
核移行　21
拡散 (diffusion)　38, 39, 52
拡散係数　45, 51–53, 55
拡散の異方性　41
拡散方程式　39, 55, 56
攪乱　133
確率　59
確率過程　208
確率過程モデル　v
確率的ダイナミックプログラミング　133,
　142
火事　134, 143
風避け効果　82
活性化因子 (activator)　37–39, 41, 50
活性のあるバクテリア　48, 49
カナリゼーション説　67, 69, 75
カナリゼーションモデル　66
花粉　111
花粉結合　107–109, 112, 113, 116
花粉結合強度　109
花粉制約　105, 107, 108, 119
環境収容力 (carrying capacity)　2, 3
環境変動　114, 116
幹細胞　v, 189, 199, 204, 206
癌細胞の密度　45
間充織　70–72
感染　88
完全混合モデル　90
感染症　iv
肝臓　47
寒天培地　92
感度解析　25
癌発症年齢の分布　189
癌抑制遺伝子 (tumor suppressor gene)
　190, 191, 196, 197
ギーラー・マインハルトモデル　39
器官　35, 57
基質　7, 8, 22
寄生蜂　93, 148, 149, 151
キツネ　157
基底細胞上皮腫　45, 46
木村資生　iii
逆水玉模様　43
ギャップ　83
ギャップサイト　83, 85, 95
ギャップ動態　83, 87
凶作　104
共分散　167, 186
局所安定 (locally stable)　20, 32
局所結合　114
局所密度　85, 87, 97

魚類の網膜　63
切り換え齢　139
菌類　5, 88, 153, 154
空間構造　77, 91, 93
空間生態学　94
空間パターン　iv
クヌッドソン, A. G.　190
クラスター形成相　110
クリプト（陰窩）　192, 200
グリベック　203
係数行列　31
形態形成　iv, 57
継代培養　92
ゲーム理論　i, iii, 145, 155, 158
血液細胞　203
血縁度 (relatedness)　171
血縁淘汰 (kin selection)　170
血管新生　v
結合写像格子　111, 112
結合マップ系　105
げっ歯類　130
ゲノム刷り込み　172, 178, 179, 183, 187
ゲノム内闘争　174
ゲノム不安定　197
ゲノムプロジェクト　v
原核生物　5
格子モデル　61, 68, 77, 86, 89, 90, 92, 93, 112, 113
酵素　4, 7, 8
枯草菌　47
酵素反応　24
酵素反応速度　22
行動生態学　iii
酵母　199
枯死　133
枯死確率　82
個体数　2
個体数変動　77
固定確率　194, 195, 209, 211
コドン　4
コナラ　116, 131

子の世話　157, 158, 161
コヒーレントカオス相　110, 111
コヒーレント周期相　110, 111
コヒーレント相　109–111, 114
コホート（同齢個体群）　79
固有値　19, 31, 50
コリシン　91
コリシン感受性菌　91
コリシン生産性菌　91
コロニー　47
コンパートメント　200
コンピュータシミュレーション　i, 13, 35

● さ 行

最終分化細胞　204
サイズ有利性モデル　146
細胞再配置モデル　64
細胞質　14, 20
細胞選別　62
砂丘の二年草　137
サクラ　156
サケ　123
ササ　132
差次接着力　60, 61
サドル　17, 18, 31
差分方程式　104
珊瑚礁の魚　146, 148, 156
散布距離　112
シート　35, 71
紫外線感受性細胞　64
閾値　10
シグナル　10
シグナル分子　70
時系列　102, 103, 118, 120
資源収支モデル　104
資源消費係数　109, 110
自己組織化　69
自己組織的　iv
自殖　156
指数増殖　1, 2
システム生物学　i

索引

自然淘汰　126, 161, 166, 169, 176
シマウマ　35–37
縞枯れ　78–80, 82
縞の方向性　40
縞模様　iv, 35, 39–41, 43, 44
肢芽　73
社会科学　iii
写像　104
周期　25, 27, 102
周期解　103, 110, 118, 121, 122
周期境界条件　79
修飾　20
集団遺伝学　192, 208, 210
終端条件　141
集団生物学　203
雌雄同体　156
宿主　89, 160
樹高差　82
種子　130
種子の散布　83
種子捕食者　104
受精卵　35
シュナッケンバーグモデル　39
純粋出生過程　190
生涯繁殖成功度 (lifetime reproductive success)　126, 170
条件付き確率　95
ショウジョウバエ　13, 24, 27, 69
上皮癌　45, 47
上皮組織　70–72, 189
正味の流れ（フラックス）　53, 55
植食動物　132
植物　13
植物群落　77
植物の性表現　156
シラビソ　78
自律的振動　21
シロイヌナズナ　67
進化　iii
進化過程　213
真核生物　5

神経回路網　iv
神経科学　iv
進行波　79, 82
シンジェン　154
親切度　170, 184
森林生態学　83
錐体細胞　63
錐体モザイク　63, 66, 69
数学　ii
数理生物学　i, ii, 214, 215
数理モデル　i, ii, 35
スパイラル　50
性（配偶型）　153
生活史戦略　123
制御工学　140
制御理論　141
生産器官　133
精子　145, 153, 154
生態学　i, iii, 93
成長のスケジュール　123
性転換　36, 146–148
性による違い　182
性比　150, 152
生物情報学　v
生命科学　ii, 213
接合子　154
接着力　58, 62, 66, 74
絶滅確率　210, 211
ゼブラフィッシュ　63, 66
セルオートマトンモデル　57, 66
セルセンターダイナミックス　75
セルソーティング（細胞選別）　58
セルラーポッツモデル　75
遷移確率　83, 85, 209
前駆細胞　204
線形化　17, 29, 117
線形微分方程式　31
染色体　5
染色体不安定 (chromosomal instability, CIN)　197
全体密度　85, 87, 97

229

相加遺伝分散 (additive genetic variance) 169
相加的遺伝分散　176
増殖率　99
送粉昆虫　156
相平面　90
ゾウリムシ　153
藻類　153

●た 行

ダーウィン　169
大域安定 (globally stable)　20, 32
大域結合　114
耐性細胞　206, 207
大腸癌　192, 197
大腸菌　5, 91
体内時計　16, 24, 27
ダイナミックプログラミング　129, 140
胎盤　172, 173
耐病性　v
卓越風　78
タケ　132
他殖　156
立ち枯れ帯　78, 80
多年生　128
多年生草本　127
ダブルコーン　63, 64
卵　145, 153, 154
単為生殖　163
淡水産の魚類　157
タンパク質　4, 14, 20, 27
弾力性 (elasticity)　25, 26
チューリングモデル　37–40, 43
長期生態調査プロット　84
鳥類　157
貯食行動　130
貯蔵器官　130, 133
貯蔵物質　119, 128, 129
デカップリング近似　86
適応性　126
適応ダイナミクス　185

適応度 (fitness)　126, 166, 167, 186, 194
適応度関数　176, 177
適応度の勾配　168
転移　v
転写 (transcription)　5, 17, 26
同型配偶　153
等高線　33
淘汰勾配　188
動的最適化　125
動物行動学　146
毒性　v
特性値　53
時計遺伝子　13, 23
突然変異　202, 211
トラ　36
ドングリ　104, 130
トンネリング　196

●な 行

ナポレオンフィッシュ　42
ナメクジ　139
なわばり型　147
軟体動物　138
二重振動子モデル　15, 21
二年草　131
ニューロン　iv
ニワトリ　62, 70
ヌクレオチド　4
ネズミ　104
熱帯季節林　83
熱帯魚　35, 37, 41
ノイズ　10, 82
脳　iv

●は 行

バーテックスダイナミクス　75
配偶型　153
配偶子　145
配偶者選択　159, 187
配偶様式　148
バクテリア　1, 5, 47, 91, 138

波状更新　79
発癌　v
白血病細胞　203
発生　35
バッファロー　132
ハミルトニアン　141, 142
ハミルトン性比　151, 161
ハミルトン則　171
葉齢　136
ハレム型　147
バロコロラド島　83, 84, 88
繁殖活動　129, 135
繁殖スケジュール　123
繁殖成功度　147, 159
繁殖の閾値　114
反応拡散方程式　39, 40, 51
半倍数性決定　150
非線形性　9
非線形の核移行　21
ヒト　13, 157, 161
非同調相　109
微分方程式　1, 50
評価関数　141
病原体　v, 89, 160
ヒル係数　6
ヒル式　6, 9
ピロリジジンアルカロイド (PA)　135
不安定 (unstable) な平衡状態　3
不安定ノード　17, 18, 31
不安定フォーカス　17, 18, 31
フィッシャー，R. A.　149, 169
フィードバックループ　23
フィラデルフィア染色体　203
不確定な環境　132, 142
不活性なバクテリア　49
父性ダイソミー　180
ブナ　83, 104–106, 113–116, 131
負のフィードバック制御　13
負のフィードバックループ　23
プライスの公式　167, 184
フラックス　54, 56

ブランチ反応　15, 23
プレイヤー　145, 147, 158
プレイリー　132
分解　26
分化細胞　204
分枝過程　206, 210
分子生物学　i
分布密度　53
ペア外交尾　178
ペア近似　92, 94, 95, 97
平均場近似　86, 90, 95
平衡状態 (equilibrium)　2, 6, 16, 19, 38, 59, 100, 101
ヘテロダイマー　21
ベロウソフ・ジャボチンスキー反応（BZ反応）　50
偏微分方程式　40, 51
防御　138, 139
豊作年　104
飽和　9, 22
飽和度　24
保険　142
補助変数　141
ポストゲノム時代　i
ポテンシャル　71
哺乳類　157
ポリネータ　117
ポントリャーギンの最大原理　125, 140, 141
翻訳 (translation)　5, 17, 26

●ま 行

マイクロサテライト不安定 (MIN)　197
毎年繁殖相　108
マイマイ　136
マウス　13, 70, 181
マクロ生物学　i
マス　123
マルサス，T. R.　2
慢性骨髄性白血病 (chronic myeloid leukemia, CML)　203, 204

ミカエリス・メンテン型　14
ミカエリス・メンテン式　7, 8, 10, 22
ミクロの生命科学　i
水玉模様　41, 43
密度勾配　55
ミツバチ　170
緑色感受性細胞　64
ミムラモデル　47, 49
無性生殖　159, 160, 163
ムチオトカゲ　159
メダカ　64, 66
メッセンジャー RNA (mRNA)　5, 14, 26
免疫系　v, 162
免疫タンパク質　91
モノカルピー　132
モミの波　79
モラン効果　114, 116, 117
モランプロセス（モデル）　193, 194, 209, 210
モルフォゲン　70, 72

●や行

薬剤耐性　207
ヤコビ行列　19, 29
有害遺伝子　161
有性生殖　145, 159, 163
有性生殖のコスト　163
葉脈　66
葉脈パターン　68
抑制因子 (inhibitor)　10, 29, 37, 38, 41, 50

●ら行

ライト・フィッシャーモデル　210
ラビリンス（迷路）模様　44
乱婚型　146, 147
ランソウ　5, 13
ランダムドリフト　211
ランダムな動き　52
リアプノフ関数　20, 32
リアプノフ指数　102, 103, 106, 107, 109–111, 116
利害の対立（コンフリクト）　173, 177
陸上植物　123
利己的遺伝子　152
リズム　21
リターンマップ　101, 106, 107
利他行動　169, 172
リッカーモデル　100
リニアプロセス　201, 202
リミットサイクル　14, 20
量的遺伝　176, 178
量的遺伝学　165, 168
量的形質　165, 183
理論生物学　i
林冠木　83
林冠サイト　83, 85, 95
リン酸化　20
隣接サイト　84, 96
ループ　69
齢構成　55
齢分布曲線　55
劣性有害突然変異　179
連続の式　54, 55
ロジスティック式 (logistic equation)　2, 10
ロゼット型　131
六角格子　68

●わ行

ワーカー　170

[著者紹介]

巖佐 庸（いわさ よう）

略歴： 1975 年　京都大学理学部 卒業
　　　 1980 年　京都大学大学院理学研究科 修了（理学博士）
　　　 1981 年　スタンフォード大学，コーネル大学 研究員
　　　 1985 年　九州大学理学部 助手
　　　 1992 年　九州大学理学部 教授
　　　 2000 年　改組により現職
　　　 2003 年　第 1 回 日本生態学会賞 受賞
　　　 2003 年　第 3 回 木村資生記念学術賞 受賞
　　　 2006 年　アメリカ芸術科学アカデミー外国人 名誉会員
現在： 九州大学大学院理学研究院 教授
　　　 Journal of Theoretical Biology 編集委員長，ほか約 10 誌の編集委員
専門： 数理生物学
著作： 『生物の適応戦略』（サイエンス社），『数理生物学入門』（共立出版），『生態学事典』
　　　（共編，共立出版）など．英文原著論文約 210 編

生命の数理　　　著　者　巖佐 庸 © 2008
Theoretical Biology

発行者　南條光章

発行所　**共立出版株式会社**
〒112-8700
東京都文京区小日向 4 丁目 6 番 19 号
電話 (03) 3947-2511（代表）
振替口座 00110-2-57035
URL http://www.kyoritsu-pub.co.jp/

2008 年 2 月 25 日　初版 1 刷発行
2012 年 9 月 15 日　初版 4 刷発行

印　刷
製　本　藤原印刷株式会社

NSPA
社団法人
自然科学書協会
会員

検印廃止
NDC 461.9

ISBN 978-4-320-05662-6　Printed in Japan

JCOPY <(社)出版者著作権管理機構委託出版物>
本書の無断複写は著作権法上での例外を除き禁じられています．複写される場合は，そのつど事前に，(社)出版者著作権管理機構（電話 03-3513-6969，FAX 03-3513-6979，e-mail: info@jcopy.or.jp）の許諾を得てください．

日本生態学会 創立50周年記念出版

生態学事典

Encyclopedia of Ecology

編集：巌佐　庸・松本忠夫・菊沢喜八郎・日本生態学会
A5判・上製・約708頁・13,650円（税込）

「生態学」は，多様な生物の生き方，関係のネットワークを理解するマクロ生命科学です。特に近年，関連分野を取り込んで大きく変ぼうを遂げました。またその一方で，地球環境の変化や生物多様性の消失によって人類の生存基盤が危ぶまれるなか，「生態学」の重要性は急速に増してきています。そのようななか，本書は創立50周年を迎える日本生態学会が総力を挙げて編纂したものです。生態学会の内外に，命ある自然界のダイナミックな姿をご覧いただきたいと考えています。

『生態学事典』編者一同

7つの大課題

Ⅰ 基礎生態学
Ⅱ バイオーム・生態系・植生
Ⅲ 分類群・生活型
Ⅳ 応用生態学
Ⅴ 研究手法
Ⅵ 関連他分野
Ⅶ 人名・教育・国際プロジェクト

のもと，298名の執筆者による678項目の詳細な解説を五十音順に掲載。生態科学・環境科学・生命科学・生物学教育・保全や修復・生物資源管理をはじめ，生物や環境に関わる広い分野の方々にとって必読必携の事典。

共立出版
http://www.kyoritsu-pub.co.jp/